無敵のバイオテクニカルシリーズ

改訂第3版
遺伝子工学実験ノート

上 DNA実験の基本をマスターする

編／田村隆明

羊土社
YODOSHA

【注意事項】本書の情報について ─────────────────────────────

　本書に記載されている内容は，発行時点における最新の情報に基づき，正確を期するよう，執筆者，監修・編者ならびに出版社はそれぞれ最善の努力を払っております．しかし科学・医学・医療の進歩により，定義や概念，技術の操作方法や診療の方針が変更となり，本書をご使用になる時点においては記載された内容が正確かつ完全ではなくなる場合がございます．
　また，本書に記載されている企業名や商品名，URL等の情報が予告なく変更される場合もございますのでご了承ください．

❖ 本書関連情報のメール通知サービスをご利用ください

メール通知サービスにご登録いただいた方には，本書に関する下記情報をメールにてお知らせいたしますので，ご登録ください．

・本書発行後の更新情報や修正情報（正誤表情報）
・本書の改訂情報
・本書に関連した書籍やコンテンツ，セミナーなどに関する情報

※ご登録の際は，羊土社会員のログイン/新規登録が必要です

ご登録はこちらから

改訂第3版　序

　「遺伝子工学実験ノート」が初めて世に出たのは12年前の3月のことであったが，その4年後には，当時ブームとなっていたリアルタイムPCRやDNAマイクロアレイを取り入れて版が新しくなった．それから8年以上の時が流れ，今や遺伝子工学実験を取り巻く状況は，RNAiを含む技術革新や研究トレンドの変化，さらには情報量の膨大な蓄積などを受けて大きく様変わりしている．初版の序の冒頭に「遺伝子を用いた研究が勢いづいている」と書いたことが遠い昔のことのように思えてならない．本書は初学者がまず取り組むべき遺伝子工学に関連した実験手法を中心に解説することを目的として作成された．遺伝子工学の土台にあたる実験は今も昔も大きく変わる所はないかもしれないが，上に述べたような状況の変化に加え，製品の更新やメーカーの変更などがこの間に幾多となくあったため，さすがに記述内容が実情と合わなくなってきてしまった．このような理由により，この度本書を再度改訂することとなった．

　本書は日本の標準的な規模の研究室が行っている遺伝子工学実験を規準とし，大多数の研究者が最初に取り組むであろう実験技術を網羅的かつ具体的に解説した書籍である．本書の大きな特徴として豊富なイラストをふんだんに使用している点があげられるが，この特徴があるため，初学者であっても複雑な実験操作をある程度イメージすることができ，実験をスムースに進めることができる．

　本書は上下2巻より構成されているが，上巻はDNA実験の基本について解説している．具体的には実験を始めるにあたっての準備やDNA実験の基本操作，大腸菌の取扱いやプラスミドの扱い，DNAの酵素処理とサブクローニング，そして電気泳動とPCRを扱っている．一方，下巻はゲノムと遺伝子発現の解析という括りで，具体的にはシークエンシング，プローブ作成，ゲノムDNAの調製と解析，RNAの取扱いと遺伝子発現の解析，さらには細胞へのDNA導入とRNAiによる遺伝子抑制を取り上げ，最後にバイオインフォマティクスについても概説した．

　旧版と比べた場合の大きな変更点の1つは，現在バイオインフォマティクスとPCRによって遺伝子クローンの取得が簡単にできるようになったため，ファージライブラリーなどを使ったDNAやcDNAの古典的クローニングに関わる部分は大幅に削除した点である．この稿に代わり，改訂第3版では遺伝子発現の解析と遺伝子抑制に関連する技術に相当のページをあてた．削除された項目も決して不要な技術ということではないが，「実際に行われている実験」という，実情に即した対応を第一に考えて版を更新した．

　執筆者の多くは旧版からお願いしている先生方であり，本書作成に関する編者のコンセプトは充分に汲んでいただいていると思っている．本書は旧版にも増して「平易にして重厚」な一冊に仕上ったのではないかと自負しており，旧版同様に，本書がベンチサイドにあって読者諸氏の実験の助けになることができれば，作り手としてこれに勝る喜びはない．最後に，執筆に当たられた諸先生方に対してはもちろんのこと，本書の企画・作成にご尽力していただいた羊土社の吉田雅博，熊谷 諭，林 理香の各氏に，この場を借りてお礼申し上げます．

2009年11月

「色づいた葉が水面を彩る西千葉の杜にて」

田村隆明

初版　序

　遺伝子を用いた研究が勢いづいている．分子生物学が現在のように発展した理由の1つに，「DNAは扱いやすい」ということがあげられる．初心者でも数カ月もあれば一通りのことは自分でできるようになり，テーマがよければ，短時間で論文を書くことも可能で，事実そのような「成功談」をよく耳にする．生物学の根底にかかわるテーマから今日的で緊急性の高いテーマまでを，単純な実験によって明快な結果を引き出すことのできる学問分野であり，このことが生物学を学ぶ若者を魅了するのも無理からぬことであろう．

　分子生物学を志す研究者の卵たちは，まずその第一歩として，われわれのような研究室の門をたたく．大学の研究室に新人の学生が入室してくると，上級生が手取り足取りで実験を教える．やがて，当然失敗するだろうというところで失敗したりもする．それでも何度か試行錯誤をくり返したり，または上級生からアドバイスしてもらったりして，1つの実験法を自分のものにする．新人の学生はこのようなことを何度かくり返して成長していき，1〜2年もすれば，先輩学生と一見すると同等の実験能力を身に付ける．翌年，また新人が研究室に入ってくると，1年前と同じことがくり返される．どこの先生方も「何と教育効率の悪いことか！」と嘆かれているに違いない．標準実験法を用意し，初期の苦労（教える側も習う側も）をできるだけ減らそうと，どこの研究室でも努力している．初学者が当然覚えなくてはならないこと，明らかに失敗しやすい部分，ちょっとしたコツで時間を大幅に短縮できることなどを前もって知っておけば，研究効率は格段に上るはずである．初学者のための実験法の入門書あるいは解説書のようなものが，どうしても必要なのである．本書はそのような願いから企画・制作された．

　すでに，遺伝子工学に関連する実験書がいくつか出版されているが，本書は何か特別で高度な実験のための解説書ではないことを，まず強調したい．本書執筆の方針は，「初学者に分かりやすく，使える実験書を」である．本書はその内容のすべてが，私の研究室で実際に行われていることに基づいて書かれている．また実験法のレベルを統一するため，執筆は当研究室のスタッフ，あるいはシニアの大学院学生にすべて担当してもらった．実際に実験をやっている者，あるいは少し前まで失敗をくり返していた者が書くからこそ，血の通った，また実際に即した実験書ができるはずだと考え，そしてそのようなものに仕上ったと確信している．私共の研究室の規模は大きくも小さくもなく，行っている実験の程度も，全国的に見れば標準レベルのものばかりである．したがって，本書は広い範囲の読者にとって，その実状に即した内容を含んでいると考えられる．本書は研究室に入室した学生がまず始める実験を想定し，それに従って説明がなされており，また学生実習用の実験書としてもその役割を担える内容になっている．

本書は上下巻の2部から構成されている．上巻はどちらかといえば実験の心構えや，実験を始める前の予備知識，実験のための準備や材料の調製法，さらにはごく基本的な操作について解説している．下巻ではそれらを踏まえて，DNA分析法にかかわる技術，PCR法，塩基配列分析法，ハイブリダイゼーション法について述べ，さらに遺伝子クローニングの準備のための基本実験についても解説した．RNAを扱う実験では特別の注意が必要なため，これについても詳しく述べている．昨今，分子生物学実験を高価な「キット」を使って行うことが多くなっている．キットの功罪はよくいわれるところではあるが，使った方が明らかに実験が早く進み確実性も高い．実験によっては「キットを使わなければ非現実的」という場合もある．本書ではこの点にも充分配慮し，標準的な研究室であれば使用すると考えられる汎用性の高いキットによる操作や，その選択法についても述べている．実験のカン所や微妙な操作など，文章で表現しにくい部分は，図を用いて理解の助けとした．

　これから実験を始める諸君はもちろんのこと，実際に実験を行っている諸氏にとっても，本書を研究室の標準プロトコールとして実験台のかたわらに置かれ，毎日の実験に役立てていただけるならば，執筆者全員の喜びである．最後に，本書は羊土社の松山州徳，庄子美紀両氏の絶え間ない支援と努力によって完成されたものであることを申し述べ，ここに感謝の意を表したい．

1997年1月

「理学部新校舎建設の鎚音が響く，西千葉キャンパスにて」

田村隆明

改訂第3版　遺伝子工学実験ノートの構成と使い方

本書の構成

「無敵のバイオテクニカルシリーズ　改訂第3版 遺伝子工学実験ノート」は上・下巻2冊で構成されています．いずれも遺伝子実験操作をわかりやすく，丁寧に解説し，読者の皆様が正しく実験を行ううえでお役に立つことと思います．

上巻では遺伝子の取扱いや大腸菌の培養，プラスミド精製，酵素処理，電気泳動など遺伝子工学において日常頻繁に行われる基本的な実験操作から，サブクローニング，PCRによるDNA増幅までを，下巻には実際の実験結果を得るための解析法（シークエンシング，サザンブロット法，ノーザンブロット法，リアルタイムPCRなど）が中心に掲載されています．また，近年，分子生物学研究に欠かせない技術となってきた，細胞への遺伝子導入とRNAiについても初学者にわかりやすく解説しています．

本書の使い方

まず目的とする実験操作について書かれた章に一通り目を通してみて下さい．実験の概念，必要な器具・試薬類（使用可能な保存期間），所要時間，細かなコツなどが把握できるようになっています．

❶ Overlook について

それぞれの章の最初にその章全体の実験の流れを一目で把握できるような概略図を載せました．コンパクトにまとめてありますので，本文を読み始める前にまずご覧ください．

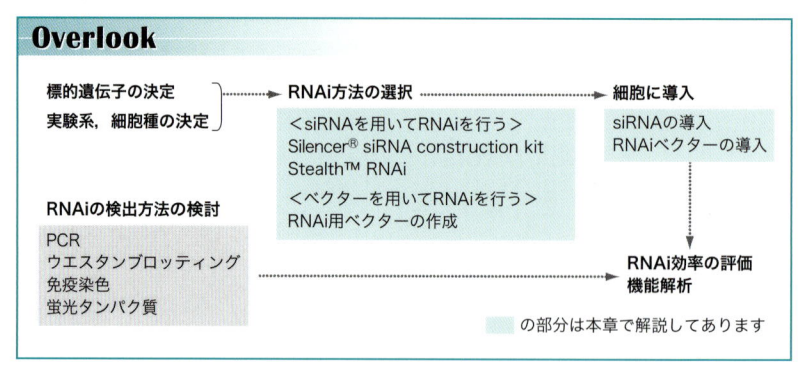

❷ マークについて

本文中に出てくるマークは以下のような意味を表します．

- **準備するもの** …… 準備するものを箇条書きで紹介しています．調製が必要な試薬についてはその組成も紹介しています．
- **プロトコール** …… コツや注意点，工夫点も解説したプロトコールです．
-  …… 実験に必要な所要時間です．実験計画を立てるうえの目安として下さい．
- **One point** …… ちょっとしたコツ，失敗への対処など，まさにワン・ポイントです．
- 🌙 …… オーバーナイト処理が可能であることを意味します．

❸ "水"の表記について

本書では，特に断わらない限り下のいずれかの水を使用しています．

純水：一次純水．通常のイオン交換後の蒸留水に匹敵．大腸菌の培養，電気泳動用バッファー，器具のすすぎに使用します．

超純水：純水をさらに精製したもので，2回蒸留水，あるいはそれ以上の純度に相当します．生化学実験，および最後のすすぎなどに使用．組織培養も，通常の細胞であればこの水が用いられます．

【注意事項】企業名，商品名やURLアドレスについて
本書の記事は執筆時点での最新情報に基づいていますが，企業名，商品名の変更，各サイトの仕様の変更などにより，本書をご使用になる時点においては表記や操作方法などが変更になっている場合がございます．また，本書に記載されているURLは予告なく変更される場合がありますのでご了承下さい．

無敵のバイオテクニカルシリーズ

改訂第3版 遺伝子工学実験ノート

上 DNA実験の基本をマスターする

改訂第3版　序 .... 田村隆明

初版　序 .... 田村隆明

第1章　実験をはじめるにあたって　　田村隆明　14

- 1 遺伝子実験とは 14
- 2 実験を組み立ててみる 14
- 3 実験法選択の基準 16
- 4 実験の上手な人はどこが違うのか 16
- 5 実験材料を準備する 17
- 6 遺伝子組換え実験関連法規 18

第2章　DNA実験の基本　　田村隆明　21

- 1 実験機具，機器 21
- 2 溶液 25
    - ① 実験で使う水　② 準備する溶液　③ 溶液の作り方
- 3 濃度と単位 26
- 4 滅菌操作 27
- 5 DNAの取扱い 31
    - ① 一般的な注意点　② DNAを溶かす溶液
- 6 DNAの検出と定量 33
    - ① DNAの紫外線吸収能　② 分光光度計　③ エチジウムブロマイド
- 7 DNAの濃縮 35
    - 7-1 エタノール沈殿 35
    - 7-2 イソプロパノール沈殿 37
    - 7-3 有機溶媒で濃縮する 37
- 8 DNAの精製 38
    - 8-1 フェノール抽出 38
        - ① Tris/フェノールの調製　② フェノール抽出の実際
    - 8-2 フェノール/クロロホルム抽出 40
    - 8-3 DEAE-セルロース 40
    - 8-4 ゲル濾過 41

第3章　大腸菌の取扱い　　　　田村隆明　43

1 はじめに — 43
2 大腸菌について — 43
　1 大腸菌とは　2 大腸菌の遺伝子型と菌株
3 培養の準備 — 45
　1 培地の種類　2 培地添加物　3 培養容器　4 インキュベーターとシェーカー
　5 滅菌と殺菌　6 植菌器具　7 実験台のセットアップ
4 培地の作製 — 56
　1 培地の基礎知識　2 LB培地の作製　3 LBプレートの作製　4 M9培地の作製
5 いろいろな培養法 — 64
　5-1　液体培地での培養 — 64
　　　1 少量培養　2 大量培養
　5-2　プレート培養 — 67
　　　1 培地の乾燥　2 画線培養　3 塗り広げ培養　4 注ぎ込み培養
　　　5 マスタープレート作製　6 スポット培養
　5-3　大腸菌の増殖 — 72
　5-4　培養後の後処理 — 73
6 菌株の保存と輸送 — 73
　　　1 プレート保存　2 グリセロールストック　3 スタブ保存　4 凍結乾燥法　5 輸送方法

第4章　バクテリオファージの取扱い　　　　与五沢真吾　76

1 はじめに — 76
2 ファージ力価の測定（プラークアッセイ） — 76
3 ファージの増殖 — 78
4 ファージDNAの調製 — 80

第5章　プラスミドDNAの増幅と精製 − DNAを増やす　　　　与五沢真吾　83

1 プラスミドとは — 83
　1-1　プラスミドの基礎知識 — 83
　1-2　プラスミドベクターの選択 — 84
2 プラスミドの調製 — 84
　2-1　プラスミド調製の原理 — 85
　2-2　ボイルプレップ — 85
　2-3　アルカリプレップ — 87
　　　1 ミニスケール（2 mL）　2 ラージスケール（800 mL）
3 ポリエチレングリコール（PEG）によるプラスミド精製 — 95
4 市販のキットを使ったプラスミド精製 — 96
5 形質転換（トランスフォーメーション） — 99
　5-1　コンピテントセルの作製 — 99
　　　1 塩化カルシウム法によるコンピテントセルの作製
　　　2 エレクトロポレーション用コンピテントセルの作製
　5-2　形質転換（トランスフォーメーション） — 103
　　　1 塩化カルシウム法によるコンピテントセルを用いた形質転換
　　　2 エレクトロポレーション法による形質転換

第6章　核酸の酵素処理 －DNAを加工する　106

1 はじめに　中太智義　106

2 制限酵素処理　中太智義　107

2-1　制限酵素とその特性　107
　① 制限酵素とは　② 認識配列　③ 断片末端の構造　④ 反応条件

2-2　制限酵素反応の実際　110
　① 基本的な反応　② 異なる制限酵素で切断する場合　③ その他の注意点

2-3　DNAをマッピングする　115

3 リガーゼ　中太智義　117

3-1　DNAリガーゼ　117
3-2　T4 DNAリガーゼの性質　117
3-3　キットについて　118

4 DNA修飾酵素　中太智義　119

4-1　アルカリホスファターゼ（alkaline phosphatase）　119
4-2　DNAメチラーゼ（DNA methylase）　120
4-3　クレノーフラグメント（Klenow fragment）　121
4-4　バクテリオファージT4 DNAポリメラーゼ（Bacteriophage T4 DNA polymerase）　121
4-5　バクテリオファージT4ポリヌクレオチドキナーゼ
　　　（Bacteriophage T4 polynucleotide kinase：T4 PNK）　122

5 ヌクレアーゼ　田村隆明　122

5-1　S1ヌクレアーゼ　123
5-2　Mung Beanヌクレアーゼ　123
5-3　Bal31ヌクレアーゼ　123
5-4　DNase I（デオキシリボヌクレアーゼ I）　124
5-5　エキソⅢヌクレアーゼ　124
5-6　ラムダエキソヌクレアーゼ　124
5-7　マイクロコッカルヌクレアーゼ　124
5-8　RNase H　125

6 DNA合成酵素　田村隆明　125

6-1　末端デオキシヌクレオチド転移酵素　125
6-2　逆転写酵素　125

第7章　DNA断片のサブクローニング －目的のDNAを手に入れる　126

1 サブクローニングの流れ　中太智義　126

2 インサートDNAの用意　中太智義　128

3 ベクターの準備　中太智義　130

3-1　制限酵素の選択とベクターの末端形状　130
3-2　脱リン酸化処理　130
3-3　ベクター調製の実際　132

4 ライゲーション　中太智義　133

5 インサートDNAの修飾・改変　中太智義　135

5-1　リンカーライゲーション　135
5-2　メチル化DNAを用いたリンカーライゲーション　139
5-3　突出末端の平滑化　141
5-4　DNAを削る　143

6 トランスフォーメーション（形質転換する）　中太智義　146

7 インサートDNAのチェック — 146
- 7-1 プラスミドの精製と制限酵素処理によるインサートチェック — 中太智義 147
- 7-2 カラーセレクション — 中太智義 148
- 7-3 PCRによるチェック — 青木 務 150

第8章 アガロースゲル電気泳動 −大きなDNA断片の分離 — 153

1 電気泳動の原理と種類 — 田村隆明 153
2 アガロースを選択する — 田村隆明 156
3 試薬の調製 — 田村隆明 156
4 電気泳動の実際 — 田村隆明 158
① 通常ゲルの場合 ② ミニゲル（MuPid®）を用いる方法
5 DNAの検出 — 160
- 5-1 エチジウムブロマイドによるDNAの検出 — 田村隆明 160
- 5-2 エチジウムブロマイドを含むアガロースゲルによるDNAの分離 — 田村隆明 161
- 5-3 SYBR®Green染色を用いたDNAの染色 — 小池千加 162
6 アガロースゲルからのDNAの回収 — 田村隆明 163
- 6-1 GENECLEAN®を用いる方法 — 163
- 6-2 QIAGENのスピンカラムを使う方法 — 165
- 6-3 それ以外のDNA回収方法 — 166

第9章 ポリアクリルアミドゲル電気泳動 −小さなDNA断片の分離 — 小池千加 168

1 ポリアクリルアミドゲルについて — 168
2 試薬の調製 — 168
3 ゲルの作製 — 168
4 電気泳動の実際 — 171
5 DNAの検出 — 172
6 ポリアクリルアミドゲルからのDNAの回収 — 173

第10章 PCR法 −DNAを試験管内で増やす — 青木 務 175

1 PCR法の原理 — 175
2 プライマーのデザイン — 177
- 2-1 Tmとプライマーのデザイン — 177
- 2-2 構造上避けるべきデザイン — 178
- 2-3 その他のデザイン上の注意点 — 179
- 2-4 nested プライマー — 179
3 耐熱性ポリメラーゼの選択 — 180
- 3-1 pol I 型DNAポリメラーゼ — 180
- 3-2 α型DNAポリメラーゼ — 181
- 3-3 混合型DNAポリメラーゼ（LA-PCR用ポリメラーゼ） — 182
- 3-4 Hot start用DNAポリメラーゼ — 182
4 PCR反応の実際 — 183
- 4-1 PCRに用いられる機器の分類 — 184
① 温度管理方式による分類 ② オイルフリーかどうか ③ 使用チューブ（プレート）の違い ④ 冷却方式の違い

4-2	PCR反応液の組成	185
4-3	サイクルの設定	186

　　　　　① プライマーのアニール温度　② 各ステップの時間　③ サイクル数
　　　　　④ 代表的なPCRサイクル　⑤ 修飾を加えたサイクル

4-4	PCR反応の例	189
4-5	コンタミネーションの防止について	190

　　　　　① 試薬　② ピペッティング　③ ネガティブコントロール

4-6	Hot start	192

　　　　　① 後から成分を添加する方式　② ワックスで隔壁を作る方式
　　　　　③ Hot start用ポリメラーゼを用いる方式

5 PCR産物のサブクローニング　195

5-1	PCR産物の精製	196
5-2	平滑末端化	197
5-3	TAクローニング法	199

　　　　　① TAベクターの作製　② TAベクターへのサブクローニング

5-4	制限酵素認識配列の付加	202

　　　　　① プライマーのデザイン　② 制限酵素サイトへのサブクローニング

● トラブルシューティング　205
● 付録　実験で役立つ便利なデータ集　　田村隆明　215

1. 汎用溶液の組成と調製 …… 215　　2. 主なプラスミドベクター ………… 218　　3. マスタープレート用台紙 … 219
4. 主な制限酵素の性質 ……… 220　　5. DNA分子量マーカーの泳動パターン … 223　　6. 主なバッファーの組成表 … 224
7. 遠心回転数と重力加速度 … 225　　8. 遺伝コード ……………………… 225　　9. ヌクレオチドデータ ……… 225
10. DNAに関する換算式 …… 225　　11. カルタヘナ法の概要（二種使用等に関連するものについて） ………………… 226

● 索引　228

▶▶ 下巻：遺伝子の発現・機能を解析する　目次

第1章　DNAシークエンシング（遺伝子の配列を読む）
　1. はじめに
　2. アイソトープを用いるジデオキシ法（サンガー法）
　3. オートシークエンサー（ABI 310について）

第2章　プローブ作製法（遺伝子検出のアイテムをつくる）
　1. 二本鎖DNAプローブ
　2. 末端標識プローブ
　3. RNAプローブ
　4. 合成オリゴヌクレオチドプローブ
　5. カラムを用いたプローブの精製

第3章　ゲノムDNAの解析（遺伝子構造を調べる）
　1. ゲノムDNAの調製
　2. サザンブロッティング

第4章　RNAの取扱いと調製（遺伝子発現解析の準備）
　1. RNAの取扱いについて
　2. RNAの抽出
　3. ポリA$^+$RNAの精製

第5章　遺伝子発現の解析
　1. はじめに
　2. ノーザンブロッティング
　3. RNaseプロテクションアッセイ
　4. RT-PCR法
　5. RACE法
　6. リアルタイムPCR
　7. DNAマイクロアレイ

第6章　動物細胞へのDNA導入
　　　　（遺伝子のはたらきを調べる①）
　1. DNA導入の基礎知識
　2. リポフェクション法
　3. エレクトロポレーション
　4. ヌクレオフェクション
　5. リン酸カルシウム法

第7章　RNAiによる遺伝子抑制
　　　　（遺伝子のはたらきを調べる②）
　1. はじめに
　2. RNAi実験の準備
　3. siRNAの調製
　4. RNAi用ベクターの作製
　5. 細胞へのRNAi用核酸の導入

第8章　遺伝子情報の取得と解析
　　　　（バイオデータベースを活用する）
　1. はじめに
　2. データベースへのアクセス―配列情報の取得
　3. ホモロジー（相同性）検索
　4. おわりに

● トラブルシューティング
● 付録（インターネットを利用した情報収集）

執筆者一覧

編 集

田村隆明　（Taka-aki Tamura）　千葉大学大学院理学研究科分子細胞生物学講座

執筆者（50音順）

青木　務　（Tsutomu Aoki）　プリンストン大学分子生物学部

小池千加　（Chika Koike）　富山大学大学院医学薬学研究部再生医学講座

田村隆明　（Taka-aki Tamura）　千葉大学大学院理学研究科分子細胞生物学講座

中太智義　（Tomoyoshi Nakadai）　ロックフェラー大学生化学・分子生物学研究室

与五沢真吾　（Shingo Yogosawa）　京都府立医科大学大学院分子標的癌予防医学

無敵のバイオテクニカルシリーズ

改訂第3版
遺伝子工学実験ノート

上 DNA実験の基本をマスターする

第1章

実験をはじめるにあたって

田村隆明

1 遺伝子実験とは

　遺伝子実験は遺伝子組換え実験を含むさまざまな実験から構成される．遺伝子組換え実験の基本は「DNAを切る，つなぐ，増やす」であるが，切ることは制限酵素が発見されたことにより，つなぐことはリガーゼにより，増やすことは「宿主–ベクター系」が整備されたことにより可能になった．組換えDNA技術は，DNAを構築するという意味で，**遺伝子工学**ともよばれるが，学問的にみるとその目標は生命現象をDNAのレベルで解析するということになる．遺伝子工学は分子生物学のなかの最も中心的かつ基本的な実験であり，そのなかには本書で述べられるようなさまざまな実験法（大腸菌の培養，DNAやRNAの調製，組換えのための酵素反応，DNA分析のための電気泳動やシークエンシング，発現解析やゲノム解析のための種々のブロッティング，DNAを試験管内で増やすPCR法など）が含まれる（**図1**）．

2 実験を組み立ててみる

　遺伝子工学実験の目的は，
　①遺伝子の単離，すなわち未知DNAの取得
　②単離したDNAの構造・機能解析
　③単離したDNAの利用，すなわち有用組換えDNAの構築
に分けることができよう．毎日の実験室では，そのなかの特定の部分について個々の実験が行われ，それらがまとまって1つの結論をもつ実験（論文で1つの図に相当する）が終了する．実験者はこれからやろうとする実験が，全体のなかでどのような役割をもつかを最初に考える必要がある．1つの酵素反応であっても，定性実験，定量分析，チェック実験，あるいは材料調製実験かによって，実験の進め方に大きな違いが生じるからである．

　実験目的が決まったら実験計画を立ててみよう（**図2**）．まず，何をどのような方法で行うか，という大まかな方針を立ててみる．次に，実験の分量，DNAの構造，そして研究室の実情に即し，細かい部分を決めていき，最後に実生活に即した時間スケジュールを決める．これが実験計画立案の基本である．しかし，未知の状況を想定して計画をつくるのは意外に難しいものである．そこで，期待される結果を最初に想定し，それを得るために必要な実験条件を逆に決めていくという，時間軸を逆登って計画を組むことがしばしば行われる．現実の研究活動のなかでは，この方法もかなり有効である．

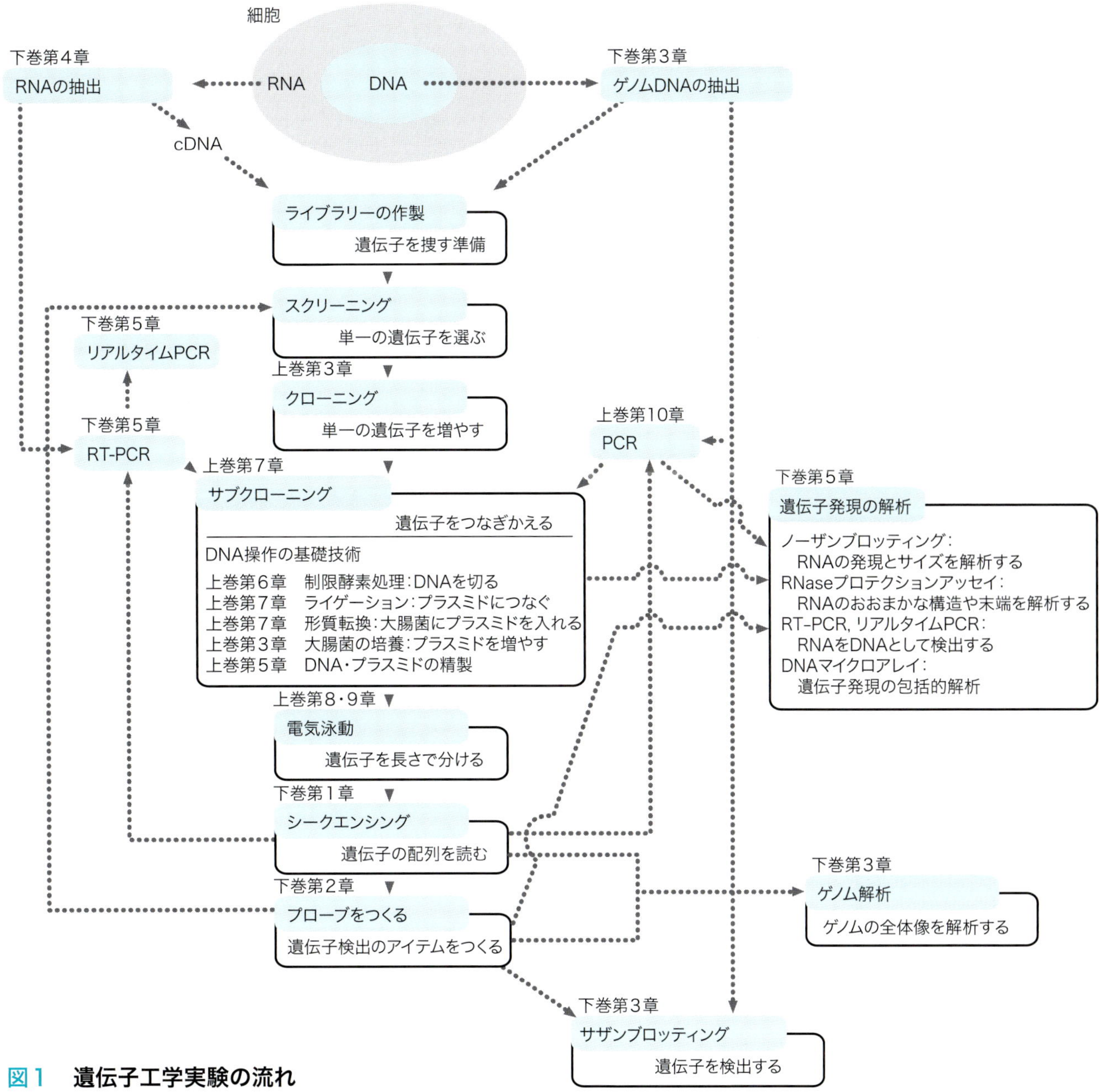

細胞
RNA
DNA
下巻第4章
RNAの抽出
cDNA
下巻第3章
ゲノムDNAの抽出
ライブラリーの作製
遺伝子を捜す準備
スクリーニング
単一の遺伝子を選ぶ
下巻第5章
リアルタイムPCR
上巻第3章
クローニング
単一の遺伝子を増やす
下巻第5章
RT-PCR
上巻第10章
PCR
上巻第7章
サブクローニング
遺伝子をつなぎかえる
DNA操作の基礎技術
上巻第6章　制限酵素処理：DNAを切る
上巻第7章　ライゲーション：プラスミドにつなぐ
上巻第7章　形質転換：大腸菌にプラスミドを入れる
上巻第3章　大腸菌の培養：プラスミドを増やす
上巻第5章　DNA・プラスミドの精製
下巻第5章
遺伝子発現の解析
ノーザンブロッティング：
RNAの発現とサイズを解析する
RNaseプロテクションアッセイ：
RNAのおおまかな構造や末端を解析する
RT-PCR, リアルタイムPCR：
RNAをDNAとして検出する
DNAマイクロアレイ：
遺伝子発現の包括的解析
上巻第8・9章
電気泳動
遺伝子を長さで分ける
下巻第1章
シークエンシング
遺伝子の配列を読む
下巻第3章
ゲノム解析
ゲノムの全体像を解析する
下巻第2章
プローブをつくる
遺伝子検出のアイテムをつくる
下巻第3章
サザンブロッティング
遺伝子を検出する

図1　遺伝子工学実験の流れ

実験材料と実験目的を決定する
実験法を選択し，プロトコールの大筋を決める
●材料・試薬を決める
●材料，機器をチェックする
●進行表を作る
プロトコールとプランの詳細を決める
実行可能かどうかをシミュレーションする
材料を用意して実験を開始する

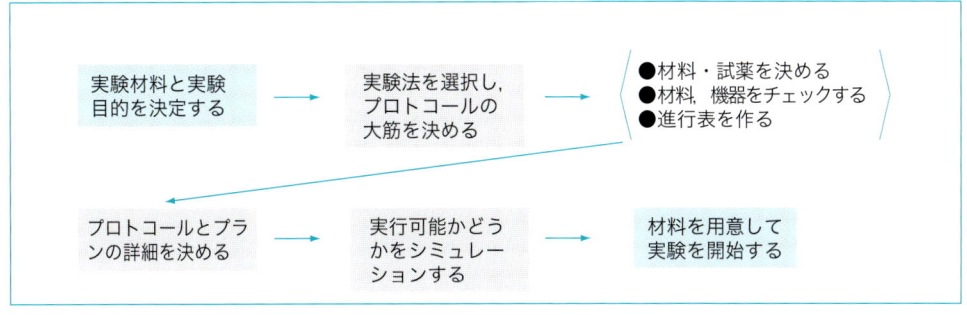

図2　実験計画の立案

プロトコール：個々の操作を組合わせて行う実験の流れのこと．「実験方法」と同義
プラン：一組の実験で行う反応や解析の種類など

3 実験法選択の基準

多様な実験経路や実験法の選択基準は，
- ①科学的にみて目的に合っているか
- ②研究状況や研究室の実情に合った方法が採用されているか
- ③本人の好みにあったものであるか

によって決められる．

分子生物学実験で使う試薬，酵素，アイソトープは高価であり，性能や感度が同じ程度のものであれば安価な方を使うのは当然であろう．試薬や道具の品質は実験の目的によって選ぶようにする．試薬や材料をパッケージにした「キット」も販売されており，実験の目的と経済状態を考えて選択する．キットは実験の確実性という点で優れているので，時間的制約がある場合，その使用は必須である．

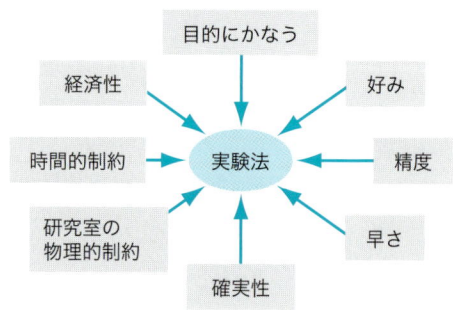

図3　実験法決定に関わる要因

実験にかかわる時間配分をどう調整するかも，実験の組み立てを決める重要な要素で，自身が1日に使える時間を見きわめ，実験を途中で止めることのできるポイントをチェックしておく．一般には反応が停止しているところ（酵素反応後の低温保存，エタノール沈殿あるいは乾燥状態のDNA）で操作を一時停止させることになる（本書では，オーバーナイト［一晩置いておくこと］が可能なステップに🌙マークを付しているので参考にされたい）．

実験書に書いてある設備や材料がそろっていない場合，実情に合った方法を採用せざるを得ない．実験は，100％理想的な条件でなくとも実行可能なことが多く，臨期応変に対応していくことが必要になる．制約がなく，いくつかの方法が選べる場合，最後は個人的な「好み」によって方法が決められることが多く，実際にはこの部分はかなり重要である．実験は自信をもって進めることが大切であり，経験済みの方法であれば，確信をもって操作することができ，トラブル回避も容易にできる．すぐに実験をしなくてはならないときなどは，現実的な選択といえる．

実験計画を立てたら，最後に必ず模擬実験を頭の中でイメージ（シミュレーション）し，材料，機具，時間などが実情に合っているかどうかをチェックする．操作と操作の間の準備時間も見落とさないようにする．OKであれば，機具や機械，材料や試薬，そして実験のスペースを確保し，実験に取りかかる（図3）．

4 実験の上手な人はどこが違うのか

実験の上手下手は手先の器用さとはあまり関係ない．言われたことはこなすが，1人で考えてやらせると頻繁に失敗し，なかなか結論を出せない人をよく見かける．実験の上手な人の条件として，
- ①基本に忠実
- ②ポイントを押さえる
- ③材料に余裕をもつ
- ④対照実験を行い先を読む
- ⑤試料やデータの整理がよい

という5点をあげてみたい．

初めての実験，1回目は成功しても，2回目は駄目ということがままある． ビギナーズラッ

クといわれる．最初は基本に忠実にやっていたのに，次は「慣れ」のため，何とはなしにどこか手を抜いたり，方法を少し変えていたりしていることが多い．確立された標準プロトコールは，ベテラン研究者の試行錯誤の産物であり，正当な理由がない限り，むやみに変えてはいけない．

　実験の精度や注意点には4つくらいの段階があると考えたい．第1は厳密に注意し，可能な限り正確に行わなくてはならない事項である．第2は普通に注意し，5％以内の誤差で行うといったものである．その次は，とりあえず注意し，20％くらいの誤差でも大差ないといったことであり，最後は，さしたる注意も不要で，数値も「そのくらいでいい」といった程度のものである．一連の実験のなかでは，第2の注意を要求される部分は限られており（まして第1は），そこを押さえておけば，大きな失敗をすることはまずない．実験のなかの「カン所」といった部分に相当する．

　酵素反応が上手くいかないとき，酵素やDNAをさらに加え，ますます具合が悪くなって失敗から抜け出せないといったことがある．実はこれは逆の対応をしているために起こるのである．「材料や試薬の中には阻害物が混入している」ということを認識しておくことが必要である．出発材料を増やしてそのなかの一部分を使ったり，反応液の量を増やすことで，阻害物の持ち込みを減らすように努力する．製品や試料の中の安定剤（酵素液中のグリセリンやTE中のEDTAなど）が阻害物になったり，もちろん不特定の阻害物が混在していることもありうる．なお，実験操作に従ってサンプル量は確実に減っていくので，余裕をもって試料を用意することが，実験で結論を早く出すポイントとなる．

　コントロール（対照）のない実験では結論が出ないばかりか，失敗の原因もわからなくなる．コントロールをとることはすべての実験の基本であり，実験から得られる結論の数はコントロールの数に依存するといえる．実験を効率的に進めるため，少し先のことを考えておこう．第一は「失敗」を想定して材料や試薬を一部保存しておくことであり，もう1つは「成功」を考えて，待ち時間を利用して次の準備をすることであり，これらがスピーディーな実験につながる．

　サンプルが行方不明になったり散乱したりするなどのトラブルは，実験室の中ではとかく起こりがちである．試料の入っている試験管には内容と日付を消えないように書き，実験ノートと照合できるようにしておこう．この場合，他人が見ても識別できるようにマークすることをすすめる（本人が研究室を離れた後も，後輩がフォローできるようにするため）．

5 実験材料を準備する

1）購入する

　培地，酵素，DNA，そして関連するキットなどは，いくつかのメーカーから製品として購入できる．特に，高価な製品の場合はその性能をよく調べてから購入する．製品がドライアイス梱包で直接研究室に運送される場合は，到着日が休日になったり，研究室が空にならないよう，受けとり体制を整えておく．製品管理が悪く製品がカタログ通りの活性を示さない場合は，きちんとクレームすることが必要であろう．

2）公的サービス機関を利用する

　クローン化されたDNAやベクター，あるいは大腸菌や細胞のあるものは，後述のような機関で，実費で配布している．資料を取り寄せて所定の方法で申し込むとよい．遺伝子組換え生物の場合は特別の配慮が必要である（**本章6**参照）．

①ヒューマンサイエンス研究資源バンク
（Health Science Research Resources Bank：HSRRB）
遺伝子／細胞の配布業務を行っている
〒590-0535　大阪府泉南市りんくう南浜2-11　Tel：072-480-1670
http://www.jhsf.or.jp/index_b.html

②理研バイオリソースセンター
理化学研究所筑波研究所
〒305-0074　茨城県つくば市高野台3-1-1　Tel：029-836-9111（代表）
http://www.brc.riken.jp/

③ATCC（American Type Culture Collection）
P.O. Box 1549
Manassas, VA 20108, USA
http://www.atcc.org/

3）分与してもらう

　実験材料が製品になっていない場合や，すぐには自分で調製できない場合，それらを無償で分けてもらうことになる．この場合は電子メールを使い，後で内容が確認できるような形で依頼する（手紙でもよい）．これは材料の移動で生じる使用権や発表の優先権，そしてその使用目的やその運用などに関する取り決めごとなどをはっきりさせておくためである．依頼する場合には，何をどう使うかを説明する．原則として，発表済みのものであれば分与してくれるはずである（先方の忙しさで忘れられてしまうこともあるが）．最近では先方から誓約書のような書類（**MTA**：Material Transfer Agreement）が送られてくる場合も多い．いずれにせよ，これらは商行為とは異なり，研究者間の信用にもとづいて行われることを認識し，誠実に対応することが必要である．手紙の相手はその研究を仕切っているシニア研究者を原則とする（一般には論文のcorresponding author）．自分の所属する研究室内での意思の疎通をはかっておくことはいうまでもない．次ページに外国の研究室にあてた試料請求の手紙の例文を紹介する．電子メールで請求する場合も同様の文面になる．遺伝子組換え生物の場合は特別の配慮が必要である（**本章6**参照）．

6　遺伝子組換え実験関連法規

　遺伝子組換え生物の作成，使用，移動によって生物多様性が損なわれる懸念が国際的に高まり，コロンビアのカルタヘナにおいて，守るべき規準が作られた（カルタヘナ議定書：1999年）．その後各国において法整備が進み，わが国においても2004年2月に新しい法律「遺伝子組換え生物等の規制による生物の多様性の確保に関する法律」が施行された（これにより，既存の「組換えDNA実験指針」［文部省告示］は廃止された）．この法律は一般に**カルタヘナ法**とよばれ，その下にいくつも関連政令，省令，告示がある．

　法律は遺伝子組換え生物等の使用を，拡散防止をしないで行う第一種使用等（例：圃場での栽培，一般病棟での遺伝子治療）と，拡散防止をしつつ行う**第二種使用等**に分けているが，研究室で行う実験は基本的にすべて第二種使用等に含まれる．なお，いくつかの用語は法的に定義されており，一般的な概念やこれまでの通念と異なる点もある．例えば，法律上の「生物」にはヒト，培養細胞，生殖細胞は入らず，他方ウイルス，ウイロイドは含まれる．第二種使用に関する実験では使用できる核酸供与体と宿主生物の種類が実験分類としてクラス分

け（クラス1〜クラス4：大きいほど危険度が高い）されており，さらに使用されるベクターなどに応じて物理的封じ込めレベル（P1〜P3）が設定されている．通常の実験の大部分は機関承認によって実験が可能であるが，危険度が特に高い場合，実験分類が未定な場合，あるいは潜在的危険性をはらむ組換えウイルスが増殖するような場合は大臣確認実験となり，より厳密な審査を受けてからでないと実施することはできない．

　本法では，実験そのもの以外（保管，運搬，譲渡）でも細かな取り決めがなされており，特に，遺伝子組換え生物を譲渡する場合，譲渡者は被譲渡者に必要な情報を提供する義務を負う．実験者はこれら法令を遵守して実験等を行う必要があり，違反した場合は処罰される．

　遺伝子組換え実験を実際に行う場合に必要になる事項の要点などを，**巻末の付録**に記した．

手紙の書き方例

（ヘッドラインつきレター紙で，施設と部門の名称と住所，Fax番号などが書かれているものを使用．ない場合，Wordなどの文章作成ソフトで自作してもよい）

Department of Biology
Faculty of Science, Chiba University
1-33 Yayoi-cho, Inage-ku, Chiba 263-8522, Japan

Tel: 81-43-290-xxxx, Fax: 81-43-290-xxxx, E-mail: xxxxx@nature.s.chiba-u.ac.jp

ⓐ

Dr. B.B. King ⓑ

Department of Biology
Institute of Animal Physiology
123 Southwest 41 Street
New York
NY 12123-4567
USA

15th, November　2009

Dear Dr. King,
I have read, with interest, your 1990 *J. Biol. Chem.* paper on the isolation of cDNAs encoding liver-specific trnscription factor LSTF-1. I am working on transcription factors in the mammary gland. We have identified a novel form of LSTF in the mammary gland and are in the process of isolating cDNAs for LSTF-like factors. It would greatly facilitate my analysis if you could make your LSTF-1 clone avilable to me. Thank you in anticipation.

Yours sincerely,

I. Nippon

Ichiroh Nippon, Ph D. ⓒ

ⓐ 住所の書き方は所属機関や習慣に即して変えてかまわない．電話番号の書き方についてはⓕを参照．

ⓑ 相手の敬称を忘れずに（教授の場合はより格上のProfessorを使用する）．

＊下線部は，ほかの同様の手紙にも流用できる部分．

ⓒ 肩書きは，あれば書く．

青字部分の別の書き方①[d]

I therefore would very much appreciate if I could obtain a plasmid containing LSTF-1. The most suitable one for my pourpose would be pBRLSTF-1 in your *JBC* paper. Of course, I would agree not to distribute this plasmid to others. I would very much appreciate hearing from you soon and thank you very much in anticipation of your help.

青字部分の別の書き方②[e]

It would be most helpful to have a LSTF-containg plasmid. Please do not hesitate to contact me if you would need more information. My fax number is (81)-3-3456-1234[f]. Thank you for your time.

[d] より詳しく指定してリクエストし, ほかに無断に分与しないことを表明している.

[e] 相手がすぐに対応してくれることを暗に希望する表現.

[f] 自身のFax番号. (81) は日本の国番号. (＋81) と書く場合もあるが, 書かないこともある. 市外局番の最初の0は不要.

参考文献

1) Sambrook, J. and Russell, D. W. : Molecular Cloning A Laboratory Manual, Cold Spring Harbor Laboratory Press, 2001
2) 「生化学辞典」, 東京化学同人, 2007
3) 「改訂第4版 新 遺伝子工学ハンドブック」(村松正實 他 編), 羊土社, 2003

第2章

DNA実験の基本

田村隆明

この章では，遺伝子工学を始める前の一般的注意，試薬の準備，そしてDNA取扱いの基本的操作について述べる．

1 実験機具，機器

1）チューブ

試験管（チューブ）は，特に断わらない限りDNA吸着の少ないプラスチック製のものを用いる．主に用いられるものはエッペンドルフ社の1.5 mLの円錐形チューブ，いわゆるエッペンドルフチューブであるが，安価な類似製品が多種販売されているので，目的に応じて選ぶⓐ．変色しているものや字の書きにくいもの，フタがきちんと閉まらないものは避ける．少量あるいはPCR反応用として0.5 mLチューブもある．

チューブとしてはこのほか，2 mLあるいは12 mLのネジフタつきチューブ（アシスト社製），プッシュロック式の5 mL，15 mLチューブ，ネジブタ（青，コーニング社：オレンジ色）つき15 mL，50 mLコニカル（円錐形）チューブがよく使われ，滅菌済みのものが多いⓑ．

プラスチック製品はオートクレーブで滅菌する．エッペンチューブのような小物であれば，1 Lビーカーに入れ，アルミホイルでフタをしてオートクレーブする．後述のピペットマンのチップのように，ケースがある場合はその全体を包む．オートクレーブ後，器具は乾燥機で乾かすⓒ．

2）ピペットとピペッター（ピペットマン）

通常のメスピペット，先が毛細管になっているパスツールピペットなどが使われる．いずれの場合も口では吸わず，ゴム式，あるいは電動式のピペッターを使うⓓ．

実験室での大部分のピペット操作は，チップ交換式のピペッターを用いて行われる．2 μLから10 mLまでさまざまなスケールのものがあり，当研究室ではギルソン社製のピペットマンを用いているが，使い方はどれもだいたい同じである．目盛りを合わせてからチップを確実に装着し，液はピストンを1stストップ（一度押すと止まるところ）の位置で止めてからゆっくり吸い込む．排出後残液があれば，ピストンをさらに2ndストップ（1stストップの位置からさらに力を入れるとまた押すことができ，やがて完全に止まるところ）まで押し込んで出すⓔⓕ（2ndストップの位置から吸わないように！）（図1）．チップは通常大袋に入ってい

ⓐ 冷凍庫でフタが開いたり，有機溶媒が漏れたりする粗悪品もあり，価格だけでは決められない．われわれの研究室では性能と価格により，使い分けている．俗にエッペンチューブ，あるいは単にエッペンとよんだりする．本書ではエッペンチューブとよぶ．

ⓑ プラスチック製品を選択する場合，その材質に注意する．表1に示すような特性があり，研究目的によって選択する．注意する点は透明度，強度，化学的安定性，耐熱性であり，半透明のポリプロピレン製のものが最も汎用性が高い．

ⓒ 器具の滅菌では耐熱性のものであれば121℃，20分のオートクレーブを基本とする．金属，陶器，ガラス器具などの耐熱性の高いものは，180℃，1～2時間の乾熱滅菌もできる（本章4参照）．

ⓓ ピペットマンは機具によって使用範囲が決められている．その範囲を超えると精度が極端に落ちる．決して使用範囲を超えて目盛を回さないこと．壊れる！

ⓔ 液が漏れるような場合は，ピストン内部のグリースが切れているか，シーリング用リングが破損している場合が多い．自分で交換できる．

ⓕ ピペットマンの目盛と実際の量とが大幅にずれていることがある．精度を精密直視天秤を用いて時々チェックし，場合によっては修理に出す．

表1　各種プラスチックの性質

	ポリエチレン (PE)	ポリプロピレン (PP)	ポリカーボネート (PC)	ポリスチレン (PS)	アクリル樹脂	フッ素樹脂
外観	白色	乳白色半透明	透明	透明	透明	透明（かすかに黄）
用途	チューブ，ビーカー，試薬ビン，遠心管	チューブ，ビーカー，試薬ビン，遠心管	遠心管	シャーレ，チューブ	水槽，電気泳動槽	ビーカー
力学的強度	強	強	強[※1]	弱	強[※2]	強
<耐熱性>						
オートクレーブ	×〜△	○	△	××	××	○
100℃，10分間	△	○	○	△	×	○
90℃，10分間	○	○	○	○	△	○
<耐薬品性>						
濃塩酸	○	○	×	△	△	○
30%水酸化ナトリウム	○	○	×	○	×	○
クロロホルム	△	△	××	××	××	○
フェノール	△	○	×	×	×	○
エタノール	△	○	○	△	×	○

○：影響なし　△：使用できるが，長期使用で変質・変形する，使わない方がよい
×：比較的短時間で変質・変形する
××：禁忌．瞬時に変質・変形する
※1：オートクレーブや凍結により強度が低下する
※2：ただし弾性がなく，曲げる力に対しては弱い

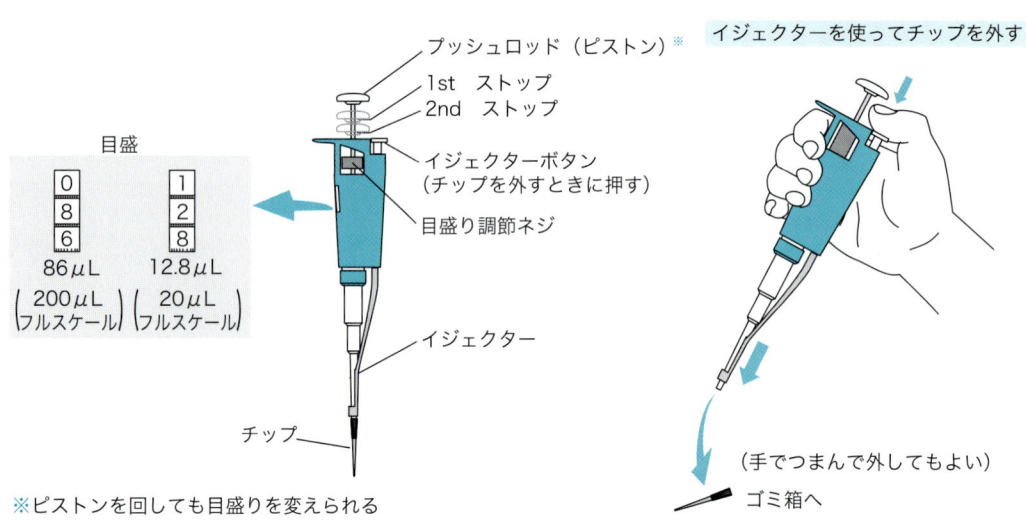

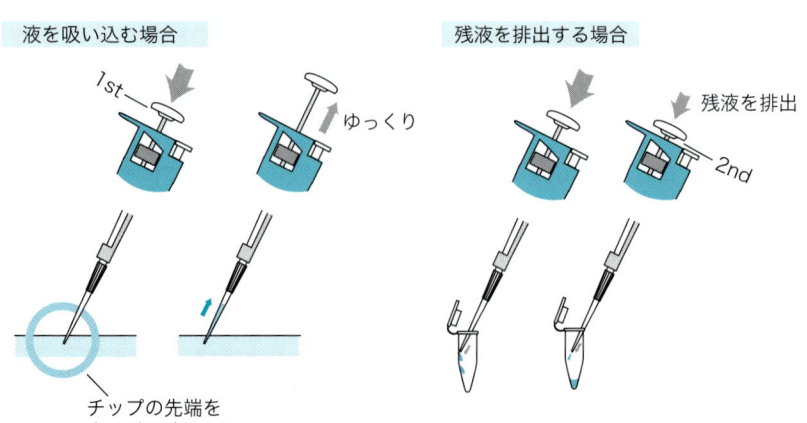

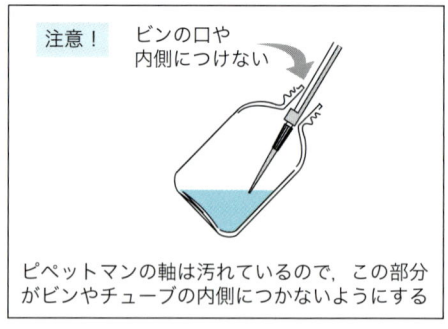

図1　ピペットマンの名称と使い方

るので，清浄な使い捨て手袋をしてケースにつめる（つめてあるものもある）．前述のようにオートクレーブしてから用いる．本書では用語の混乱を防ぐため「ピペットマン」をチップ交換式ピペッターの代名詞として用いる．

3）酵素反応用恒温槽

酵素反応は主に恒温水槽を用いて37℃で行うが，それと極端に違う温度の場合は高温用，あるいは冷却機つきのものを用意する．発砲スチロール製の板に穴を開けた「浮き」をつくり（右図），これを浮かべて使用する．穴の開いた金属製ヒートブロックを使った恒温槽もあり，水の汚れを気にせず清潔に使える．通常の実験ではこれで十分である．

4）微量遠心分離機

毎日の実験では，エッペンチューブを遠心分離機にかける操作が何度となく行われるはずであり，よい遠心分離機を選びたい．各メーカー（トミー，日立，エッペンドルフ社など）から，15,000 rpmまで回転する微量遠心分離機が発売されている．エタノール沈殿の回収を低温で行うことが多いので，冷却機つきのものがよい．簡単な遠心操作やスピンダウン[9]専用に，より小型の遠心分離機（デスクボーイ，回転くん，チビタンなど）も用意されている．液量を目分量で合わせ，ローターの対称な位置にセットし，必ずフタをしてから運転する．ローターには水平型，スイング型，アングル型があるが，アングル型が一般的である（図2）．

[9] 短い（1〜3秒間）「フラッシュ」遠心操作により壁についている液などをチューブの底に落とすこと．

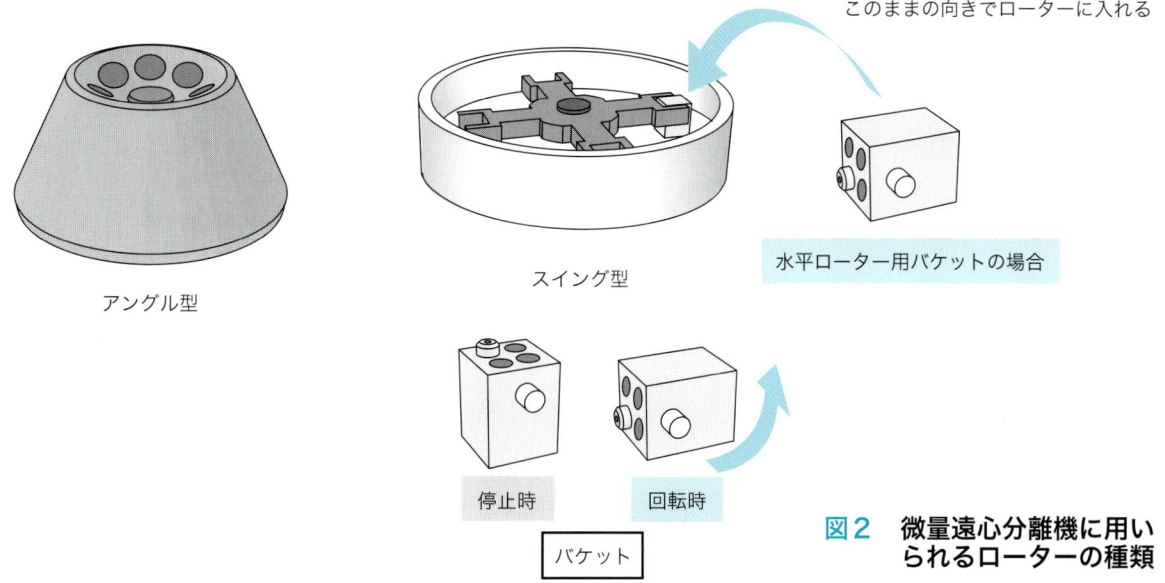

図2　微量遠心分離機に用いられるローターの種類

5）遠心濃縮機（遠心乾燥機）

DNAのエタノール沈殿後，エッペンチューブ内のDNAを乾燥させるのに使う．真空ポンプはオイルレスのもので十分である．サーバント社のスピードバックやコイケ精機社の小型遠心真空濃縮機などがある．

6）試験管ミキサー

偏心回転によって試験管内の溶液を撹拌する．ボルテックス社の純正品（このため「ボルテックス」といわれる）のほかにも多くの類似製品があり，接触スイッチにより回転がスタートする．回転数を調節できるものの方がよい．多数のエッペンチューブを細かな速い振動により，

中の液を混合するタイプのミキサー（タイテック社のマイクロミキサーなど）は多検体の処理に適している（図3）．

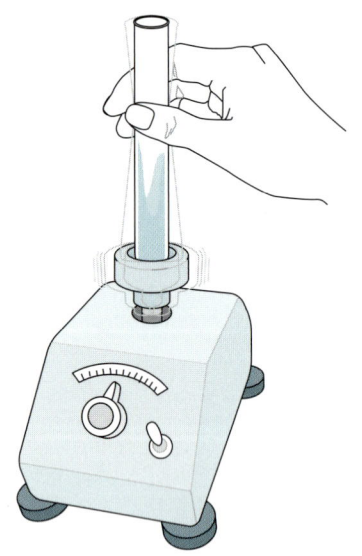
ボルテックスミキサー

エッペンチューブをボルテックスする場合，連続運転している回転ゴムの部分に，エッペンチューブを斜めにして何回か接触させるようにすると，よく混ざる

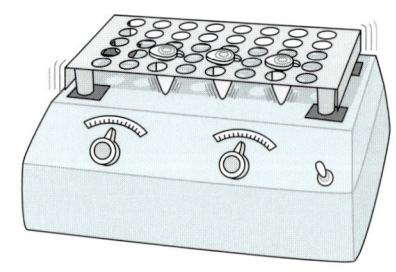
多本架エッペンミキサー

図3　ボルテックスミキサーの使用法

7）シェーカー（振盪機）

チューブ内の溶液を撹拌したり，何かを溶かしたり，液に浸けたものをすすいだりと，多用途に使われる．振盪の形式により，スイング方式，二次元的に回転（ロータリー），往復（レシプロ），縦横軸運動するもののほか，三次元的に回転するものなどがある（図4）．細菌培養用の振盪機（気相と水槽式のものがある）は，NBS社や池田理化社，東京理化器械社などから出されている．

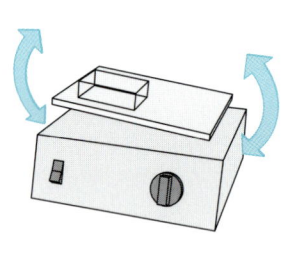
スイング型

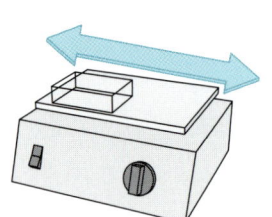
ロータリー型/往復型

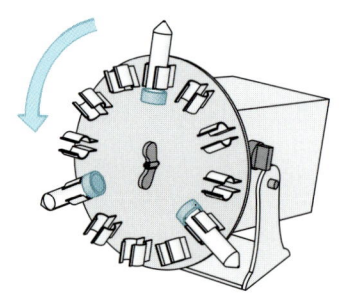
立体回転型
（ダックローターともいう）

図4　さまざまなシェーカー（振盪機）

8）アスピレーター

真空を利用して液を吸い取る（除く）器具．エタノール沈殿の後でよく使用されるが，遠心濃縮機やゲル乾燥機にも使われる．機械式の場合はトラップをつけ，液が直接機械に流入するのを避ける（油回転ポンプの場合は強力な冷却トラップが必要）．通常は水流ポンプなどの簡単な減圧ポンプで十分である．

9）紫外線照射装置

紫外線ランプが内部にあり，特定の波長の紫外線のみを通すフィルターを通して紫外線を

当てる装置．固定式箱型（下から紫外線が出る）の**トランスイルミネーター**[h]と，手で持って扱う小型のハンディUV（紫外線）ランプ[i]の2種類がある（図5）．フィルターの種類により**短波**（254 nm），**中波**（312 nmあるいは302 nm），**長波**（366 nm）に分けられる．短波は強力だがDNAに対する障害の度合いが大きく，長波は障害が少ないがエネルギーが弱い．一般的な実験には中波が適している．エチジウムブロマイド染色したDNAを見るときに使う．フィルターの上にサランラップなどを敷き，その上にゲルを乗せる．紫外線を直接目で見ると危険であり，保護メガネや防御板（図5）を使用すること．ランプやフィルターは寿命が短いので，使用後はその都度消す．

[h] TVC-312R（フナコシ社），CSF-20AC（コスモバイオ社），DT-20M8（アトー社）．
[i] UVG-54（フナコシ社），CSL-6AC（コスモバイオ社），HP-6LM（アトー社）．

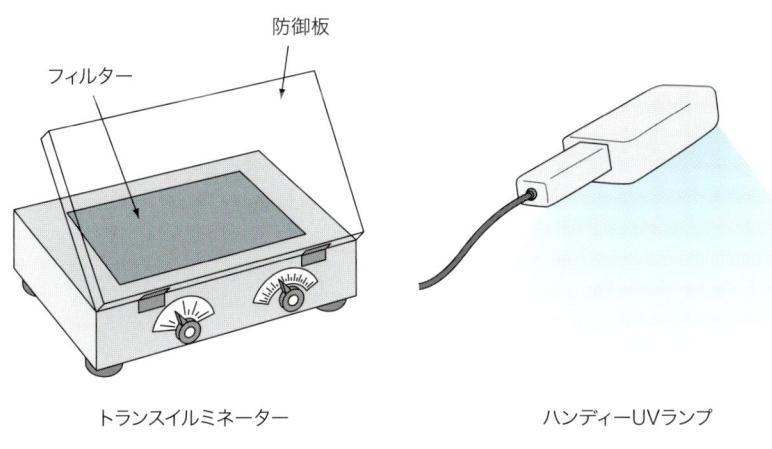

図5　紫外線照射装置

10）使い捨て手袋

各メーカーから多数出ている．プラスチックフィルム製のもの（安価だが，滑りやすく，手にフィットしない．切れやすい），プラスチックゴム製のもの（最も一般的），ゴム製のもの（丈夫だが，手をしめつける感じがある）がある．内側に滑りをよくするために粉がつけてあるものもある．用途は，①試薬や試料が手につかないようにするためと，②試料が汚染されないようにするための2つである．

11）紙

実験ではいろいろな紙を使う．液を吸い取るためには市販のティッシュペーパーで十分であるが，毛羽立たないような専用のワイパー（キムワイプなど）もある．大量の水を吸うためには紙タオル（キムタオルなど）を使う．きれいなスペースを確保するときには，大きな濾紙（Whatman社のNo.1）かアルミホイルを実験台に敷く．

2 溶液

1 実験で使う水

以前は蒸留水を用いていたが，最近では逆浸透膜，イオン交換，活性炭などを組合わせた純水装置が用いられることが多く，われわれの研究室ではミリポア社の純水装置で作られた純水や超純水を用いている．特に断わらない限り，本書では下のいずれかの水の使用を前提

に述べている.

1）純水

一次純水．通常のイオン交換後の蒸留水に匹敵する．大腸菌の培養，電気泳動用バッファー，器具のすすぎに用いる．ミリポア社のElixで作成した水など．

2）超純水

純水をさらに精製したもの．2回蒸留水，あるいはそれ以上の純度に相当する．生化学実験，および最後のすすぎなどに用いる．組織培養も，通常の細胞であればこの水で大丈夫．ミリポア社のMilli-Qで作成した水など．

2 準備する溶液

溶液には**保存溶液**（ストック）と使用中溶液があり，各自が保存用のビンから一部を小分けして使用する．われわれの研究室では50 mLのポリプロピレン製コーニングチューブに分注している．研究室では次のような保存溶液を準備しておくことが多い．

① 1 M Tris-HCl（pH 7.5）および（pH 8.0）
② 0.5 M EDTA（pH 8.0）（**本章5** 参照）
③ 3 M KCl
④ 5 M NaCl
⑤ 1 M MgCl$_2$
⑥ 3 M 酢酸ナトリウム（pHを8にした方がよいが，実験用試料の中にバッファーが別に入っていれば単なる酢酸ナトリウム溶液でも問題ない）

↑ここまでの試薬はオートクレーブする

⑦ 10 % SDS（室温保存）
⑧ 水飽和フェノール（**本章8－1**① One point 参照）
⑨ 1 M Tris-HCl（pH 8.0）飽和フェノール[a]（**本章8－1**①参照）
⑩ フェノール/クロロホルム混合液（**本章8－2**参照）
⑪ 70 % エタノール

[a] 「Tris/フェノール」とよぶ．

3 溶液の作り方

遺伝子工学分野の実験では，計測数値の精度は有効数字3桁で十分である．分子量121の試薬の0.5 M溶液を500 mL作る場合，試薬は30.3 g計り，最後の液量合わせ（メスアップという）は，500 mLのメスシリンダー（最小目盛は5 mL）で行う[b]．100 mLメスシリンダーで5回計ったり，30.250 gというように計ったりはしない．分析化学実験ではないので，メスフラスコなども使わない．

[b] 水を一定量注ぐとき，温度が室温（20℃）くらいであれば，天秤を使った方が便利である．

3 濃度と単位

溶液を作る場合，溶けているものを**溶質**，溶かすものを**溶媒**という．溶液の濃度はいろいろな単位で表示される．表示方法には**重量濃度**と**分子数濃度**の2種類があり，実験ではいずれもが使われる（**表2**）．重量濃度は，社会一般で広く使われるもので，溶液1 mLに何グラム溶けているかが表示される．溶質が液体でも固体でも使う[a]．

100に対していくら含まれているかという百分率（パーセント：％）

[a] 10 mg/mLという場合，溶液1 mLは厳密に10 mgの溶質を含むが，10 mgの試薬に溶媒を1 mL加えた場合は，最終液量が必ずしも1 mLにならず，濃度も10 mg/mLとはならない．ただ，溶質量がきわめて微量な場合（通常0.1 ％以下の濃度の場合）は液量変化は無視できるので，実際の試薬調製ではよく行われる．

もよく使われる濃度表示である．パーセントには溶質の量の表し方により，重量パーセント［w/v（％）］（100 mL中に何グラム含まれるか）と容量パーセント［v/v（％）］（100 mL中に何mL含まれるか）がある．一般に前者は粉末試薬，後者は液体試薬で使われることが多い．比重が1から大きくずれる試薬では，両者の数値に大きな隔たりがある[b]．

化学実験では分子と分子の反応をみるため，濃度も重量ではなく分子数を規準にした分子数濃度の方がわかりやすく，このためにモル濃度が使われる．1 L中に1モル「**アボガドロ数**（6.02×10^{23}）」の分子が溶けている溶液を1モル溶液といい，濃度を1モル（mol）/L，あるいは1 Mと表示する[c]．生化学反応で使用される生理的条件での使用濃度は通常は1 M以下で，数100 mM〜数pMの濃度の範囲で使用される[d]．

一般に，グラム濃度は高濃度の場合，分子量が明確でない場合，高分子/巨大分子などの場合によく用いられ，モル濃度は分子量の明らかな主に低分子で使われることが多い．SI単位（国際単位系）では3桁ごとに設定されている接頭語を使って，より大きな単位や小さな単位を表示する（表3）．

[b] パーセント表示でも［w/w（％）］や［v/w（％）］といった溶液の重量を規準にした表示もあるが，濃度により比重が大きく変化することが多くわかりにくいため，あまり使われない．

[c] 分子量Aの物質がAグラムあるとき，その量は1モルとなる．

[d] SI接頭については表3を参照．

表2　濃度の種類

質量濃度	グラム濃度（g/mL）など	例）DNA：3 μg/mL	
	パーセント濃度※ ％［w/v］	例）SDS：10％	
	％［v/v］	例）TritonX-100：1％	
分子数濃度	モル濃度（モル/L） ［M］	例）塩化ナトリウム：5 M	
		例）ATP：1 mM	

※ ％［w/w］という場合もありうる

表3　SI接頭語とその記号

大きさ	接頭語	記号	大きさ	接頭語	記号
10^{-1}	デシ	d	10	デカ	da
10^{-2}	センチ	c	10^{2}	ヘクト	h
10^{-3}	ミリ	m	10^{3}	キロ	k
10^{-6}	マイクロ	μ	10^{6}	メガ	M
10^{-9}	ナノ	n	10^{9}	ギガ	G
10^{-12}	ピコ	p	10^{12}	テラ	T
10^{-15}	フェムト	f	10^{15}	ペタ	P
10^{-18}	アト	a	10^{18}	エクサ	E

4　滅菌操作

1）滅菌とは

滅菌「sterilization」とはすべての生命体を死滅させる操作で，動植物，微生物，さらにそれらの胞子も死滅させることができる[a]．滅菌により感染体がなくなった状態を「無菌」というが，微生物実験や細胞培養実験では無菌状態を維持して行う操作「**無菌操作**」が求められる．

滅菌法は大きく熱を使用するものとしないものに分けられる（注意：通常，滅菌操作とはいわない腐食性薬品による処理も，滅菌に近い効果が得られる）．熱を使うものは湿熱（オートクレーブが一般的）と乾熱に分けられる．熱を使わない方法としてはフィルター滅菌やγ線滅菌があり，前者は熱不安定なものの処理，後者は製造レベルでのプラスチック製品の滅菌に用いられる（表4）．

[a] フィルター滅菌以外の滅菌方法を用いると，ウイルスなどの感染性核酸も破壊される．滅菌の拡大解釈として，ウイルス（生命体ではないが）の不活化を含ませる場合がある．

表4　滅菌法の種類

熱による方法	<湿熱を使用>　オートクレーブ（高圧［蒸気］滅菌）	121℃，20分（60分）
	<乾熱を使用>　乾熱滅菌	180℃，60分（30〜120分）
	火炎滅菌	赤熱する
熱によらない方法	フィルター滅菌	0.1〜0.2μmポアサイズのメンブレンフィルター
	γ線滅菌	
	ガス滅菌	エチレンオキサイドガス
その他の方法※	重クロム酸・硫酸混合液，濃いアルカリ溶液	
	塩酸・硝酸などの強酸，腐食性試薬などに長時間浸ける	

※あくまでも簡易的手段

One point　殺菌と消毒

増殖型の生命体を死滅させる操作を殺菌といい（胞子などは死滅させることができない），日常のなかでも，煮沸や消毒薬，紫外線（殺菌燈）といった方法がよく使われる．ウイルスを含む感染性病原体を死滅させる操作は**消毒**という．

表5　殺菌・消毒法

煮沸	100℃, 10〜30分	金属器具の処理
消毒薬	重金属剤，ハロゲン化物，酸化剤，アルコール類[※1] フェノール類，色素類，逆性石けん[※2]	手指，器具の処理
紫外線	殺菌灯を30分〜数時間点灯	無菌箱，空間全体

実験室で使用するもの．※1：70（〜100）%エタノール．※2：0.01〜0.1%塩化ベンザルコニウム「オスバン®」など

2）フィルター滅菌

液体を滅菌する方法の1つ．少量の液体，熱不安定な溶液，有機溶媒などで用いられる．メンブレンフィルターを用いるが，素材はナイロンやPVDF，セルロースアセテートといったものが主流である．平均の孔（ポア）サイズにより使い方が異なる．単に微細なゴミなどを取り除く（例：HPLC用の溶媒）のであれば0.4〜0.8μmのポアサイズでも充分だが，細菌除去のためには0.2μm以下のポアサイズのものを使わなくてはならない[b]．

滅菌フィルターは自身での組み立ても可能だが，ジャケットにセットされてある滅菌状態のものを使うのが一般的である．作業は，以降に無菌操作が必要な場合はクリーンベンチで行う．少量用（数十mL以下）のものはシリンジに装着して使用する．液を吸い取った後，手で液を押し出す．大容量のもの（数百mL〜数Lのボトルトップフィルター）は原液を入れるロート部分とフィルター，そして吸引部分が一体化した構造をもつ．液の通過は吸引ポンプ（例：水流ポンプ，小型吸引ポンプ）を使用して行う．

[b] 細胞壁をもたないマイコプラズマは通過してしまう．

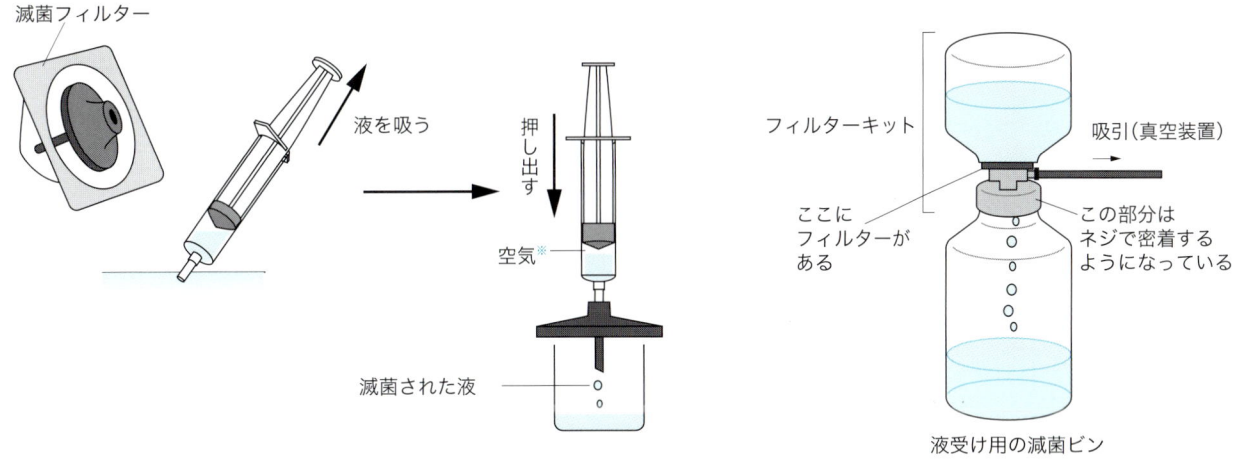

3）乾熱滅菌

耐熱性の器具は電気オーブンで加熱して滅菌することができる．標準は180℃，30分間の加熱だが，通常は滅菌を確実にするため，1時間行うことが多い．滅菌できる材質は金属，ガラス，陶磁器（例：乳鉢），シリコン（例：綿栓として使用する発泡シリコン），テフロン（例：ホモジェナイザーのペストル，スターラーバー），耐熱性プラスチック（例：デュランビンの赤キャップ）などである（図6）．可燃物（例：培養容器やピペットに詰めた綿栓）は多少褐変するが1時間以内であれば問題ない（注：ただし，ヒーターの近くに置くことは避ける．長時間行うと綿が炭化する）．

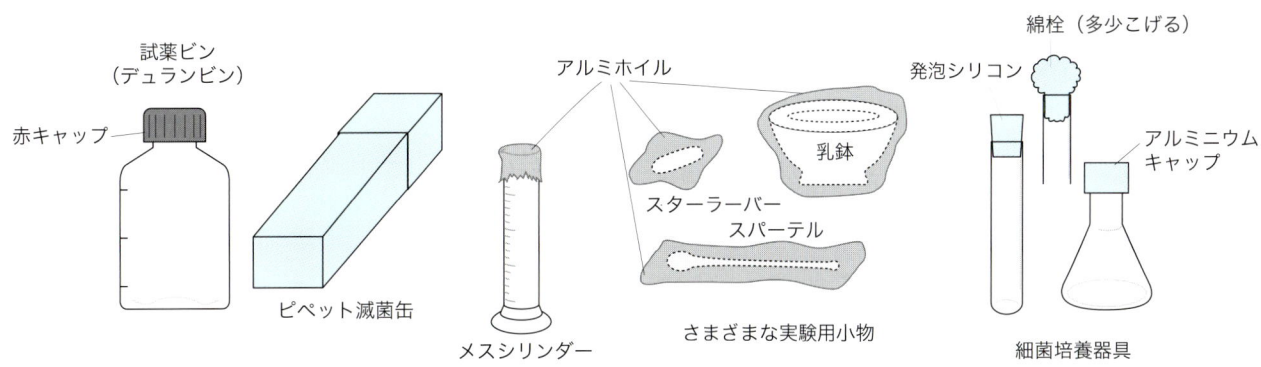

図6　乾熱滅菌できる器具

4）火炎滅菌（図7）

数百℃以上の火炎の中で有機物を炭化・分解させることにより滅菌できる．ガスバーナーや電気バーナー，あるいはアルコールランプなどが使われる．通常は白金耳（白金線），ピンセット，スパーテルなどの金属を滅菌する．ガラスピペットやビンの口を軽く焼くこと（炎に数回くぐらせる）も火炎滅菌に準ずる．炎は上部の酸化炎の方が温度が高い．

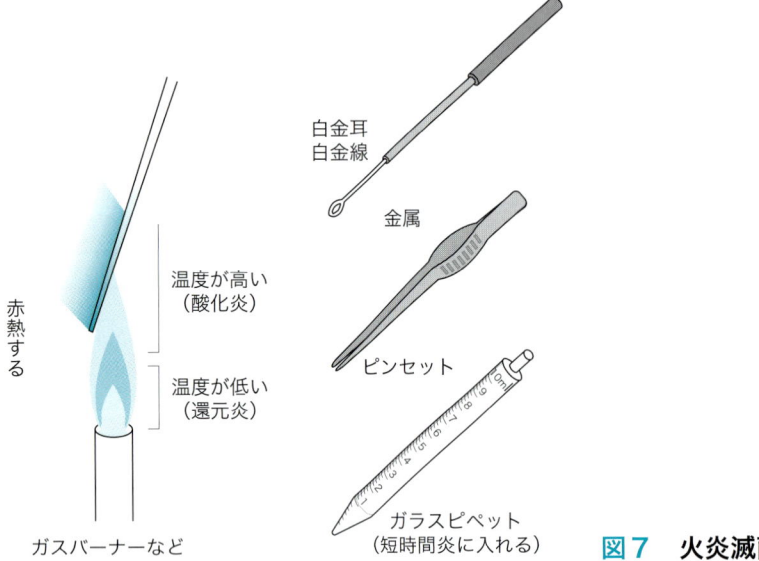

図7　火炎滅菌

5）オートクレーブ（表6）

　高圧蒸気滅菌のことで，2気圧の蒸気（121℃）[ⓒ]で20分間の加熱を基本とする．オートクレーブできるものは130℃まで安定な水溶液と水に濡れてもよい器具（耐熱性プラスチック，金属，その他）である．高圧で操作し，また高温のものを扱うため，機械自身やオートクレーブしたものの扱いには充分に注意する必要がある（「イラストでみる超基本バイオ実験ノート」[1]参照）．

　溶液をオートクレーブする場合，容器の強度に注意を払う．耐熱性強化ガラスの試薬ビンであれば密栓したままオートクレーブできるが，そうでない場合はフタをゆるめておく必要がある[ⓓ]．オートクレーブ直後の試料は100℃（場合によってはそれ以上）の温度になっており，衝撃で突沸する場合があり，特に密栓されたものは決してすぐフタを開けてはいけない．冷めるまで静置し，それから操作する．寒天が入っている溶液（例：大腸菌培地）は突沸しやすい．

　器具をオートクレーブする場合は，器具全体をアルミホイルで包んでからオートクレーブし，オートクレーブ後は乾燥器で乾燥させる．

ⓒ 空気があると121℃にならない．市販のオートクレーブは自動で空気を追い出した後で蒸気で圧をかける仕組みになっている．

ⓓ 塩酸や酢酸，アンモニウム塩や炭酸塩，その他揮発性物質を含む試料は揮発により組成が変化するので，密栓容器が望ましい．

表6　溶液のオートクレーブ

方法	容器	フタ	特徴	注意
Ⅰ 密栓しないで行う（開放系）	・通常の（130℃）耐熱ガラス容器 ・一部（ポリプロピレン，フッ素樹脂）のプラスチック容器	アルミホイル，綿栓，発泡シリコン栓，ネジブタをゆるめる	・液が汚染する可能性がある ・揮発性物質が失われる ・使える容器がいろいろ選べる	圧が下がったばかりの液が，振動などで突沸しやすい
Ⅱ 密栓して行う（密閉系）	耐熱，耐圧性試薬ビン（例：デュランビン）	しっかりとネジブタをする	・液は汚染しない ・耐圧性ビンしか使えない ・ビンが割れる可能性がある	

オートクレーブテープ

オートクレーブにより色が変化する（例：黒変）．このテープをオートクレーブするものに貼っておき，オートクレーブ済みかどうかを確認する．

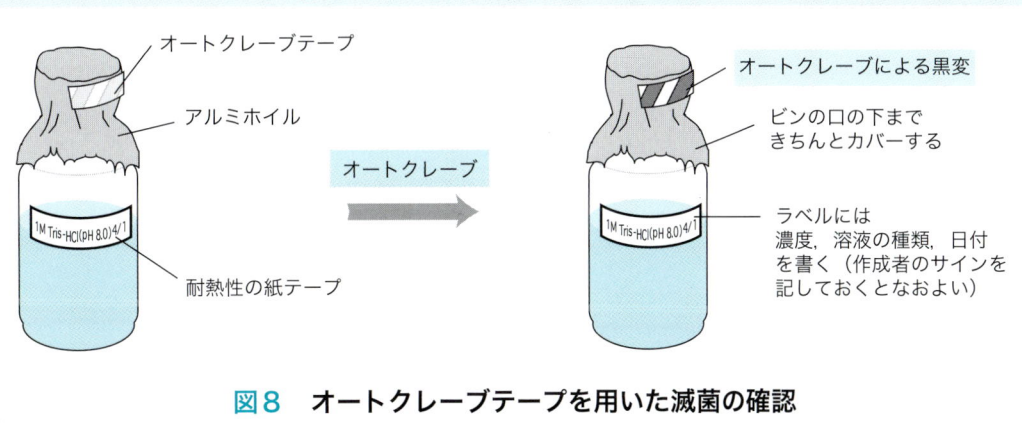

図8　オートクレーブテープを用いた滅菌の確認

オートクレーブの標準法以外の使い方

RNA実験（下巻第4章）ではRNaseのコンタミネーションが重大な問題であり，RNaseの失活が実験の成否を決める．このため，ピンセットや乳鉢など，乾熱/火炎滅菌できるものはできるだけ滅菌する．RNaseはオートクレーブでは完全には除去できないとされるが，1時間行うことにより，一定の効果が得られる．寒天やアガロースを溶かしたいとき，ごく短時間のオートクレーブを行う場合もある．熱に不安定な試薬をどうしてもオートクレーブしなくてはならない場合（非常に不安定なものや即座に失活するものは除く），加熱を数分間という短時間で済ませる方法がある（通常の生化学実験ではこれで充分である）．

5 DNAの取扱い

核酸はDNA（デオキシリボ核酸：deoxyribonucleic acid）とRNA（リボ核酸：ribonucleic acid）に分けられる．DNAは通常二本鎖として〔線状：l DNA，開環状：ocDNA，閉環状：cccDNA（あるいはccDNA）〕存在し，RNAは（分子内二本鎖構造を一部もつが）通常一本鎖で存在する．

核酸は，糖（五炭糖のデオキシリボースかリボース）と塩基，そしてリン酸を含む化合物（**ヌクレオチド**）を基本単位とし，これが糖の3'位と次の糖の5'位とで作るリン酸ジエステル結合を介して結合した線状の重合分子である（図9）．塩基はDNAではプリン塩基として**アデニン**（A）と**グアニン**（G）が，ピリミジン塩基としては**シトシン**（C）と**チミン**（T）が用いられる[a]．RNAはチミンのかわりに**ウラシル**（U）を含む．R（プリン残基）とY（ピリミジン残基）はDNAの種類によらず1：1であるが，W（A＋T）とS（G＋C）の比はDNAにより異なる（例：GC含量）．Sの方が水素結合が強く，したがってGC含量の高いDNAほど変性（一本鎖になること）しにくい．

[a] DNAの塩基（あるいはそれに糖のついたヌクレオシド）は次のように略語で一文字表記されることが多い．

```
W ┌ アデニン（A）┐
  └ グアニン（G）┘ プリン塩基（R）
S ┌ チミン  （T）┐
  └ シトシン（C）┘ ピリミジン塩基（Y）
```

その他の塩基の略号
K＝T, G　　　D＝A, G, T
M＝C, A　　　V＝A, G, C
H＝C, A, T　　B＝G, C, T
N(X)＝A, G, C, T

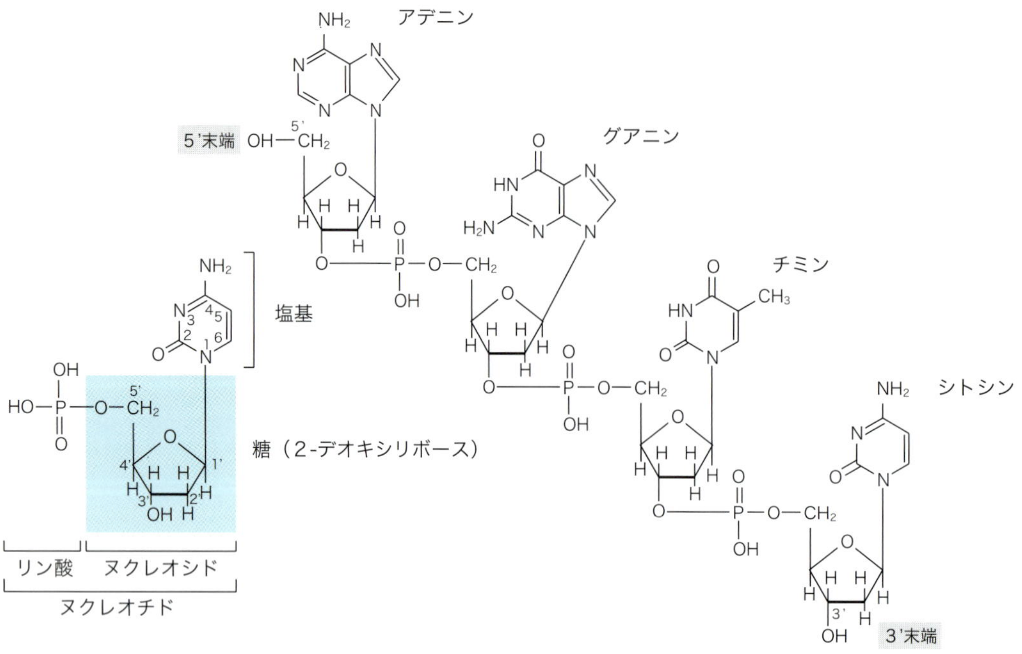

図9　一本鎖DNAの化学構造

1 一般的な注意点

DNAが常に安定な条件下にあるよう心がける．安定な条件とは

① 中性pH
② 低温
③ 暗所（紫外線を避ける）
④ 適度の塩濃度（100 mM程度のNaCl，など）
⑤ 物理的せん（剪）断の防止[b]

である．

　DNA分解酵素によるDNAの切断が起こらないようにする必要があるが，大部分のDNA分解酵素は活性化に二価の金属イオン（マグネシウム，カルシウムなど）を必要とする．そこで分子内にこれら金属を錯塩の形で閉じ込めることのできるキレート試薬を加えておくと，酵素が働かず，DNAを安定に保存できる．一般にはEDTA（エチレンジアミン四酢酸）を用いる．また，汚染（細菌や液体など）によりDNA分解酵素が混入しないように心がける．

[b] DNA溶液を必要以上に振盪したり，強い水流にさらすとせん断されやすい．高分子DNAの場合は特に気をつける．濃いDNA溶液は粘度が高く溶けにくいが，根気よく時間をかけて溶かすようにする．紫外線でもDNAが切れるので注意．

＜0.5 M EDTA（pH 8.0）溶液500 mLの作製＞

準備するもの

◆1　試薬

・EDTA-2ナトリウム塩（同仁化学研究所社）
・10 M 水酸化ナトリウム溶液[c]
・粒状水酸化ナトリウム

[c] 以前は10 N（規定）ともいった．酸・塩基において価数が1（例：塩酸）の場合1 Nは1 Mであるが，価数が2（例：硫酸）の場合，0.5 Mで1 Nとなる．

プロトコール

1. EDTA-2ナトリウム塩94 gをビーカーに計る
2. 450 mL程度の超純水を加えスターラーで撹拌しpHメーターをセットする
3. 撹拌しながら粒状水酸化ナトリウムを徐々に加える
4. 始めは酸性で不溶性だったEDTAが溶けはじめ，pHが上昇してくる
5. 溶けたら水酸化ナトリウム溶液でpHを8.0に合わせ，500 mLにメスアップする

2 DNAを溶かす溶液

次の3種の溶液を保存溶液（**本章2** 2 参照）を元に調製する．
① TE [$T_{10}E_1$：10 mM Tris-HCl (pH 8.0)，1 mM EDTA (pH 8.0) のこと．通常のDNA溶解液]
② 0.1×TE [すぐに酵素反応させるときなどに使用]
③ $T_{50}E$ [$T_{50}E_1$：50 mM Tris-HCl (pH 8.0)，1 mM EDTA (pH 8.0) のこと．pHが変動しやすい場合に用いる]

6 DNAの検出と定量

1 DNAの紫外線吸収能

DNAは260 nm付近の紫外線をよく吸収するので，光学的にDNAの濃度を測定できる．1 μg/mLのDNA溶液は260 nmでの吸光度OD_{260}が0.02となる．RNAはDNAの約1.25倍のOD値を示す．なお，DNAに紫外線（特に260 nm）を当てると切断されるので注意を要する．上の数値は平均的な値であり，塩基組成に偏りがある核酸（オリゴヌクレオチドやホモポリマーなど）の場合は測定に注意する．

ⓐ 各オリゴヌクレオチド1 μg/mLのOD_{260}はdG = 0.035，dC = 0.022，dA = 0.046，dT = 0.026．一般的には

オリゴヌクレオチドの量（μmol）
$$= \frac{オリゴヌクレオチドのOD}{10×ヌクレオチドの長さ}$$

で表わされ，簡単には
1 OD_{260} ≒ 33 μg/mLとできる．

ただし，正確な濃度計算には次の式を使う．

オリゴヌクレオチドの濃度（pmol/μL）
$$= OD_{260} × \frac{100}{1.5N_A+0.71N_C+1.20N_G+0.84N_T}$$
（Nは各オリゴヌクレオチドの個数）

2 分光光度計

分光光度計は溶液に光を当て，そこに溶けているものの光吸収の程度を測定する機械で，DNAの濃度測定もこの機械を用いて行う．いろいろなメーカーのものがあるが，測定の原理は基本的に同じである．以下にDNAの濃度測定の手順を述べる．

プロトコール

1. 電源を入れ，紫外線ランプ（重水素ランプ）をONにし，安定するまで待つ．また，波長を260 nmに合わせておく

ⓑ ランプには寿命があるので，使用しないときは消しておく．

❷ 測定用セル（キュベットともいう）の外側の汚れを紙（キムワイプ）でふき，溶媒（0.1×TE あるいは水）を規定量入れ，吸光度の値をゼロにセットする

❸ セルを取り出し溶媒を捨て水気をよく切り，DNA溶液を入れる．試料に余裕があればセルを少量の同じ溶液で共洗いする

❹ 吸光度を測定する．DNA溶液を後で使う場合は，注意深く回収する[c]

❺ ODの値×50＝濃度（μg/mL）である

[c] 複数のサンプルがある場合，❹，水洗，❸，❹，とくり返すが，濃度の見当がついている場合は，薄いほうから測定する．

One point セルの基礎知識

紫外線はガラスを通過しないため，紫外部用セルの光通過面は石英でできている．セルは壊れやすく，かつ高価である．4 mL セルが標準だが，1〜0.2 mL という微量セル，さらに 50 μL（あるいは 5 μL）という超微量セルもある．セル内部が汚れたら中性洗剤に浸し，内側を柔らかい紙で拭く．セルは 50％エタノール（あるいはそこに少量の塩酸を加えてもよい）に浸しておくか，乾燥させて保存する．セルのスリット幅がセルホルダーのスリット幅よりせまい場合，セルの位置により測定値がずれる場合があるので注意する．

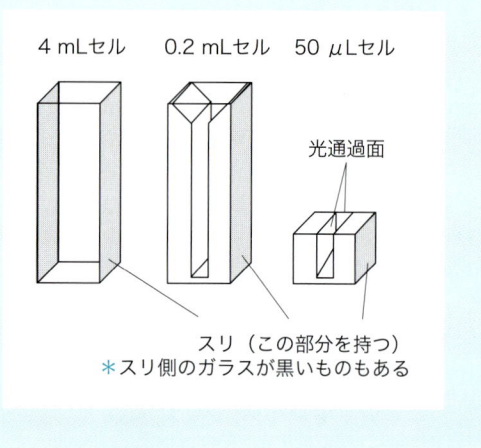

4 mLセル　0.2 mLセル　50 μLセル

光通過面

スリ（この部分を持つ）
＊スリ側のガラスが黒いものもある

3 エチジウムブロマイド

エチジウムブロマイド[d]（臭化エチジウム [EtBr]，俗にエチブロという）は二本鎖DNAに結合し，紫外線が当たるとオレンジ色の蛍光を出すので，紫外線を当ててDNAを検出するために使われる．1 μg/mL 程度の濃度で用いる．図10のように微量のDNAをあらかじめ濃度のわかっている

[d] エチブロは発癌性があるので，手袋をして取扱う．塩素と結合して無毒化（無色になる）できる．われわれの研究室ではハイターで処理している．

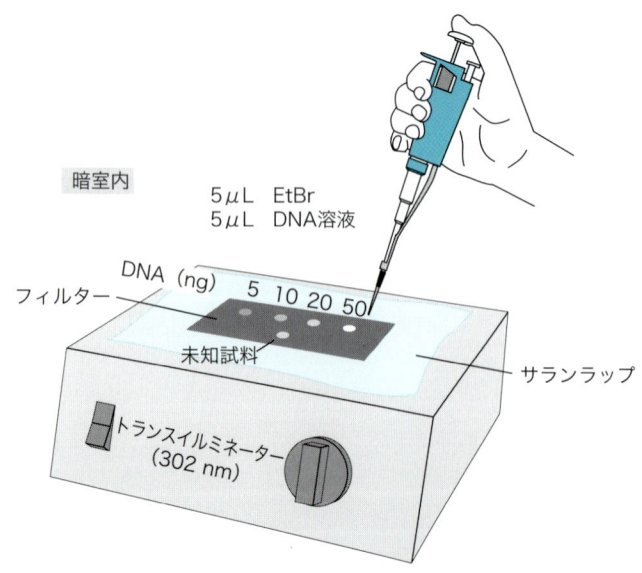

暗室内
5 μL EtBr
5 μL DNA溶液
DNA (ng)　5　10　20　50
フィルター
未知試料
サランラップ
トランスイルミネーター (302 nm)

この作業は暗室で行う．トランスイルミネーターの上にサランラップを敷き，5 mLのEtBrを滴下する．EtBrの上に濃度のわかっているDNAと濃度未知試料を滴下し，混合する．トランスイルミネーターのスイッチを入れ，蛍光の強さの比較から，DNA濃度を推定する

図10　エチジウムブロマイドによるDNA濃度の推定法

溶液と対比することにより，DNA量 5 ng くらいからの比色定量ができる．

電気泳動後のゲルの場合はエチジウムブロマイド溶液（タッパーウェアに入れる）に 15 分ほど浸け，塩化セシウム密度勾配遠心分離法などでは 0.1 mg/mL 程度の濃度で用いる．

7 DNAの濃縮

7-1 エタノール沈殿

DNAはエタノール（エチルアルコール）に溶けないため，DNAを濃縮精製する目的でエタノール沈殿が汎用される．実際には次のように行う．

準備するもの

◆1 試薬
・冷 100％ エタノール[a]
・冷 70％ エタノール[a]
・3 M 酢酸ナトリウム

◆2 機器
・冷却機つき微量遠心分離機
・遠心濃縮機

プロトコール

約 2 時間（最終の DNA の溶解まで）

❶ DNA 溶液の 1/10 量の 3 M 酢酸ナトリウムを加える[b]

❷ 冷 100％ エタノールを 2 倍，あるいは 2.5 倍量加え，フタをしてからチューブを振ってよく混ぜる

❸ 沈殿を熟成させるために冷やす（−80℃で 15 分，あるいは−20℃で 2 時間で充分である）

❹ 遠心分離を 4℃，15,000 rpm で 10 分間行い，DNA を沈殿させる[c]

❺ 沈殿を吸わないように，上清をピペットチップなどを用いて注意深く除く（次ページ図A）[d]

[a] 50 mL 容のチューブあるいは 100〜500 mL 容のガラスビンなどに入れて，常に−20℃の冷凍庫に冷やしておくとよい．70％エタノールは超純水で希釈する（70 mL のエタノールに超純水を加え 100 mL に合わせる）．

[b] 塩により核酸が安定化し，電気的に中和されるので沈殿しやすくなる．食塩でも，またカリウム塩でもよい．塩を多く加えた方が沈殿の熟成が早いが，食塩などでは加えすぎると塩が析出してしまう．RNA の場合には微酸性，すなわち pH 6.0 の酢酸カリウムか酢酸ナトリウム溶液を用いる．50 bp より短い核酸を除きたい場合には，酢酸アンモニウム（7.5 M ストック溶液を作り，オートクレーブせず冷蔵保存）を 0.7〜2 M になるように加える．

[c] サンプルの冷却と遠心分離の条件は，DNA 濃度に依存する．エタノール沈殿で回収できる DNA 濃度は 1 μg/mL 以上であり，これ以下であれば超遠心機を使う．DNA が濃く，白い沈殿が目で見える場合は，3,000 rpm 程度の遠心でも充分である．

[d] 気楽にやってよいときは，傾斜（デカンテーション）してしばらく紙の上に逆立てさせておいたり（次ページ図B），アスピレーターの先にチップをつけて，吸い取ったりする（次ページ図C）．

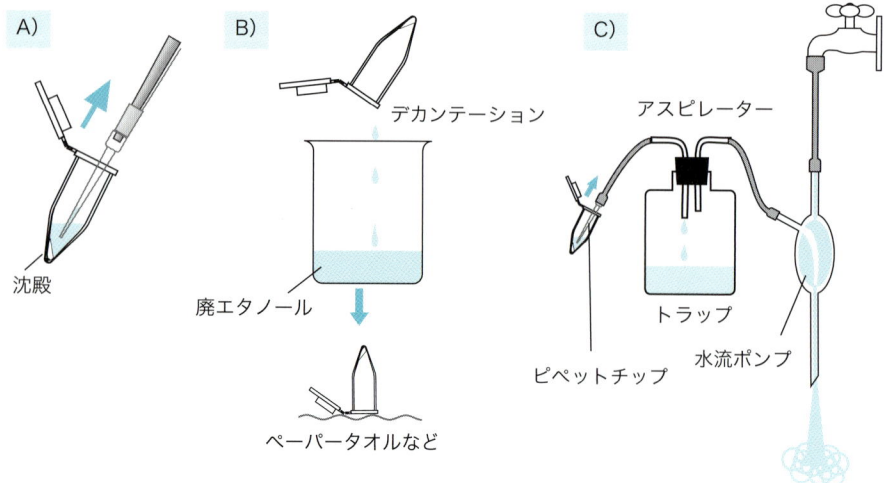

エタノール沈殿後の上清の除き方

❻ 冷70％エタノールを適当量加えて沈殿をすすぎ，再度遠心分離する．これをエタノールリンスという

  ⓔ 沈殿が滑りやすいので特に注意して上清を除く．最終標品への塩の持ち込みを抑えることができる．

❼ 下図のようにチューブをパラフィルムでカバーした後，パラフィルムに穴を開け，遠心濃縮機（エバポレーター）を用いて（10～30分）乾燥させる

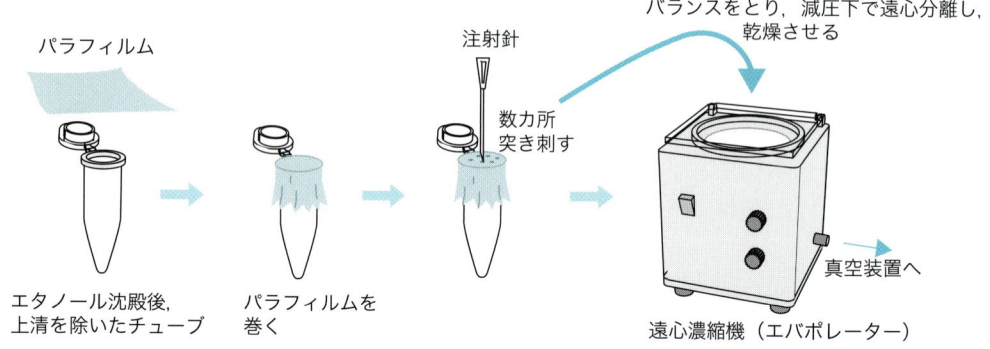

❽ TEなどの溶液を加え，軽くボルテックスをして溶かすⓕ

  ⓕ プラスミドやそれ以下の分子量のDNAの場合はボルテックスをかけてもよい．量が多いと時間がかかる．細胞由来の高分子DNAではせん断防止の意味もあって激しい撹拌は避け，1日くらいの時間をかけてゆるやかに撹拌して溶かす．

エタノール沈殿のお助けグッズ

 濃度の薄いDNAや短いDNAなど，沈殿しにくいDNAを沈殿させる場合，沈殿を促進させるための酵母tRNAやグリコーゲンのような多糖類をキャリアー（担体）としてDNA溶液に対し50 mg/mL程度の濃度で加える場合がある．キャリアーは後の操作に影響を与えないものを用いる．われわれの研究室ではニッポンジーン社から販売されているエタチンメイトなどを使用している．

7-2 イソプロパノール沈殿

エタノールの代わりに，より沈殿能力の高いイソプロパノール（イソプロピルアルコール，2-プロパノール）を用いることもある．塩を含むDNA溶液1に対して0.7～1.0量のイソプロパノールを加え，エタノール沈殿（**本章7-1**）と同様に操作する．溶液に比べて容器の容量があまり大きくないときに便利である．イソプロパノールは蒸発しにくいので，沈殿を数回エタノールリンスしてイソプロパノールを除く必要がある．

7-3 有機溶媒で濃縮する

DNAが溶けている水溶液から水を除くことによりDNAを濃縮することができる．濃縮用有機溶媒としてn-ブタノールや2-ブタノールがよく使われる．

プロトコール　15分くらい

❶ 試料と等量のブタノールを加え，5秒間強く撹拌する ⓐ

❷ 軽く遠心し ⓑ，上部（有機溶媒層）を除く

❸ 水層と等量のブタノールを加え，この操作をくり返し，希望の液量にまで濃縮する（下図）ⓒⓓ

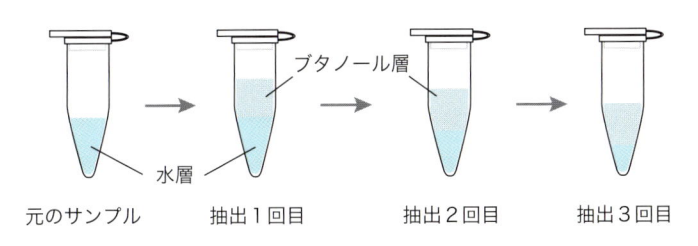

元のサンプル　→　抽出1回目（ブタノール層／水層）　→　抽出2回目　→　抽出3回目

❹ エーテル抽出（One point参照），あるいはエタノール沈殿によりブタノールを除く

ⓐ フタをよくしめてから手で激しく振る．

ⓑ フラッシュ遠心でよい（**本章1**，23ページ参照）．

ⓒ 2回目以降，約50％の割合で液量が減る．誤って水層がなくなったら，慌てず水を加えてよく撹拌する．DNAは水層に戻ってきます！

ⓓ 試料中では塩やバッファー成分など，すべてが濃縮されているので，酵素反応を行う場合は注意を要する．

One point：エーテル抽出

エチルエーテルによりアルコール類などの有機溶媒を除くことができる．エーテルは引火性がきわめて高く危険なため，操作はドラフトなど，換気のよい場所で行う．エーテル（少し水を加えて冷蔵庫に保存）を使って上記のような抽出操作を3～4回行うことにより有機溶媒を除去できる．残存するエーテルはピペットで空気を吹きつけて除く．より完全に除きたい場合は60℃で10～30秒程度加熱するか，エタノール沈殿を行う．

8 DNAの精製

DNAの純度が低く，思うように酵素反応が進まない場合，DNAを精製する必要がある．不純物で最も一般的なものはタンパク質である．260 nmの吸光度が280 nmの1.8倍以下になっている場合はタンパク質の混入を疑い，以下に述べるようにフェノール抽出によるタンパク質除去（除タンパク）を行う．ファージや動物組織からのDNAの調製などでは多糖類が混入する危険性が高く，やはり酵素反応を阻害する．この場合は吸着剤，あるいは超遠心を用いて（第5章2-3 2 参照）DNAを精製する．以下にいくつかの具体例を述べる．

8-1 フェノール抽出

タンパク質がフェノールで変性し，水不溶性となる性質を利用する．

1 Tris/フェノールの調製

国産の結晶フェノール（和光純薬工業社）を使用する限りそのまま使用できる．試薬が褐変していたら使わない．160℃で蒸留して精製することもできる．

フェノールは危険なため手袋をして行う．こぼして火傷した人を何人も知っている．皮膚についたら，すぐに大量の水と石鹸（中和するため）で洗う．

準備するもの

- 結晶フェノール
- 8-ヒドロキシキノリン（8-キノリノール）
- 1 M Tris-HCl（pH 8.0）

プロトコール　　3時間

❶ 凍結保存しておいた結晶フェノールをビンごと70℃の恒温水槽に入れて融解させる

⬇

❷ しっかり口の閉まる細長いガラス容器（ネジブタつきメスシリンダーが最適）に移し，粉末の8-ヒドロキシキノリン[a]（和光純薬工業社）を0.1％になるように溶かす

⬇

❸ 1 M Tris-HCl（pH 8.0）を等量加え，フタをよくしめて全体を振盪機で1分間振盪する（1秒間に1〜2回程度）．フェノールに水が混ざり，固化しなくなる

⬇

❹ 静置後アスピレーターにピペットをつけ水層（上層）を除く（右図）．このときキノリンの黄色い色はフェノールに移っている

⬇

❺ 再度等量の1 M Tris-HCl（pH 8.0）を加えて10分間振盪し，上層の大部分を除く

⬇

[a] キノリンは酸化防止のために加えられる．加えないとフェノール中にある酸化物によりDNAが切断されてしまう．Tris/フェノール全体が茶色がかってくるまでは使用できる．

❻ 褐色ビンに移し冷蔵庫で保存する．2～3カ月は安定に使用できる

One point

水飽和フェノール

Tris/フェノールはDNA用であり，RNA用には弱酸性の水飽和フェノールを使用する．Trisバッファーの代わりに滅菌超純水（あるいはDEPC処理水：**下巻4章**参照）を用いて作る．簡単には，融解したフェノールに水を1/4量加えて混ぜるだけでもよい．

2 フェノール抽出の実際

準備するもの

- Tris/フェノール
- 遠心分離機

プロトコール 10～30分/1回

❶ 室温に戻したフェノールを等量加え，30秒間ボルテックスするか，あるいは手で激しく振盪する ⓐ

❷ 10,000 rpm，5～15分，室温で遠心し，中間の層（ここに変性タンパク質がある）を取らないよう，上層（水層）を注意深く回収し，きれいなチューブに移す ⓑ

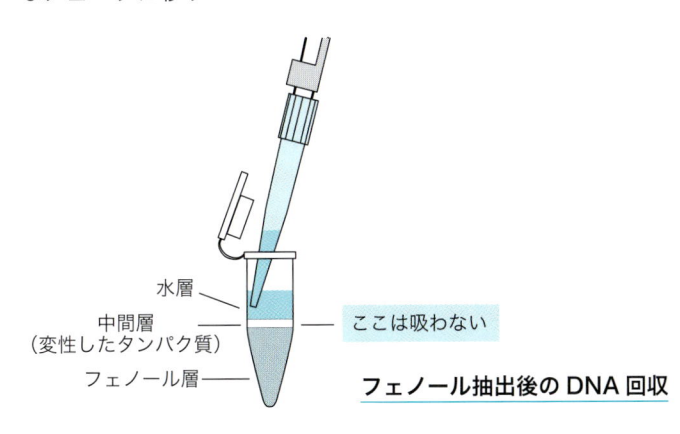

フェノール抽出後のDNA回収
（水層／中間層（変性したタンパク質）／フェノール層／ここは吸わない）

❸ 中間層にタンパク質が出る場合，再度抽出をくり返し，中間層にタンパク質が出なくなるまで行う

❹ 後処理としては，エタノール沈殿を行う ⓒ

ⓐ 振盪のやり方はサンプルの状態で違う．タンパク質が多い場合はかなり長い間（5～30分）行う．高分子DNAを得ようとする場合は時間をかけ数時間，チューブを3～10秒間に1回の割合で反転させるなどして穏かに振盪する．

ⓑ 水溶液の比重が溶けている物質（高濃度ショ糖など）のせいでフェノールより高い場合，水層は下層になる．その場合はチップをチューブの底に入れ，下の方から吸い取る．フェノール層がどちらかは8-ヒドロキシキノリンの黄色い色を見ればわかる（つまりそちらがフェノール層）．

ⓒ フェノールが残存しやすいので，エタノール沈殿を2回行うか，リンスを徹底的に行うこと．液量が少なければエーテル（37ページ，One point）でフェノールを除いてもよい．クロロホルムでもだいたい除ける．

> **One point**
>
> **タンパク質がどうしても除かれないとき**
>
> フェノール抽出でもタンパク質が除かれない場合，NaClを0.1 M，あるいはさらにSDSを0.5％程度加えて抽出操作を試みる．それでも除かれない場合，まずプロテイナーゼK（シグマ社）を20 μg/mLになるように加えて37℃で30分保温し，それからフェノール抽出をしてみる．

8-2　フェノール/クロロホルム抽出

フェノールにクロロホルムを加えることにより，タンパク質分離能が向上する．

1）試薬作製法

クロロホルムには1/24容量のイソアミルアルコールを加える．これを **CIA**（クロロホルム/イソアミルアルコールの略）とよんでいる．CIAに前述の8-ヒドロキシキノリン入りのTris/フェノールを等量混ぜ，よく振盪する．静置すると水層が上にできるので，その大部分を水流アスピレーターにガラスピペットをつけ，吸い取って除く．褐色ビンに入れて冷蔵庫に保存する．こうして作製した溶液は **クロロパン** ともよばれる．

2）使用法

Tris/フェノールと全く同様に操作できる．ポリスチレン製プラスチック製品は溶けるので使えない．

3）特徴

タンパク質変性能は弱いが，通常の組換えDNA実験における精製DNAを用いた除タンパク操作はこれで充分である[a]．

> [a] フェノールやクロロホルムはいずれも毒性や腐食性があり，流しに流さず，必ず決まった容器に回収してしかるべき後処理にまわす（筆者のところでは大学の処理施設に引き取ってもらっている）．

8-3　DEAE-セルロース

DNAやRNAは負に強く荷電し，陰イオン交換樹脂に吸着するので，核酸とそれ以外の物質との分離に利用できる．本項ではDEAE-セルロースによる精製を述べる．

準備するもの

◆1　試薬
- DEAE-セルロース（Whatman社，DE52粉末をTEに懸濁したもの）
- TE
- 0.5 M NaCl入りTE（NaCl/TE）[a]

◆2　器具
- 1 mL用ブルーチップと石英綿（和光純薬工業社）

> [a] 1.0 M NaClの方がより完ぺきな溶出ができるが，後のエタノール沈殿で塩析出などの問題が生じないように注意する．

プロトコール　　1.5時間

＜数μgのDNAが少量のTEに溶けているサンプルの例＞

❶ ブルーチップ（1 mL用）の先に少量の石英綿をつめ[b]，DEAE-セルロース（DE52）を約100 μL入れてミニカラムを作る

> [b] 米粒大の石英綿をピンセットでとり，チップの先に入れてから，パスツールピペットの先などでしっかり押し込む．10〜20 μL分もつめればよい．

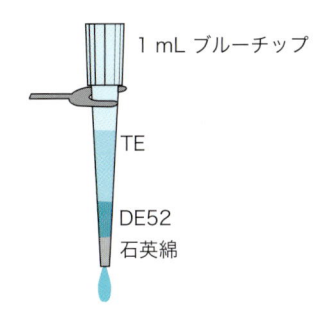

1 mL ブルーチップ

TE

DE52
石英綿

ⓒ 1～2滴/1分くらいの速度で流すが、流速が遅い場合はピペットマンでゆっくり押し出してもよい.

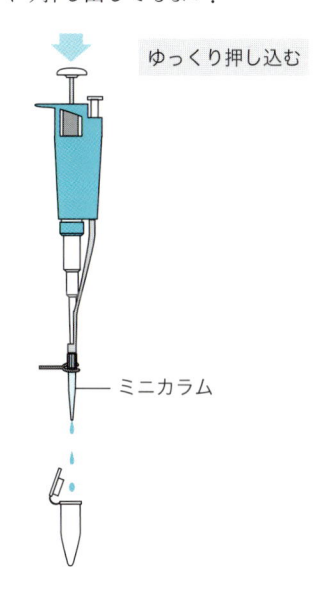

ゆっくり押し込む

ミニカラム

❷ 300 μLのTEを流すことによりカラムを洗浄する（この操作を3回くり返す）

❸ サンプルをカラムに乗せ，浸み込ませる．濾液をもう一度カラムに浸み込ませるⓒ（念のため，この操作をもう一度行う）

❹ TE 300 μLで2～3回カラムを洗う

❺ NaCl/TE 100 μLでDNAを溶出する

❻ エタノール沈殿でDNAを濃縮する

One point — DEAE-セルロース精製に関する豆知識

- 理由は不明だが，エタノール沈殿の前に一度ブタノール抽出をすると収率がよくなることがある．
- 類似の原理，あるいはタンパク質だけを吸着させるなどの原理を応用した，いくつかのDNA精製キット（フナコシ社など）が発売されている．
- 石英綿の代わりに，安価なグラスウールを使用することは，DNAを吸着するという理由で薦められない．

8-4 ゲル濾過

DNAサンプル中に含まれる塩やバッファー成分，あるいは有機溶媒などの低分子物質を除く目的で行われる．

準備するもの

◆1 試薬
- TEで膨潤させ，オートクレーブしたセファデックス（Sephadex）G-25，あるいはG-50（GEヘルスケア社，DNAグレードで粒子サイズはfine）ⓐ
- TE

ⓐ 下巻2章5参照．

◆2 器具
- 5 mLミニカラム（Bio-Rad社，#731-1550）

第2章-8 DNAの精製

プロトコール　⏱ 2時間

❶ 用意したセファデックスを用いて2 mLのミニカラムを作製し，2.5 mLのTEで2回，カラムを洗浄する ⓑ

⬇

❷ 試料100 μLをカラム上部に静かに重層する ⓒ

⬇

❸ TEをカラム上部に静かに加え（2 mLくらい），溶出液をエッペンチューブに2～5滴（1滴約50 μL）ずつ分取する

⬇

❹ 分光光度計で溶出液のOD$_{260}$を測定し，ピーク部分のサンプルを集める（図11）

⬇

❺ 1/10量の3 M酢酸ナトリウムを加え（あるいはブタノール濃縮後），エタノール沈殿を行う

ⓑ あらかじめ，カラムにどこまでゲルをつめたらいいか，印をつける．ゲル懸濁液を少し多めにカラム（垂直に立てる）に入れ，自然落下によりゲルをつめていく（目でゲルのつまった界面が上昇するのが見える）．規定量までつまったら，上清やゲル懸濁液を除く（液の落下は自動的に止まる）．使用したカラムは通常再利用しないが，もし再利用したい場合は1 M KCl 2.5 mLで1回，TE 2.5 mLで3回カラムを洗浄し，冷蔵庫で保存する（同じカラムを次に使用する場合，DNAが溶出される条件がわかっているので，次の実験がやりやすくなる）．

ⓒ カラム上部を乱さないように．サンプル液量の多い場合はあらかじめブタノール濃縮する．

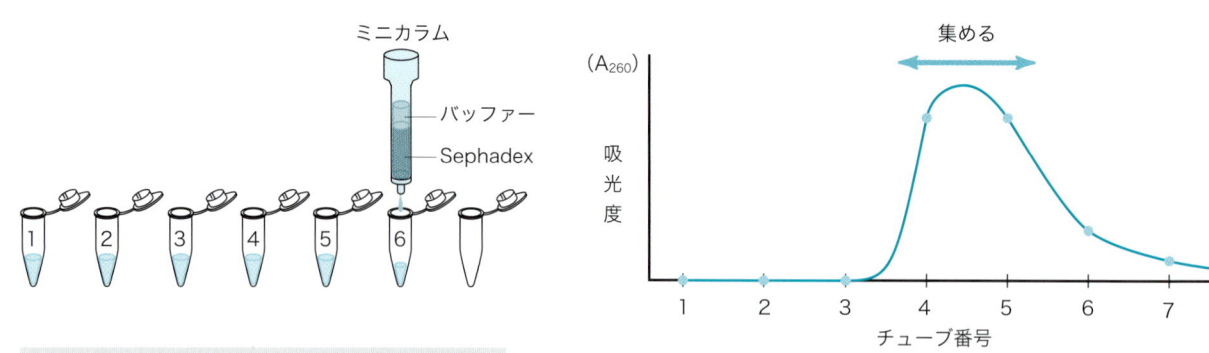

原液あるいは数倍に希釈して260 nmの吸光度を測定

（ピークは，カラム体積の約1/3～1/2になる：すなわちボイドボリューム付近）

図11　ミニカラムを用いたゲル濾過によるDNAの精製

参考文献

1) 無敵のバイオテクニカルシリーズ「イラストでみる超基本バイオ実験ノート」（田村隆明 著），羊土社，2005
2) Sambrook, J., and Russel, D. W.：Molecular Cloning. A Laboratory Manual. 3rd Ed., Cold Spring Harbor Laboratory Press, 2001
3) Ausubel, F. et al.：Current Protocols in Molecular Biology., Vol. 1, 2, and 3, Greene Publishing Associates, Inc. and Wiley-Interscience, 1993
4) Davis, L. et al.：Methods in Molecular Biology, Elsevier, 1986
5)「改訂第4版 新 遺伝子工学ハンドブック」（村松正實，山本 雅 編），羊土社，2003

第3章

大腸菌の取扱い

田村隆明

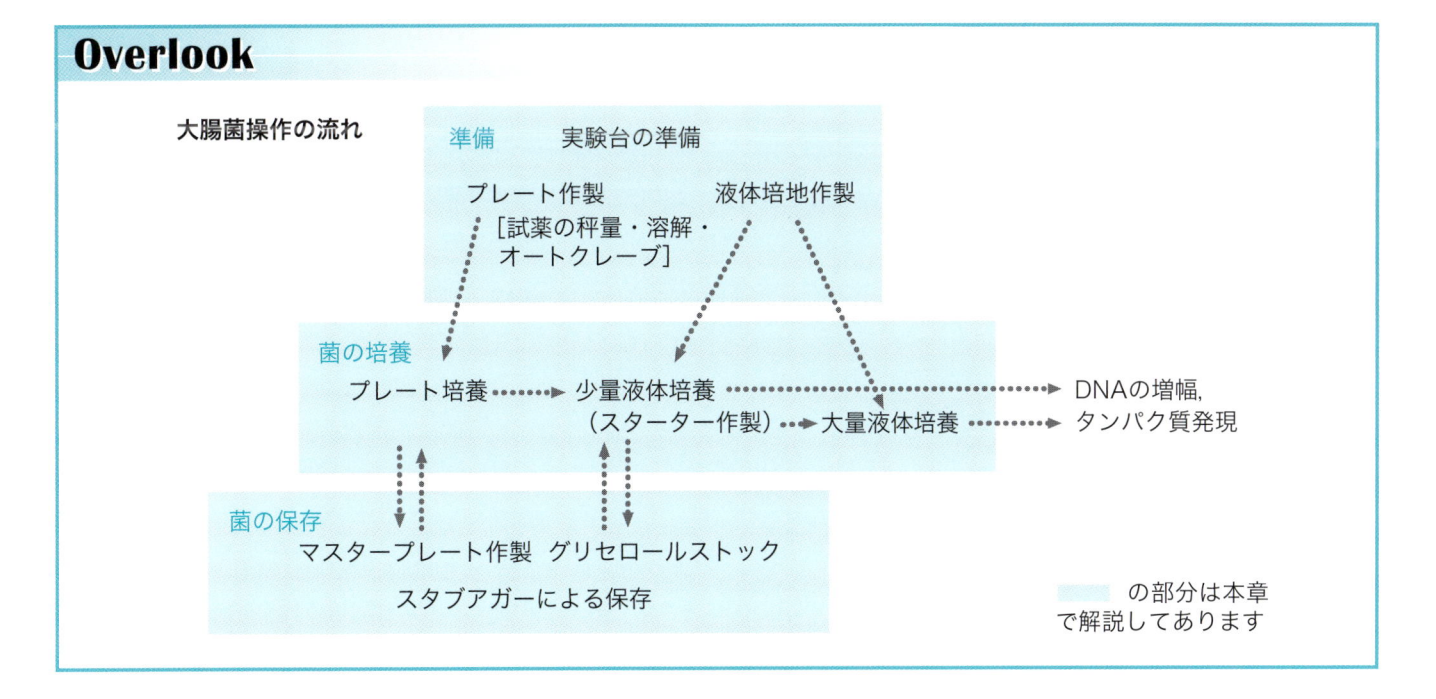

Overlook

大腸菌操作の流れ

準備　実験台の準備
　　　プレート作製　　　液体培地作製
　　　［試薬の秤量・溶解・
　　　　オートクレーブ］

菌の培養
　プレート培養 ····→ 少量液体培養 ····→ 大量液体培養 ····→ DNAの増幅，
　　　　　　　　　　（スターター作製）　　　　　　　　　　　タンパク質発現

菌の保存
　マスタープレート作製　グリセロールストック
　スタブアガーによる保存

　　　　の部分は本章で解説してあります

1 はじめに

　大腸菌はクローニングベクターを用いて組換えDNAを純化・増殖させるための必須アイテムであるとともに，大腸菌内で目的タンパク質を純粋かつ大量に作らせるためのツールにもなっている．大腸菌以外の生物で組換えDNAを扱う場合も，まずは大腸菌で増殖させてから使用されるというように，大腸菌は遺伝子工学実験の中心的位置を占めている．本章では大腸菌の取扱い法などについて解説する．

2 大腸菌について

1 大腸菌とは

　大腸菌（*Escherichia coli*：*E. coli*）は腸内細菌科に属する $0.5 \times 2\ \mu m$ の大きさのグラム陰性の通性嫌気性細菌で，約46 Mbp（塩基対）の環状DNAゲノム（約4,300個の遺伝子を含む）をもち[a]，遺伝子組換え実験では組換えDNAを増やす宿主細胞として汎用される．実験に使用される大腸菌の多くはK12株で，病原性がなく，単純な培地中で，37℃

[a] K12株の場合．O157株は5.8 Mbp．

で簡単に増殖するなど，扱いやすい．また，ファージやプラスミドといったエピソームⓑを使う実験が可能なために細菌遺伝学実験に多用され，分子遺伝学研究に大きく貢献している．

ⓑ ウイルス（バクテリオファージ），プラスミドといった染色体外遺伝因子．

2 大腸菌の遺伝子型と菌株

　野生型大腸菌の遺伝子がすべて正常に機能すると，菌は通常の生育環境下，最少培地（**本章4④参照**）で生育することができる（注意：実験に使われる大腸菌の大部分はトランスポゾンなどの余分なDNA断片などを保有しており，厳密な意味での野生型大腸菌の定義は難しい）．多数存在する遺伝子のうち，遺伝子工学で特に重要となる遺伝子の一部を**表1**に示す．遺伝子の欠損や挿入の状態を列記したものを**遺伝子型**（genotype）といい，それにより大腸菌は特定の**菌株**（strain）として分類される．遺伝子はイタリックの英文字3個で表し，必要ならば英字の大文字を1字追加する．右肩に「＋」や「－」がついているものは野生型か変異型を表し（通常は変異型のものに「－」をつける．「＋」は野生型を強調するときにのみつける），欠損は「Δ」で，挿入は「::」で表す．「φ」はタンパク質やオペロンの融合を示し，「'」は融合にあたって欠失が起ったことを示している．プラスミドを保持している場合は，最後に括弧づけで表記する．

　遺伝子工学実験で汎用される菌株とその遺伝子型を**表2**に示した．どのような菌株の大腸菌を用いるかは，**表3**に示した規準に従う．

表1　遺伝子型で示した大腸菌の主な遺伝子

遺伝型の表記	特徴，内容
recA	主要組換え遺伝子．相同性のあるDNA断片を安定に保持できる
recBC	エンドヌクレアーゼV．λファージのchi［カイ］を認識して組換えを起こす
EcoK	外来DNAを切断するEcoK制限（r）修飾（m）システム．通常は制限を避けるため，r^-を用いる
mcrA, mcrBC	制限修飾システムの一種．メチル化シトシンを含むDNAを分解する．高等生物のDNAは5'-pCpGのCがメチル化されていることが多いので，ゲノムDNAのクローニングは$mcrA^-$ $mcrBC^-$菌を用いる
F'	F'因子（プラスミド）の有無．M13ファージの宿主として使える
sup	ナンセンス変異を抑圧するサプレッサー変異．supE，supFはアンバー（UAG）を抑圧する
::Tn	トランスポゾンの挿入．Tn10はテトラサイクリン耐性，Tn5はカナマイシン耐性，Tn3はアンピシリン耐性，Tn9はクロラムフェニコール耐性を示す
strA, rpsL	ストレプトマイシン耐性を示す
lac	ラクトースオペロンに関する性質．lacIはlacオペロンのリプレッサー，lacZはβ-ガラクトシダーゼ，lacYはラクトースやIPTGを取り込むラクトースパーミアーゼをコードする
thyA	チミン要求性
thi	チアミン要求性．K12株共通の性質．最少培地に加えると増殖がよくなる
ompT	プロテアーゼをコードする
dam	5'-GATCのAをメチル化する
dcm	5'-CCWGGの2番目のCをメチル化する
gyrA	変異DNAジャイレース．ナリジクス酸耐性を示す

表2　よく使われる大腸菌の遺伝子型と特徴/用途

菌株名[※1]	組換え	EcoK	mcrA	mcrB	F'	sup	Tns	カラーセレクション	遺伝子型	特徴，用途
BL21(DE3)	$recA^+$	r^-m^-	+	+	-	sup^+	-	不可	F⁻ ompT hsdSB ($r_B^- m_B^-$;an E.coli B strain) with a λ prophage carrying the T7 RNA polymerase gene	タンパク質分解酵素が少なく，タンパク質生産に適している[※2]

（次ページにつづく）

表2 （前ページよりつづき）

菌株名[※1]	組換え	EcoK	mcrA	mcrB	F'	sup	Tns	カラーセレクション	遺伝子型	特徴，用途
DH5α	recA⁻	r⁻m⁺	−	+	−	supE	−	可	F⁻ endA1 hsdR17 ($r_k^- m_k^+$) supE44 thi1 recA1 gyrA (Nalr) relA1Δ (lacZYA-argF) U169 (φ80lacZΔM15)	形質転換効率が高い．カラーセレクションも行える
JM109	recA⁻	r⁻m⁺	−	+	+	supE	−	可	[F'traD36 lacI^q lacZΔM15 proA⁺B⁺] e14⁻ (McrA⁻) Δ (lac-pro AB) thi gyrA96 (Nal^r) endA1 hsdR17 ($r_k^- m_k^+$) relA1 supE44 recA1	pBluescript系，pUC系プラスミドを用いるカラーセレクションに適している
JM110	recA⁺	r⁻m⁺	+	+	+	supE	−	可	F'[traD 36 lacI^q Δ (lacZ)M15 proA⁺B⁺] rpsL thr leu thi lacY galK galT ara fhuA dam dcm glnV44Δ (lac-pro AB)	アンバーをもつベクターの増殖に適する．dam⁻菌
XL-1 Blue	recA⁻	r⁻m⁺	−	+	+	supE	Tn10	可	[F'::Tn10 proA⁺B⁺ lacI^q lacZΔM15] recA1 endA1 gyrA96 (Nal^r) thi hsdR17 ($r_k^- m_k^+$) supE44 relA1 lac	カラーセレクションに使用される
HB101	recA⁻	r⁻m⁻	+	−	−	supE	−	不可	F⁻ Δ (gpt-proA) 62 leu supE44 ara14 galK2 lacY1 Δ (mcrC-mrr) rpsL20 (Str) xyl-5 mtl-1 recA13	一般的形質転換に用いる
C600	recA⁺	r⁺m⁺	+	+	−	supE	−	不可	thr leuB thi lacY glnV 44 rfbD 1 fhuA 21	λファージライセートの調製やλgt10の増殖に適する
Y1090r⁻	recA⁺	r⁺m⁺	−	+	−	supF	Tn10	不可	F⁻ Δ (lac) U169 lon araD rpsL mcrA tyrT trpC::Tn10 (pMC9)	λgtIIやλgt18〜23の抗体スクリーニングに適する．lonプロテアーゼを欠く
LE392	recA⁺	r⁻m⁺	+	+	−	supE supF	− −	不可	supE44 supF58 hsdR514 galK2 galT22 metB1 trpR55 lacY1	λファージ増殖に用いる一般的サプレッサー株

※1：すべて大腸菌K12株に属する．ただしBL21はB株
※2：pLysS (E) が入っている場合はクロラムフェニコール耐性になる

表3 菌株選択の基準

①導入DNAの安定性	②カラーセレクションの可否
③薬剤耐性	④制限・修飾系
⑤サプレッサーをもつベクターの増殖	⑥タンパク質の産生量・安定性
⑦ファージ感染・増殖性	⑧抗生物質耐性
⑨プラスミドをもつ菌では不和合性	⑩増殖能や形質転換効率

3 培養の準備

1 培地の種類

　細胞を増殖させるために水に栄養を加え，浸透圧とpHを整え，場合によって種々の添加物を加えて調製したものを**培地**という．大腸菌用の培地は成分により純粋な化学物質を合わせて作る合成培地，天然物やその加工品から作る天然培地，両者の中間にあたる半合成培地に分けられる．通常は菌体の増殖性や簡便性を考慮して半合成培地が用いられるが，組成の違いや目的によりいくつもの種類が用意されている．

　培地は形状により**液体培地**と，液体培地に寒天を加えて固めた**固形培地**に分けられ，固形

培地はさらにその形態/容器によりいくつかに分類される．固形培地（＝寒天培地）は通常シャーレで作られ，これを**平板培地（プレート：plate）**という．遺伝子工学でプレート以外の固形培地を使う例としては，菌保存用として用いる高層培地（スタブ）がある（**本章6** ③ 参照）．

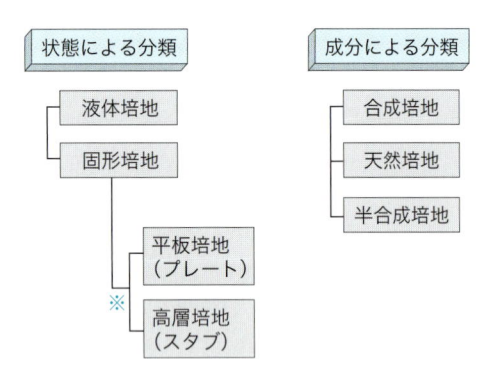

```
状態による分類            成分による分類
├─ 液体培地              ├─ 合成培地
└─ 固形培地              ├─ 天然培地
   ├─ 平板培地           └─ 半合成培地
   │  （プレート）
   └─ 高層培地 ※
      （スタブ）
```

※試験管を斜めにして作る斜面培地やそれとスタブの中間的なものもある

図1　培地の分類

2 培地添加物

1）抗生物質

　放線菌などが作り，他の生物の生育を阻止あるいは死滅させる物質を**抗生物質**（antibiotics）という．非常に多くの種類があり，なかには真核生物に作用するものもある．大腸菌の培養で使われるものは数種類に限定されている．抗生物質はタンパク質合成阻害剤として働くものが多いが，ペニシリン/アンピシリンのように細胞壁合成を阻害するものもある．あらかじめ濃い保存溶液を調製しておき，必要時に培地に添加して使用する．

＜アンピシリン保存溶液の調製法＞
　100 mg/mLの溶液 50 mL

準備するもの

- アンピシリンナトリウム [a]（和光純薬工業社）
- 50 mL シリンジ [b]
- シリンジ用ジャケット付き滅菌フィルター（Millex-GV，日本ミリポア社）[c]
- 滅菌した超純水
- ビーカー
- 滅菌済みネジフタ付き2 mLチューブ

[a] アミノベンジルペニシリンと同一．

[b] 小さいシリンジの場合はフィルター滅菌を数回に分けて行う．

[c] あるいは0.22 μmのポアサイズをもつ同等品．0.45 μmのポアサイズは雑菌が素通りする可能性があるので不適．

プロトコール

❶ アンピシリンナトリウム5 gをビーカーに計り，水50 mLを加えて溶かす
　↓
❷ シリンジで吸い取り，フィルターに装着する [d]
　↓
❸ チューブに約1 mLずつ分注し，－20℃で保存する

[d] アルコールで溶解する抗生物質の場合は特に滅菌する必要はない．気になるようだったら有機溶媒で使用できる滅菌フィルターを用いてもよい．

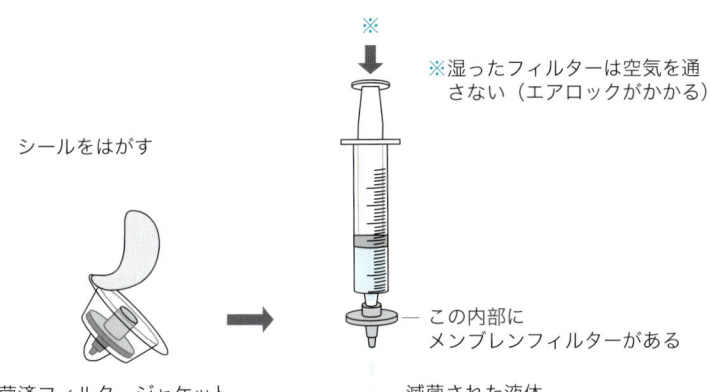

※湿ったフィルターは空気を通さない（エアロックがかかる）

シールをはがす

滅菌済フィルタージャケット
（プラスチックケースに入っている）

この内部にメンブレンフィルターがある

滅菌された液体

2）カラーセレクション用試薬

大腸菌Lacオペロン由来β-ガラクトシダーゼ（β-Gal）活性を利用し，プラスミドやファージ存在の有無を色で判断するための実験をカラーセレクションあるいはブルーホワイトアッセイという（**第7章7-2**を参照）．オペロン誘導用試薬IPTGと酵素基質のX-gal（無色だが，β-Galで加水分解されると青色に呈色する）が主要な試薬である（**図2**）．培地に添加して使用する（**本章4 3**，63ページ参照）．

図2　X-galの加水分解

＜IPTG溶液の調製＞
1 M溶液4 mL

準備するもの
（一部は前述の「アンピシリン保存溶液の調製法」参照のこと）

・IPTG（isopropyl 1-thio-β-D-galactoside）（和光純薬工業社）
・5 mLシリンジ
・濾過滅菌用フィルター（Millex-GV，日本ミリポア社）
・滅菌済み1.5 mLエッペンチューブ

プロトコール

❶ IPTG 0.952 gをビーカーにとり，超純水4 mLを加えて溶かす

❷ シリンジで吸い取り，フィルター滅菌する

❸ エッペンチューブに約0.2 mLずつ分注し，−20℃で保存する

＜X-gal溶液の調製＞
　2％溶液8 mL

準備するもの

- X-gal（5-bromo-4-chloro-3-indolyl-β-D-galactoside）（和光純薬工業社）
- DMF（N,N-dimetylfolmamide）
- 滅菌済み1.5 mLエッペンチューブ

プロトコール

❶ X-gal 0.16 gにDMF 8 mLを加えて溶かす

❷ 溶けたらエッペンチューブに0.4 mLずつ分注し，－20℃で保存する[e]

[e] 滅菌する必要はない．DMFの代わりにDMSOを使用する場合もある．

3）寒天

寒天（agar）はテングサなどの海藻から抽出したアガロースやアガロペクチンを主成分とする物質で，沸騰水近くの温度で融け，室温より少し高い温度で固まる（ゲル化する）．大腸菌の栄養にならず，分泌物等によって分解・変質することがなく扱いやすいため，培地を固める素材として汎用される[f]．ゲル強度を保つため1.5％の濃度で使用する．寒天濃度0.7％のものを**ソフトアガー**（軟寒天）といい，固体ではあるが柔らかく，先の太いピペットで吸うことができる．ファージ実験などでは，通常プレート上にファージ感染菌と一緒に重層するトップアガーとして使用される[g]．

[f] ゼラチンは体温近くの温度で融解するので固化材として利用しにくい．細菌のなかにはこれを利用・分解するものがある．

[g] ソフトアガーは傾けたり揺すったりすると滑る場合がある．このようなことを避けるため，寒天の代わりに接着力の強い精製されたアガロースを使用する場合がある．

3 培養容器

1）試験管（図3）

試験管（チューブ）はサイズにより小試験管（φ15 mm×10 cm），中試験管（φ20 mm×15 cm），大試験管（φ30 mm×17 cm）に分けられ，それぞれ約2 mL，5 mL，20 mLの培地による液体培養が行える．使い捨ての滅菌済みプラスチックチューブ（BDファルコン社製 #2063：5 mL，#2059：14 mL）も使える[a]．

バイアルビンという小型（2～5 mL）のねじフタ付き試験管を，菌保存用，菌運搬用で使用する場合がある．培養時はフタを少し緩め，保存時は密栓する．

[a] 半透明．透明のポリスチレン製のものもある．これらのチューブのフタはツーポジションのプッシュロック式になっており，培養する場合はフタを中間点の所で止めて空気が出入りできるようにし，保存時には完全に押し締めて密封する．

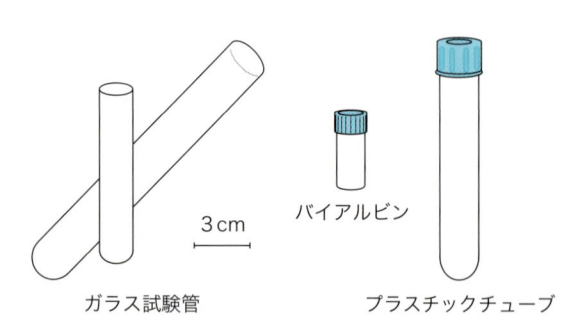

図3　細菌培養用チューブ
ガラス試験管／バイアルビン／プラスチックチューブ（3 cm）

2）フラスコ（図4）

液体培養をより大きな規模で行う場合に使用するが，基本的には三角フラスコが使われる．よく使われるサイズは中スケール培養用として250 mL容，大スケール培養として2 L容のものである．いずれの場合も培地撹拌ⓑ効率を考え，培地量は規定容量の20％以下にすることが望ましい．緩い振盪で大きな撹拌効率が得られる，羽根付きフラスコや坂口フラスコというものもあるⓒ．

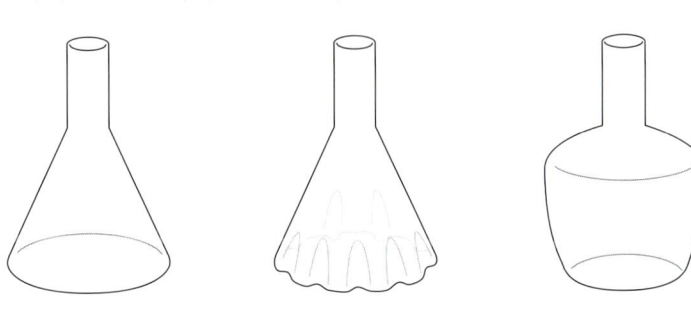

ⓑ エアレーション（airation）という．

ⓒ 肩が角張っている坂口フラスコは往復型振盪器で使用すると高い撹拌効率が得られる．大腸菌ではあまり利用されない．

三角フラスコ　　ヒダ（羽根）付きフラスコ　　坂口フラスコ

図4　培養用フラスコ

3）液体培地容器の栓（図5）

液体培養では，雑菌の混入〔**コンタミネーション**（contamination），通称コンタミ〕を避けると同時に空気がある程度通るような，振盪しても簡単には外れない非密封型のフタ／栓を容器の口に付ける必要がある．さまざまな種類のものがあるが，アルミホイルを用いる方法が安価で簡便なため，広く使われる．

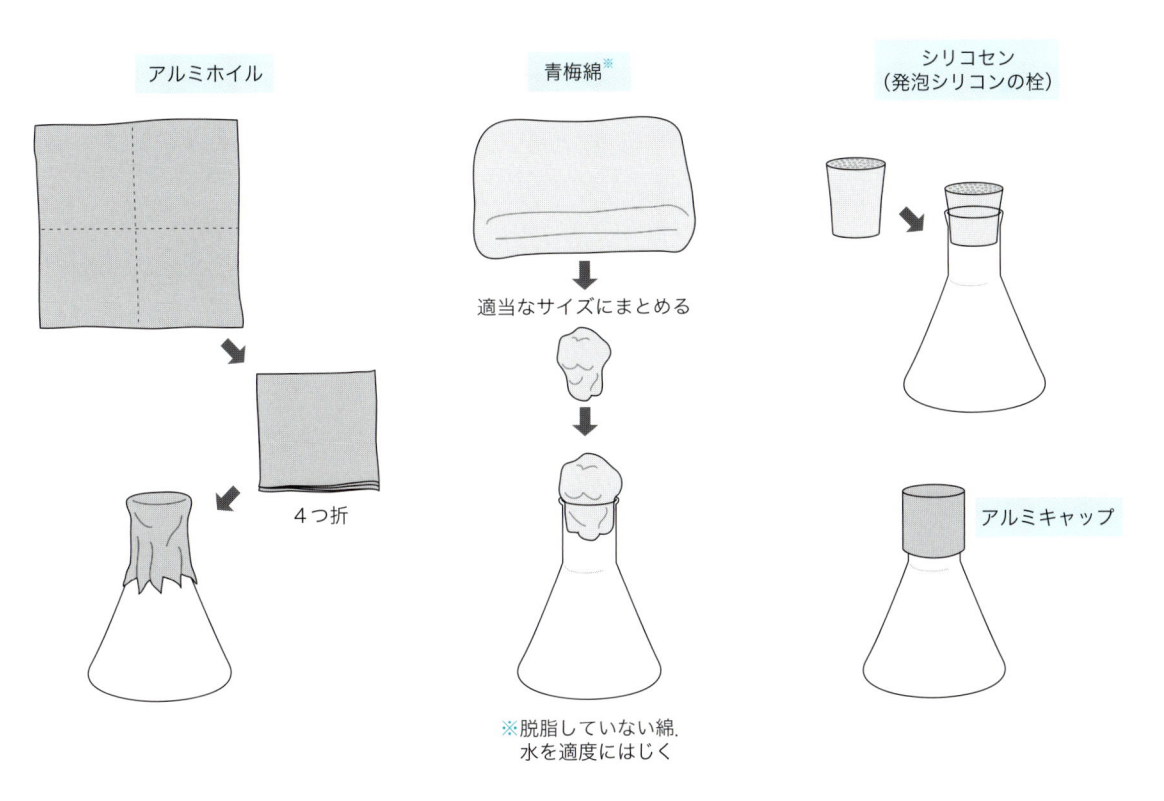

アルミホイル　　青梅綿※　　シリコセン（発泡シリコンの栓）

4つ折

適当なサイズにまとめる

アルミキャップ

※脱脂していない綿．水を適度にはじく

図5　さまざまな培養栓

4）シャーレ

ペトリ皿ともいう．寒天培地を流し込んで固めて使用するプレート用フタ付き容器．一般的には，直径10cmのプラスチック製の使い捨てのものを使う．多くのメーカーから入手できる（例：日本BD社，日本製薬社）．ファージを大量に増やしたり，ファージライブラリーを大規模に増幅させるときなどでは，角形の大型シャーレが使われる場合もある．

4 インキュベーターとシェーカー

どちらも恒温器具であるが，インキュベーター（孵卵器ともいう）はプレート培養で使用し，シェーカー（振盪培養器）は液体培養で使用する．

1）インキュベーター

通常培養温度である37℃に設定して使用する．ファンで空気を強制循環するタイプⓐは温度分布の偏りは少ないが，プレートが乾燥しやすくコンタミしやすいため，細菌培養には向かない．できるだけ自然対流式のものを使用するⓑ．

2）シェーカー

気相式のものと水槽式ⓒのものがあるが，通常は気相式（全体がフタで覆われ，ファン循環式のものが一般的）のものを使用する．試験管や小型フラスコ用の小さなものから，大容量フラスコを複数かけられる大きなものまでさまざまある．振盪方式には往復式と回転式の2種類があるが，それぞれ，およそ80〜200往復/分，100〜250回転/分の速度で使用するⓓ．気相シェーカーの代用として，小型の振盪器を気相インキュベーターに入れて使用してもよい．

ⓐ 酵素処理やハイブリダイゼーションなど，「反応」に関わる実験に用いる．

ⓑ 培養器具ではないが，シャーレ乾燥用として50〜55℃の自然対流式インキュベーターがあると便利である．

ⓒ 水槽式のシェーカーは温度を厳密にして培養する実験（温度感受性株の培養）や温度を速やかに変更する実験などで使用されることが多い．

ⓓ 菌の増殖速度を上げるためには速く振盪した方がよいが，容器の形状や内容量，機器の性能や安全性などの制約があるため，適宜設定する．

One point

ローテーターを使用した培養法

撹拌にはエアレーションのほか，菌体の沈殿を防ぐという意味がある．ある程度菌が増殖すれば充分という実験では，緩やかに振盪するだけでもよい場合がある．このため，右図のような多数の穴の開いた板をもつローテーター（回転器）を少し傾け，そこに試験管を挿して培養する研究室もある．

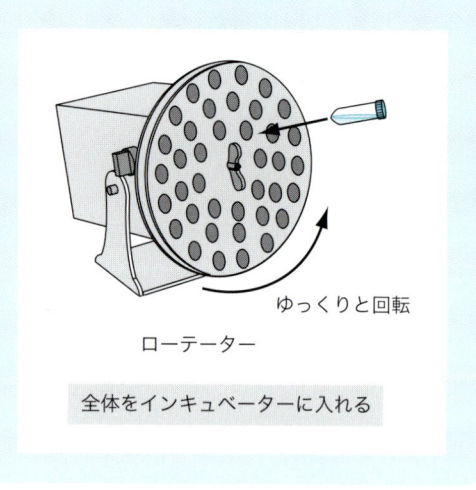

ゆっくりと回転
ローテーター
全体をインキュベーターに入れる

5 滅菌と殺菌

いずれも微生物やウイルスを死滅させる操作だが，**滅菌**は胞子などを含むすべての生命体およびウイルス/核酸をも死滅させることを意味し，**殺菌**は，主に栄養型微生物（増殖形態をとるもの）を死滅させることを意味する．大腸菌実験では通常以下のような方法がとられる．また，**消毒**とは病原性の微生物やウイルスを，死滅あるいは無毒化させる操作である．

1）滅菌法

① オートクレーブ（第2章4）

② 乾熱滅菌（第2章4）

③ 火炎滅菌：ガスバーナー（ブンゼンバーナー）の炎に金属やガラス器具をかざして加熱し，付着するものを燃焼/炭化させる．金属性の白金耳/白金線，ガラス製のコンラージ棒，ガラス製のピペットやビンの口（軽くあぶる程度）の無菌操作（図6）の一環として行われる．

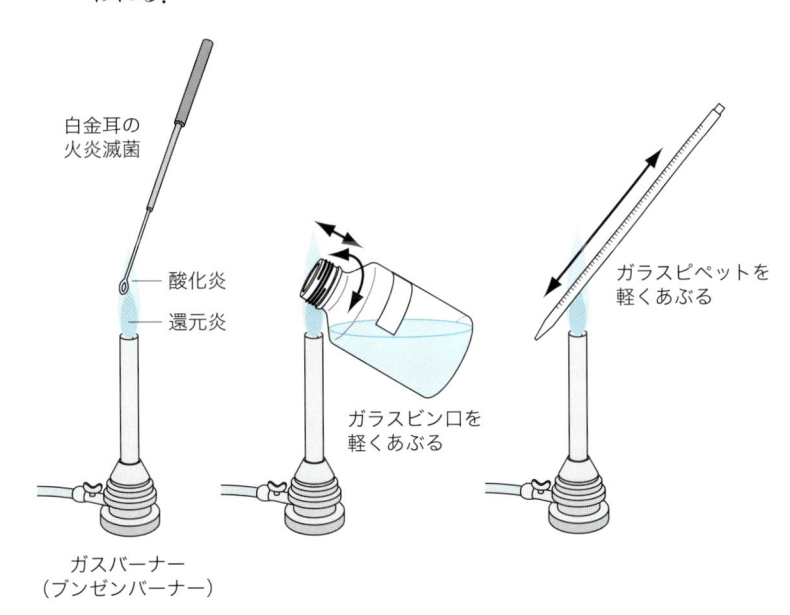

図6　火炎による滅菌と無菌操作

2）殺菌法

① 紫外線/殺菌灯

殺菌灯に含まれる紫外線を利用する方法．クリーンベンチ備え付けのものを使用してプレートの殺菌に使用する場合がある[a]．クリーンベンチ内部に，プレートのフタを開いて置き，殺菌灯に30分間程度当てる．かなりの割合で雑菌などを死滅させられる．

[a] 大腸菌に紫外線を当てて突然変異を誘起させる場合も，短時間だが同様の操作をする．

② エタノール

100％エタノールでもよいが，通常は70％のものが使われる[b]．噴霧器に入れて直接粉霧したり，脱脂綿につけて使用する．洗瓶に直接入れて使用してもよい．実験器具や実験台，あるいは手指の殺菌/消毒に用いる．

[b] 70％の方が殺菌力が強く，引火しにくく，皮膚への刺激も少ない．

③ 次亜塩素酸ナトリウム

培養後の不要大腸菌や容器に残った菌の死滅に用いる．水に対して0.02％加えるか，その濃度の溶液の中に入れ，30分間放置する．市販の塩素系漂白剤（例：ハイター，ブリーチ）や殺菌剤（例：ミルトン）を300倍程度に希釈して使用してもよい（希釈率は原液の次亜塩素酸ナトリウム濃度による．通常，原液は6％の次亜塩素酸ナトリウムを含む）．

④ 大腸菌用洗剤

各メーカーから入手可能（例：スキャット®20X-AB，ナカライテスク社）．洗剤の機能と殺菌能を併せもつ．規定通り希釈した洗剤にしばらく浸した後に洗浄する．

3) 無菌操作

　大腸菌実験では，操作するときに雑菌が混入する（コンタミする）ことをできるだけ避ける必要がある．このような注意を払って行う操作を無菌操作という．空気中の落下細菌等のコンタミ防止と，器具に付着している雑菌のコンタミ防止，そして人体に由来する雑菌のコンタミを防止の3点が要点だが，具体的には以下の点に気をつけて実験を行う．

① 実験室のドアや窓を閉め，実験室内の空気の流れを少なくする[c]
② ガスバーナーを炊いて上昇気流を発生させ，落下細菌のコンタミを防ぐ
③ 火炎滅菌が可能なものは，その都度行う
④ 可能なら，マウスピペッティング（ピペットを口で吸うこと）を避け，ピペッターを使用する[d]
⑤ 培養器具のフタを開ける時間を短くする．プレートを操作する場合も手に取って斜めにして操作するなど，落下細菌の影響を少なくする

[c] 無菌操作を厳密にするのであれば，無菌箱やクリーンベンチを使用する．大腸菌の場合は必要ないが，他の細菌や酵母を扱う場合にはかなりの効果がある．

[d] 遺伝子組換え大腸菌を使用する場合には，特に注意する．

6 植菌器具

　菌を培地から拾い上げることを**釣菌**，植え込むことを**植菌**というが，このためにいろいろな器具が使われる．

1) 白金線と白金耳[a]

白金線：エボナイトなどに柄に付けた金属棒の先端に白金線を付けたもの．白金線の代わりにニクロム線を使用してもよい．菌をつけ，スタブ培地にさして植菌するときに使用する．

白金耳：白金線と類似した道具で，先端が小さなループになったもの．プレート培地の植菌などによく使用される．

＜使い方の注意＞

　金属製白金線（白金耳）の場合，まずバーナーの還元炎（芯の部分）に白金部分を入れて温め，水分を蒸発させる．その後酸化炎（外側の青〜オレンジ色の炎）に移して赤熱する．菌のついた金属をいきなり酸化炎に入れると，菌がはじけ飛ぶ恐れがある．滅菌後の白金線（白金耳）は菌に触れる前に冷めている必要がある．コロニーを操作する場合はいったん菌の生えてないプレート部分に触り，その後目的コロニーに触れる（図8）．

[a] 両者とも簡単に自作できるが，いずれも適度な弾力/しなりのある太さの線を使用する（図7）．滅菌済みプラスチック製の品もあるが，この場合は火炎滅菌は行わない．

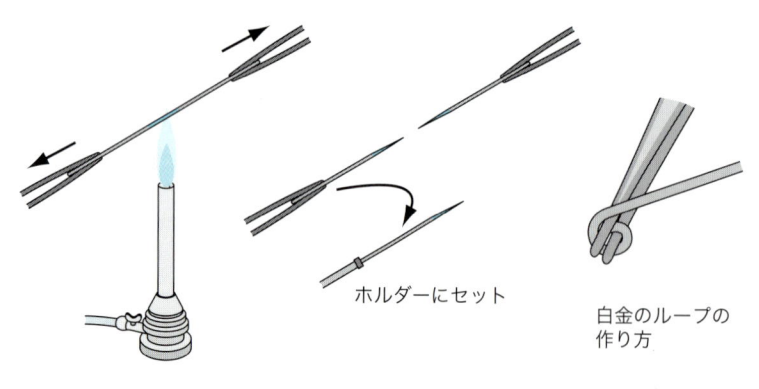

白金線を炎で赤熱し，ピンセットで引っ張る　　ホルダーにセット　　白金のループの作り方

図7　白金線/白金耳作製法

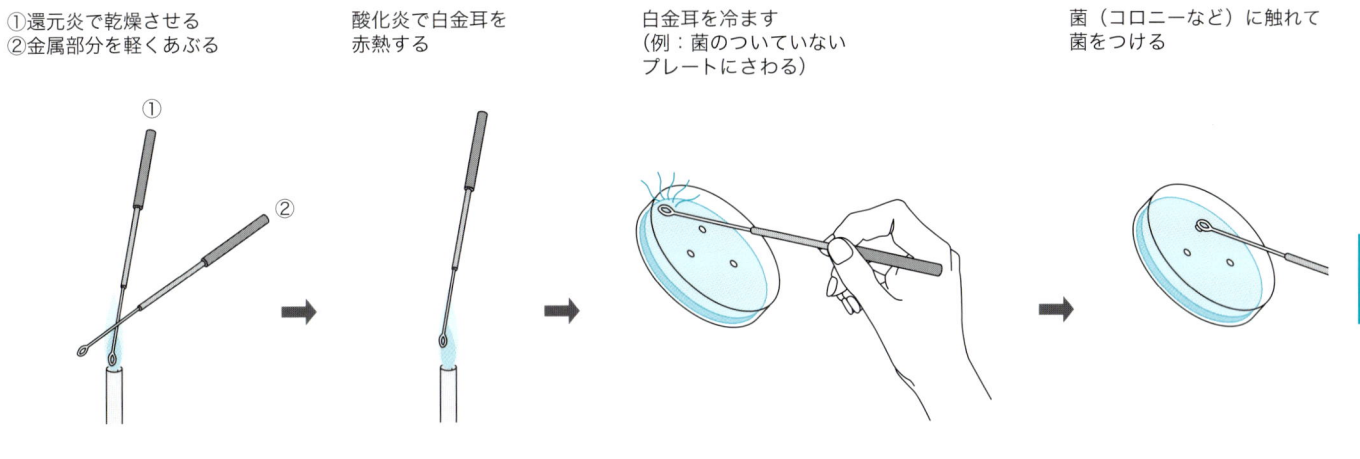

①還元炎で乾燥させる　　酸化炎で白金耳を　　　白金耳を冷ます　　　　　菌（コロニーなど）に触れて
②金属部分を軽くあぶる　赤熱する　　　　　　　（例：菌のついていない　菌をつける
　　　　　　　　　　　　　　　　　　　　　　　　プレートにさわる）

図8　白金耳使用法
※白金線の場合も，この方法に準ずる

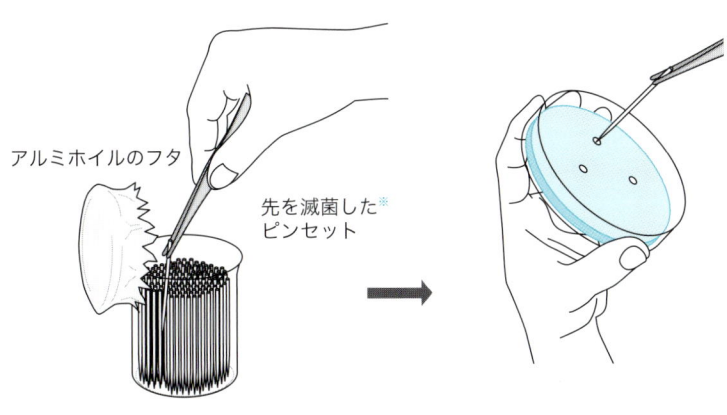

図9　楊枝の扱い方
※他の部分に触れなければ，手で扱ってもよい

2）楊枝/ピペットチップ

プレート上のコロニーを拾い，それをマスタープレート（**本章5-2 5参照**）に移したり，スモールスケールの液体培地に植菌するために使用する．図9のように滅菌した楊枝などをピンセットでつかみ，操作して釣菌する．

竹串：ファージ実験で使用する．ファージプラークに滅菌した竹串を触れ，ファージ懸濁用液に直接入れてボルテックスで撹拌し，ファージ懸濁液を作製する．

3）コンラージ棒

スプレッダーともいう．塗り広げ培養でプレートに滴下した菌液，あるいは試薬を広げるために使用されるガラス棒を曲げて作った器具．図10のようにガスバーナーを使ってガラス棒を曲げて作ることができる．使用しないときは100％エタノールの入ったビーカーなどに入れておく．

One point

コンラージ棒の使用法

エタノール（必ず，バーナーから一定の距離をとる．引火を防ぐため）に浸かっているコンラージ棒を引き上げ，一瞬，バーナーの炎に触ってエタノールを燃やす．コンラージ棒自身を炎に入れっ放しにしないこと．プレートに試料を滴下し（0.2 mL以下が望ましい），プレートを回転しながらコンラージ棒をリズミカルに動かす（液が完全にしみ込むまで続ける）．ターンテーブルを使うと便利（図11）．

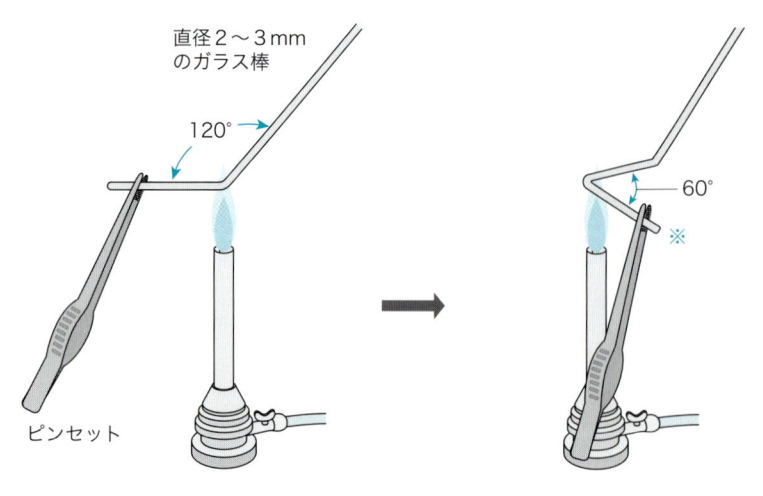

直径2～3mmのガラス棒
120°
60°
ピンセット

※最後に先端部分を赤熱し，角をとっておく．最後にもう一度60°に曲げ，ループ状にする方法もある

図10 コンラージ棒の作製

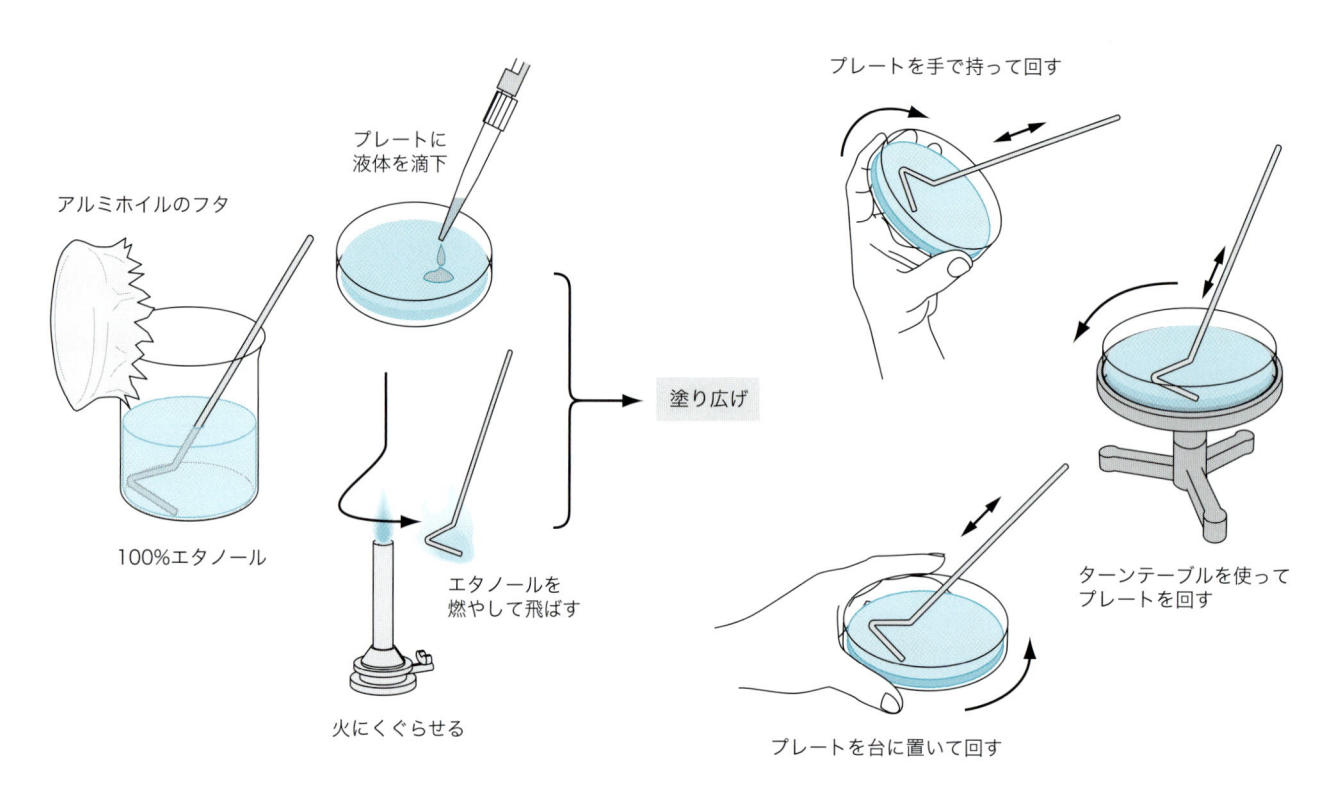

アルミホイルのフタ
プレートに液体を滴下
100%エタノール
エタノールを燃やして飛ばす
火にくぐらせる
塗り広げ
プレートを手で持って回す
ターンテーブルを使ってプレートを回す
プレートを台に置いて回す

図11 コンラージ棒の使い方

4）ターンテーブル

10 cmシャーレが収まる縁をもつ円盤が回転する金属製の器具．惰性でしばらく周り続ける．プレートに落とした液体をコンラージ棒で塗り広げるときに便利な道具（図11）．

54　改訂第3版　遺伝子工学実験ノート（上巻）

7 実験台のセットアップ

　植菌など，大腸菌実験を行う実験台は，図12のように，培養液を取るためのピペット類や植菌に必要な器具類などを，取りやすい場所に整理して配置し，全体を清潔に保つ．実験台はドアなどから離れた，人の通りの少ない場所に設定することが望ましい．操作の前に実験台をエタノールで殺菌し，その後ガスバーナーに火を付け，操作を行う．クリーンベンチを用いる場合も，器具の配置などは扱いやすいように工夫する．

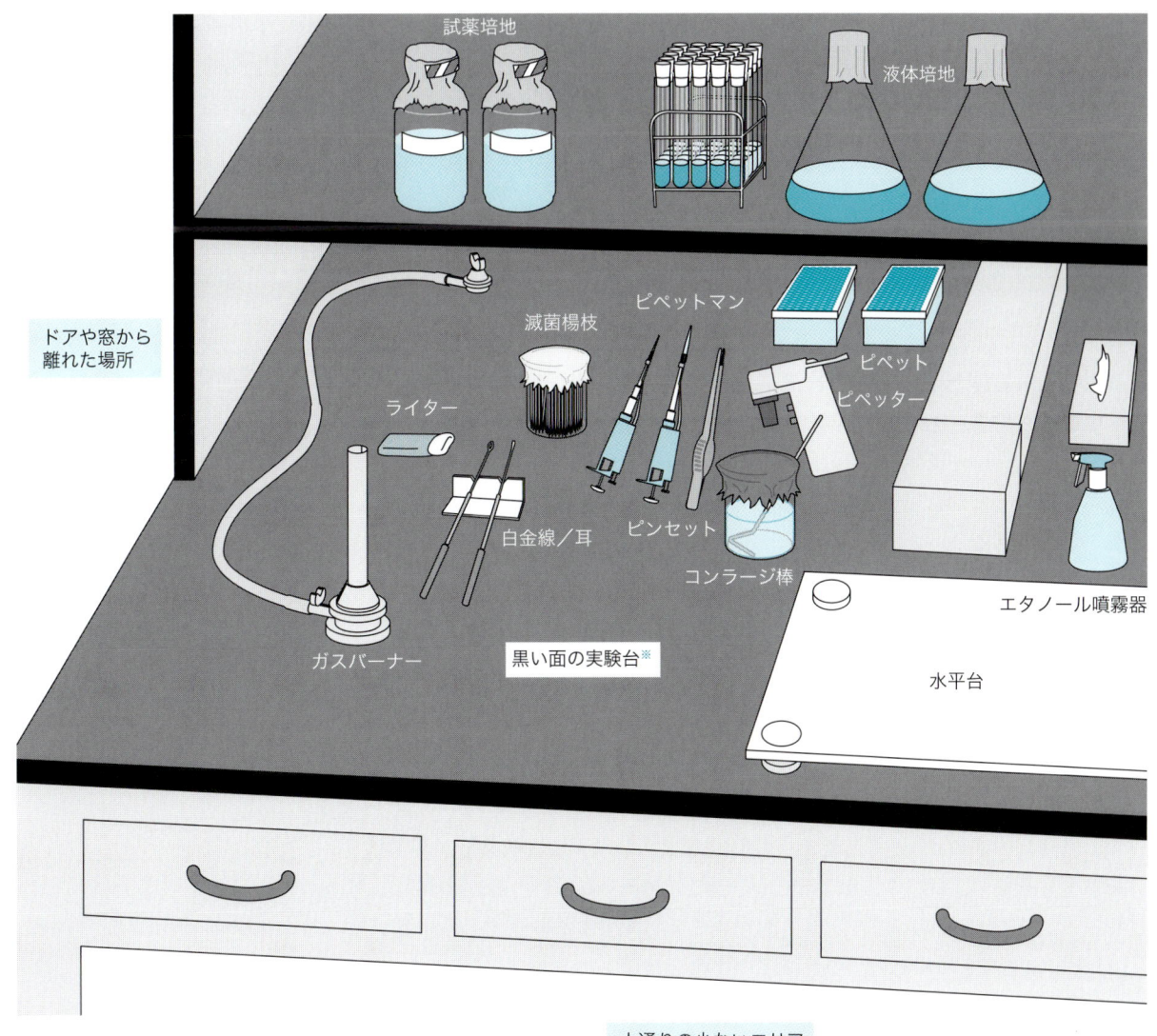

図12　実験台のセットアップ例
※コロニーが白っぽく見えるため，白い台は不適

4 培地の作製

1 培地の基礎知識

1）成分

大腸菌を増殖させるため，培地には必要な要素が加えられるが，個々の要素の目的は栄養分，浸透圧調整，pH調整，補助剤（例：抗生物質や細菌の状態をモニターするもの），固化剤に大別される（注意：1つでも複数の役割をもつものもある）．栄養分としては，エネルギー源としての糖（例：グルコース）のほか，ナトリウム，カリウム，マグネシウムなど数種の無機塩類，さらには核酸などの成分になるリン酸，タンパク質などに必要な窒素やイオウ（例：硫酸アンモニウム）などがある．鉄や亜鉛なども必要な微量元素だが，これらは水の中に含まれているため，あえて加えることはしない．これらを水に溶かし，浸透圧を等張にするためにNaClなどを添加し，最後にpHを増殖の至適である中性に合わせる．野生型の大腸菌はこのような単純な培地で増やすことができる[a]が，遺伝子工学実験では主にLB（Luria-Bertani）培地のような半合成培地が標準的な培地として用いられる．このような培地では酵母エキスやトリプトンといった天然物の中に，糖，アミノ酸，ビタミンなどの必要なもののほとんどが含まれているため，大部分の栄養要求性変異株も増やすことができる．

2）水

前述の理由からもわかるように，使用する水は純水で十分であり，研究室によってはイオン交換水を使用するところもある．超純水を使用すると，特にグルコースと数種類の無機塩類のみからなる合成培地中での菌の増殖速度が低くなる場合がある．

3）pH

大腸菌は中性のpHを好むため，培地を調製した後でpH試験紙かpHメーターを使い，HClかNaCl溶液を添加してpH 7.0に合わせる必要がある[b]．同じロットのトリプトンと酵母エキスを使用する場合はその都度pHをチェックしなくとも，これまでの実績を参照してよい．

4）調製操作の流れ

培地作製は図14にあるように，培地成分の溶解→pHの調整→滅菌（オートクレーブ）という手順で行う．寒天培地にする場合はオートクレーブの前に寒天粉末を加え，滅菌と寒天の溶解を同時に行う．

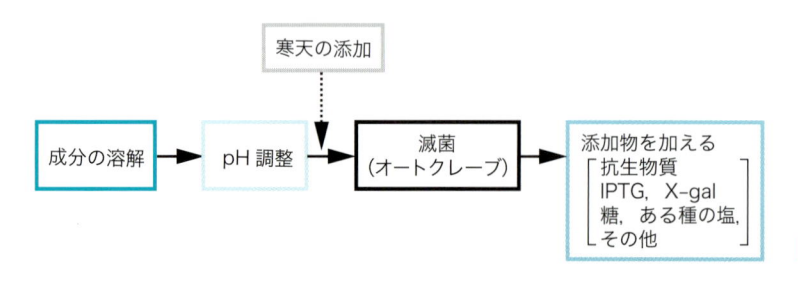

図13 培地に加えられる成分の意義

[a] すべての必要な生体成分を前述のような単純な化合物から合成できる．特定の酵素を欠く栄養要求変異体では，酵素反応生成物を添加する必要がある．

[b] 主に酵母の酸抽出物である酵母エキスが原因で，溶かした直後の培地は酸性に傾く場合がある．

図14 培地の作製の手順

表4　主な大腸菌培地の組成

| 培地※ | 培地1Lを作るのに必要な成分 ||||主な用途|
	tryptone	yeast extract	NaCl	その他の添加物	
YT medium	8 g	5 g	5 g		M13ファージ感染菌の培養
2XYT medium	16 g	10 g	5 g		M13ファージ感染菌の培養
LB medium	10 g	5 g	10 g		通常の培養
Super broth	33 g	20 g	7.5 g		菌量が多く得られる
Terrific broth	12 g	24 g	–	0.17 M KH_2PO_4 + 0.72 M K_2PO_4 100 mL, 100%グリセロール4 mL	菌量が多く得られる
NZCYM medium	–	5 g	5 g	NZアミン10 g, $MgSO_4 \cdot 7H_2O$ 2 g　カザミノ酸1 g	λファージ感染菌の培養
NZYM medium	(NZCYMからカザミノ酸を除いたもの)				λファージ感染菌の培養
NZM medium	(NZYMからyeast extractを除いたもの)				λファージ感染菌の培養
SOB medium	20 g	5 g	0.5 g	0.186 g KCl, 2 M $MgCl_2$ 5 mL	形質転換に用いる
SOC medium	(SOBにフィルター滅菌した1 Mグルコース20 mLを加えたもの)				形質転換に用いる
M9 medium (M9最少培地)	5×M9塩類200 mL, 滅菌水780 mL, 滅菌した1 M $CaCl_2$ 0.1 mL, 1 M $MgSO_4$ 0.1 mL, 20%グルコース20 mLを無菌的に混合				大腸菌の合成培地で野生型が増殖できる最小培地

※：broth, medium：ともに培地の意だがbrothは液体培地をさす

One point

培地作製時の注意点

寒天以外の化学物質を添付する場合，次のような点に留意する

① 熱に不安定なもの（例：IPTGやX-gal）はオートクレーブ後，少し冷めてから加える．

② マグネシウム塩やカルシウム塩などは別に滅菌したものを冷めた培地に加えるⒸ．

③ 高濃度の糖（例：グルコース，スクロース）はオートクレーブで褐変するため，濾過滅菌した濃い溶液を，オートクレーブ後に添加する．

pH調整のコツ

大腸菌が増殖すると培地のpHは酸性側に傾くが，そうなると菌の増殖速度がどんどん低下し，増殖状態が悪くなるばかりか，菌濃度も低下する．このため，出発pHは少し酸性側になるよりは，わずかにアルカリ性（例：pH 7.3）の方がまだよい．

Ⓒ 沈殿ができる．リン酸濃度が高いと特に顕著．

2 LB培地の作製

準備するもの

◆1　試薬
- Bacto Tryptone（BD Difco）ⓐ
- Yeast extract（BD Difco）ⓑ
- NaCl
- 純水
- 2 M HCl，2 M NaOH（pH調整用．必要な場合に使用）

◆2　器具，機器
- 2 L 三角フラスコ
- オートクレーブ
- 天秤，スターラー，pHメーター（あるいはpH試験紙）
- アルミホイル（フタ用）ⓒ
- オートクレーブテープ

プロトコール

❶		
Bacto Tryptone		4 g
Yeast extract		2 g
NaCl		4 g

これらを計ってⓓ三角フラスコに入れ，純水を400 mL加える

⬇

❷ スターラーで撹拌，溶解後，pHを7.0に合わせる（前述）

⬇

❸ アルミホイルを二～四重にし，フラスコの首の部分もカバーできる程度の余裕をもってフラスコの口を覆う．オートクレーブテープを貼ってからオートクレーブするⓔ

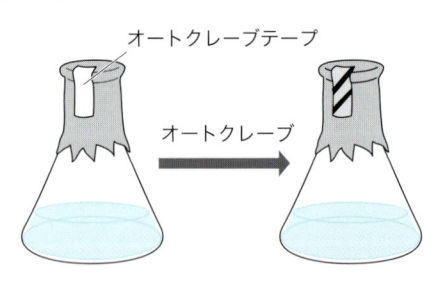

⬇

❹ 室温まで冷まし，そのまま室温保存するⓕ

ⓐ カゼインのパンクレアチン消化物．ナカライテスク社のポリペプトン，和光純薬工業社のポリペプトンを用いてもよい．

ⓑ 和光純薬工業社やナカライテスク社の酵母エキスでもよい．

ⓒ シリコセンや綿栓で栓をする場合でも，実際に培養するまでは，アルミホイルでカバーしておく．

ⓓ 培地成分の秤量は通常の生化学実験ほど厳密さはなく，1 % 以内の誤差であれば問題ない（例：10 gであれば10.0 gと計る）．

ⓔ 各種メーカーから入手可．オートクレーブ後に色が変わる紙製のテープ．

ⓕ 数日置いてコンタミがないことが確認できたら，冷蔵庫に移してもよい．

> **One point** 大量の培地作製時に便利な方法
>
> ビーカーを使って2～10倍溶液を作り，それを水で希釈してもよい．この方法は培地を何本も作るときには便利である．

＜試験管培地，2 mL × 200本作製＞

準備するもの

・前述の「準備するもの」に準ずる
・500～1,000 mLビーカー
・ピペットあるいは注射器型分注器か分注できるピペッター
・小試験管
・シリコセン

プロトコール

❶ 前述の❶，❷に準じて培地を調製するが，容器はビーカーを使用する

❷ 分注器などを使って小試験管に2 mLずつ分注する

❸ 試験管にシリコセンをしてステンレスラックに立て，全体をアルミホイルで包んでオートクレーブする

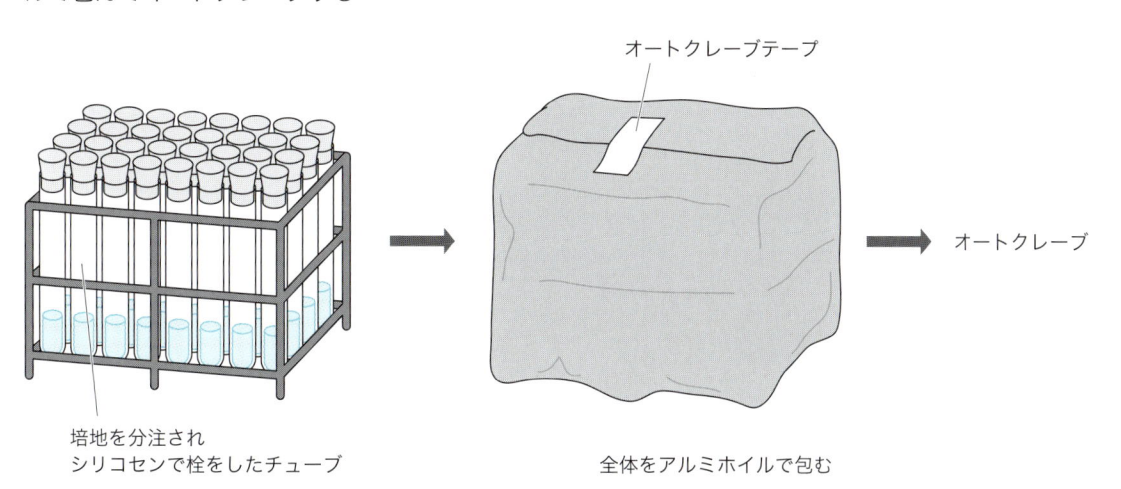

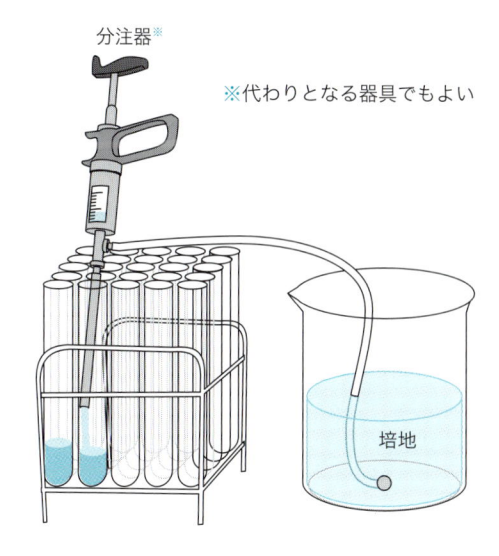

❹ 冷めてから室温に保存する（注：後日冷蔵庫に移してもよい）

第3章-4　培地の作製

One point　培地が数本だけ欲しい場合

ごく微量の試薬を計るのは非現実的なので，あらかじめLB培地を多めに作り，ネジフタ付き試薬ビンに入れ，滅菌状態で冷蔵庫に常備しておく．必要なとき，そこから無菌的に少量の培地をとって滅菌チューブ（フタ付き）に入れて使用する．無菌操作を厳密に行いたい場合は，再度オートクレーブする．

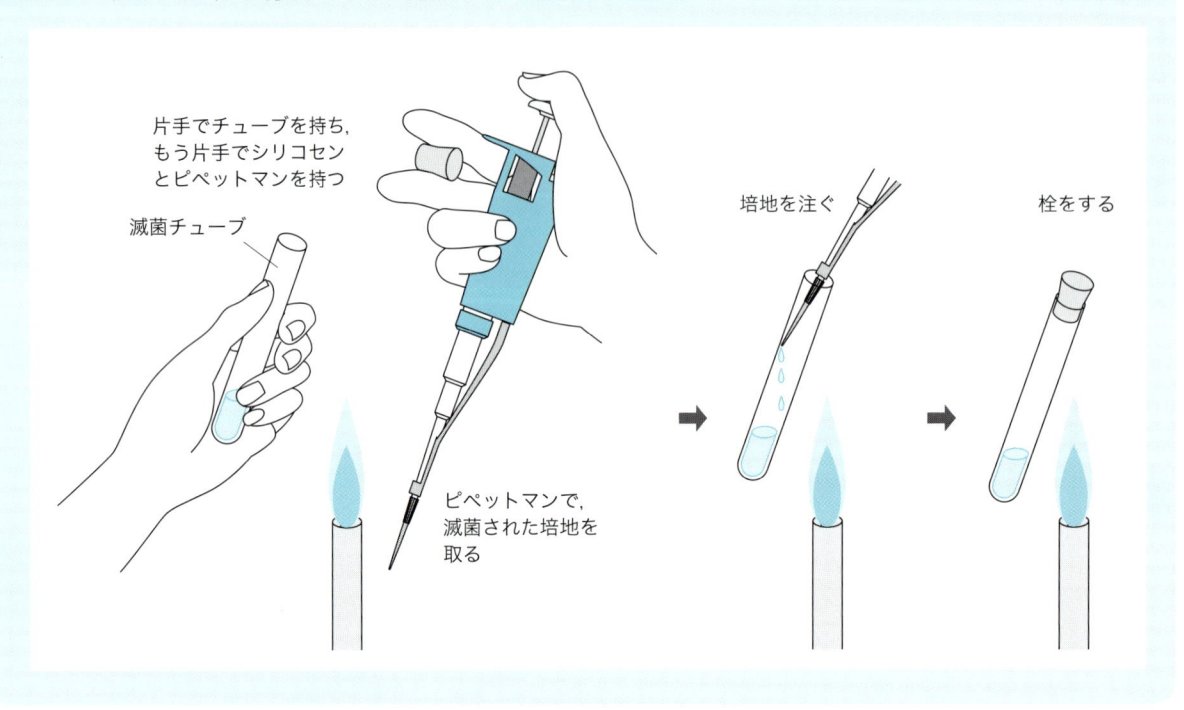

片手でチューブを持ち，もう片手でシリコセンとピペットマンを持つ
滅菌チューブ
ピペットマンで，滅菌された培地を取る
培地を注ぐ
栓をする

3 LBプレートの作製

LB培地に1.5％の寒天を加え，標準的な10 cmシャーレに注いで固め，平板培地を作る方法について述べる．

1）LBプレート作製（アンピシリンなし）
＜LBプレート20枚の作製法＞

準備するもの

◆1　試薬
・LB培地作製で述べた試薬類
・Bacto Agar（寒天粉末）（BD Difco）[a]

[a] 粉末寒天（和光純薬工業社）でもよい．

◆2　器具，機器
・LB培地作製で述べたもの
・水平台

プロトコール

❶ Bacto Tryptone　　　　4 g
　Yeast extract　　　　　2 g
　NaCl　　　　　　　　　4 g
　これらを計って三角フラスコに入れ，純水を400 mL加え，LB培地調製のプロトコールに従って試薬の溶解，pH調整を行う

↓

❷ 寒天粉末を6.0 g加える

↓

❸ アルミホイルを四重にし，フラスコの首の部分もカバーできるようにしてフラスコの口を覆い，オートクレーブテープを貼ってからオートクレーブする
　＜注意＞寒天の入った培地はオートクレーブ直後の熱いときは，突沸しやすく危険である．絶対に振らないこと．オートクレーブの排気コックも使用せず，自然に100℃以下になるまで待つ

↓

❹ オートクレーブからフラスコを揺らさないように取り出し，60〜80℃程度になるまで自然冷却したら[b]，フラスコを振って融解した寒天を均一にする

↓

❺ 50〜60℃の気相インキュベーター[c]に移して冷まし，温度を安定させる

↓

❻ 大腸菌用実験台に水平台[d]（**本章3 [7]，図12参照**）を置き，シャーレのフタをして並べる

↓

❼ 図15のように約20 mLずつ注ぎ[e]，フタをしたまま自然冷却して確実に固める[f]．もし泡が入ったら，固まる前にガスバーナーの炎を当てるか，焼いた白金耳で触れて気泡を消す（図16）．使用した器具は寒天が固まらないよう，操作後，速やかに洗浄する

↓

❽ 室温に1〜2日放置し，コンタミがなかったら複数枚をまとめ，乾燥しないようにプラスチック袋に入れ，冷蔵庫で保存する．3カ月程度は保存できる

[b] ＜注意＞で述べた理由．フラスコをオートクレーブから取り出した後，10〜30分間程度かかる．

[c] プレート乾燥に使用するものでもよい．

[d] 水平で無菌操作ができれば，実験台でもよい．

[e] 量は厳密である必要はないが，少なすぎると培地がすぐ乾いてしまい，トラブルの原因になる．20 mLの量がどれくらいかの目分量を，あらかじめ記憶しておく必要がある．正確に20 mL分注したい場合はピペットや注射式分注器を使う．ただ，時間がかかると寒天が固まり，また内部に寒天が固まって詰まるなどのトラブルが起こりがちなので注意する．

[f] 室温により固まる時間に差が出る．夏は時間がかかる．完全に固める必要があるため，固まり始めてから2〜3倍以上の時間は静置しておく．

水平な台（机）

図15　シャーレへの培地の注ぎ込み

気泡　　　　　　　　　　　　気泡

炎で消す　　　　　　焼いた白金耳／白金線を触れて消す　　**図16　気泡の消し方**

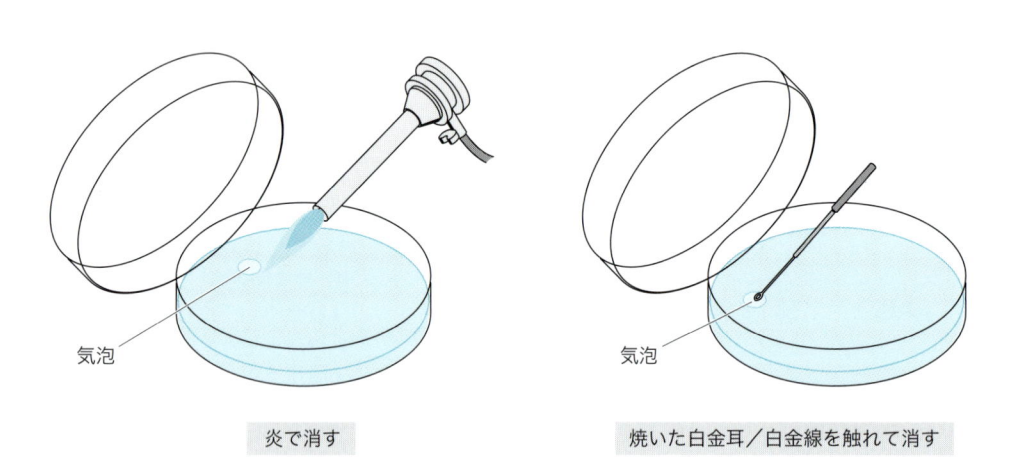

One point

注意：寒天培地の再利用

残って固まった寒天培地はオートクレーブして再度プレート作りに利用できる．ただし寒天は何度も加熱融解すると固まりにくくなる．

実験のコツ：プレートの識別

プレートがLBプレートなのか，添加物の入ったものなのかなどを間違わないようにするため，シャーレの身の横の部分にカラーマーカーを使ってプレートをマークするとよい．色コードは研究室内で統一しておく．われわれの研究室ではLBプレートは黒，アンピシリン入りLBプレートは赤としている．

2）アンピシリン入りLBプレート作製

＜アンピシリン入りLBプレート20枚の作製法＞[g]

アンピシリン濃度200 μg/mLのプレートを作製する．アンピシリンのような熱不安定試薬は，オートクレーブの後で無菌的に加える

[g] アンピシリン入りプレートを通称LAプレートという．

準備するもの

- LBプレート作製で述べた試薬類，器具類と同じ
- 100 mg/mL アンピシリンナトリウム

プロトコール

❶ Bacto Tryptone　　　　4 g
　 Yeast extract　　　　　2 g
　 NaCl　　　　　　　　　4 g
　前述のLBプレート作製のプロトコールに従って，上記試薬を用いて三角フラスコに400 mL培地を作り，さらに寒天6.0 gを加える

❷ 前述のLBプレート作製のプロトコールに従って培地をオートクレーブし，冷ましてから50〜55℃に保温し，アンピシリンナトリウム溶液0.8 mLを無菌的に添加し，軽く撹拌する

❸ 前述のLBプレート作製のプロトコールに従い，シャーレに約20 mLずつ注いで固める

❹ 室温に1〜2日程度放置後，複数枚をまとめてプラスチック袋で包み，冷蔵庫で保存する．1カ月程度は保存できる[h]
　＜注意＞テトラサイクリンは光で分解されるため，抗生物質としてテトラサイクリンを加えたシャーレはアルミホイルなどで遮光する

[h] アンピシリンは不安定で室温では急速に失活する．冷蔵庫でもあまり安定ではない．

3）IPTG，X-galのプレートへの添加

IPTG，X-gal入りのプレートを作製する方法には次の2通りがある．

① オートクレーブ後，少し冷めた寒天培地に試薬を添加する
- 1 M IPTG：培地容量の0.1％を添加（最終濃度1 mM）
- 2％ X-gal：培地容量の0.2％を添加（最終濃度0.004％）

② すでにできているプレートに塗布する
- 1 M IPTG：プレート当たり20〜50 μLを滴下し，広げる
- 2％ X-gal：プレート当たり30〜50 μLを滴下し，広げる

＜プレートへの液の広げ方＞
図11のように，コンラージ棒を使って液を培地に完全にしみ込ませる

4 M9培地の作製

M9培地は代表的な大腸菌の合成培地で，野生型の菌が成育できる最少培地である．栄養要求性のある大腸菌を培養する場合，必要な栄養素を添加する．M9プレートはM9培地に1.5％寒天を加え，LBプレート作製の要領で作製する．

＜M9培地100 mLの作製法＞

準備するもの

◆1　試薬
- リン酸水素二ナトリウム七水和物
- リン酸二水素カリウム
- 塩化アンモニウム
- NaCl
- フィルター滅菌した40％（W/V）[a] D-グルコース [b]

◆2　器具，機器
- LB培地作製で述べたもの

[a] 容量（volume：100 mL）に対する重量（weight：g）の百分率．
[b] 高濃度の糖はオートクレーブで褐変するので，フィルター滅菌する．

プロトコール

❶
		（最終濃度）
リン酸水素二ナトリウム七水和物	1.28 g	（48 mM）
リン酸二水素カリウム	0.3 g	（22 mM）
塩化アンモニウム	0.1 g	（19 mM）
NaCl	0.05 g	（8.6 mM）

以上の試薬を秤量し，100 mLの純水 [c] に溶かす

⬇

❷ 適当な容器に移し，オートクレーブする

⬇

❸ 冷却後，グルコース1 mLを無菌的に加え [d]，冷蔵庫で保存する

[c] 水中の微量元素が成育に必要なため，超純水は不適．研究室によってはイオン交換水を使用する場合もある．
[d] 別々にオートクレーブした塩化カルシウムと硫酸マグネシウムをそれぞれ0.1 mM，1 mMに加えて増殖をよくする場合もある．

5　いろいろな培養法

5-1　液体培地での培養

　液体培養は菌体（あるいはそこにあるタンパク質，プラスミド，ファージ）を充分得る目的で行なわれるが，元となる種菌の状態や培養のスケールにより操作方法が異なる．

1 少量培養

　小規模培養（2 mL）は菌がもつDNAやタンパク質のチェックのため，中規模培養（5〜20 mL）は少量のDNAやタンパク質の精製や大規模培養のスターター（大量培養時に行う植菌用試料種菌）として使用される．

＜LB培地を用いる2 mL培養＞

準備するもの

◆1　試料，試薬
・コロニー[a]が出現しているプレート[b]
・滅菌済み2 mL LB培地

◆2　器具，機器
・小型シェーカー

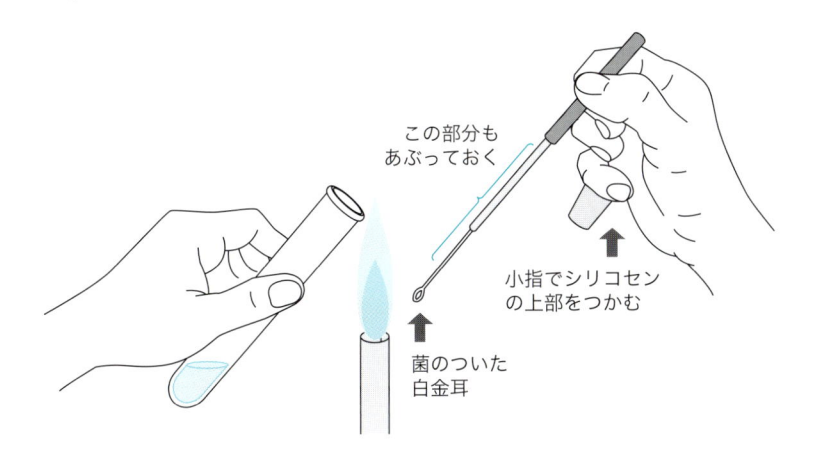

[a] コロニー：一個の菌から出発して増え，プレート上で目視できる大きさにまで増えた菌の集団（基本的に純粋な状態）．プレート上に独立したコロニーを作らせるように低い密度で培養することを純粋培養という．

[b] できるだけ新鮮な試料を使う．

プロトコール

❶ 釣菌：火炎滅菌した白金耳をプレート上の菌のないところに触れて冷まし，次にコロニーに触れる

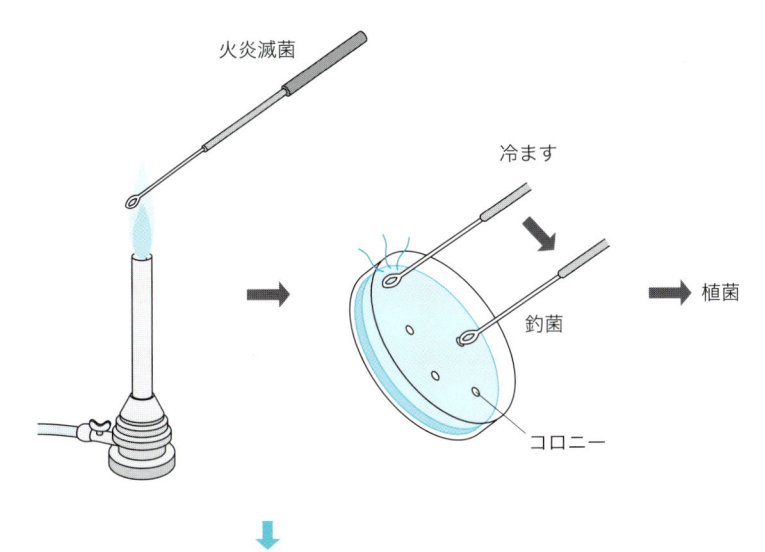

❷ 植菌：図のようにチューブの栓をとり，菌を培養液に浸して白金耳を軽く振る

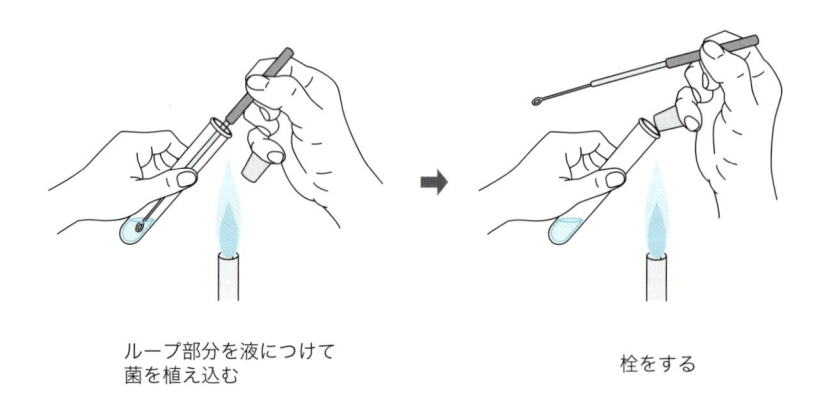

ループ部分を液につけて菌を植え込む

栓をする

❸ **培養**：37℃にしたシェーカーのラックに試験管をななめに立てかけ，液が充分撹拌される速度で撹拌しながら[c]一晩培養（8〜12時間）する
＜注意＞菌液（菌懸濁液）はコンタミしている可能性がないとはいえないので，種菌とすることはできれば避ける[d]

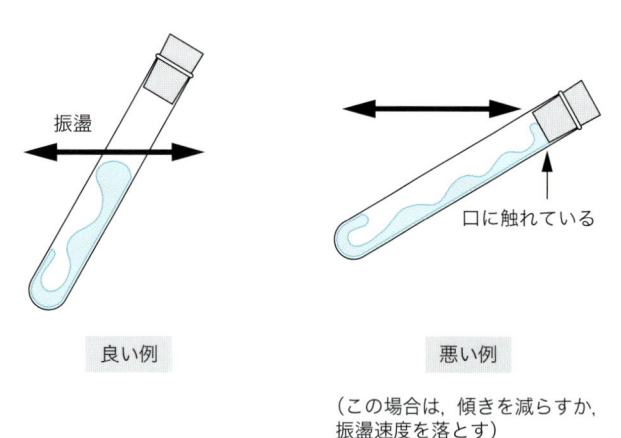

振盪

口に触れている

良い例　　悪い例
（この場合は，傾きを減らすか，振盪速度を落とす）

[c] 振盪中，液がチューブの口につかないよう，傾きを調整する．撹拌機の形式は実験により適宜変える．緩い振盪でも一定量の増殖はみられる．

[d] 培養途中で雑菌が殖えてしまう可能性がある．またLA培地中のアンピシリンは目的のアンピシリン耐性菌が増殖するとほとんど分解されてしまう．

One point

LA（アンピシリン入りLB）培地での培養

2 mLのLB培地に100 mg/mLアンピシリンをピペットマンで無菌的に4 μL加え，同様の操作をする．

10〜25 mL程度の中規模培養

大型試験管や小型三角フラスコを用いる中規模培養でも，上と同じ方法をとる

2 大量培養

＜LB培地を用いる400 mL培養＞

準備するもの

◆1 試料，試薬
- スターター（一晩培養した菌液）5～25 mL [a]
- 滅菌済み400 mL LB培地入り三角フラスコ

◆2 器具，機器
- 大型シェーカー（インキュベーター機能付き）

プロトコール

❶ スターターを無菌的に400 mLのLB培地に加える

❷ シェーカーのクランプ（あるいはスプリング）にフラスコを確実に固定し[b]，液が充分撹拌される速度で撹拌し，37℃で一晩培養する

[a] 培養後数日以上経過した菌液は種菌に使用しない．

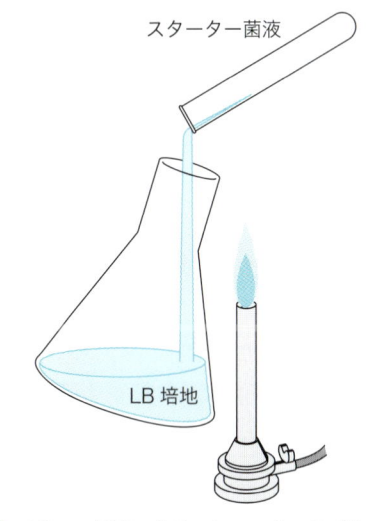

[b] フラスコが重いため，シェーカーのプラットフォームに重量がバランスよくかかるようにフラスコを対称にセットする．

One point　LA（アンピシリン入りLB）培地での培養

すでに作製してあるLA培地を使うか，400 mLのLB培地に100 μg/mLアンピシリンを無菌的に0.8 mL加え，同様の操作をする．

5-2　プレート培養 [a]

1 培地の乾燥

プレートは使用する前に乾燥させ，余分な水分を蒸発させてから使用することが基本である．これにより液がしみ込みやすく，トップアガーも粘着しやすい．

＜方法1＞50～55℃のシャーレ乾燥用インキュベーターに図17のようにして置き，20～30分間放置する．プレートの厚さにより，時間を加減する．

＜方法2＞送風中のクリーンベンチに，フタを開いて5～15分間置く[b]．

2 画線培養

ストリーキング（streaking）ともいう．純粋培養（69ページOne pointを参照）を行うための標準的方法．

[a] プレートに植菌することをプレーティングという．

[b] 置く場所（風の当り方）により乾燥の程度に差が出て，乾燥ムラにならないように注意する．

50～55℃の自然対流式インキュベーター　　　　クリーンベンチを使用する

培地のある身の部分　　　フタを外して風を当てる

クリーンベンチを運転する

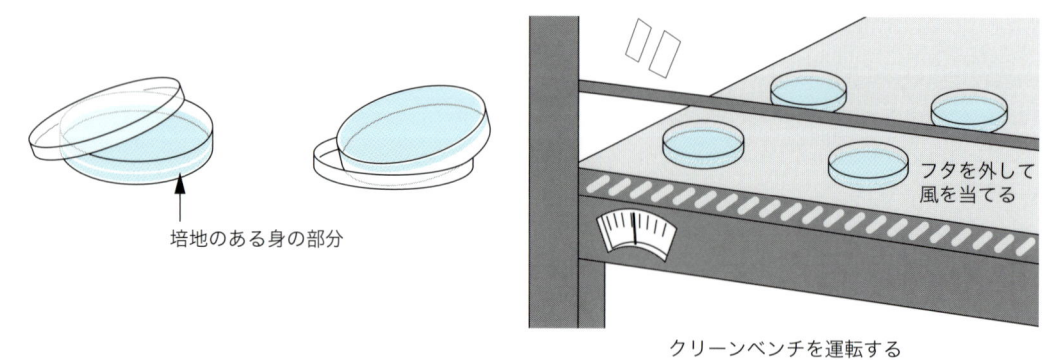

図17　プレートの乾燥方法

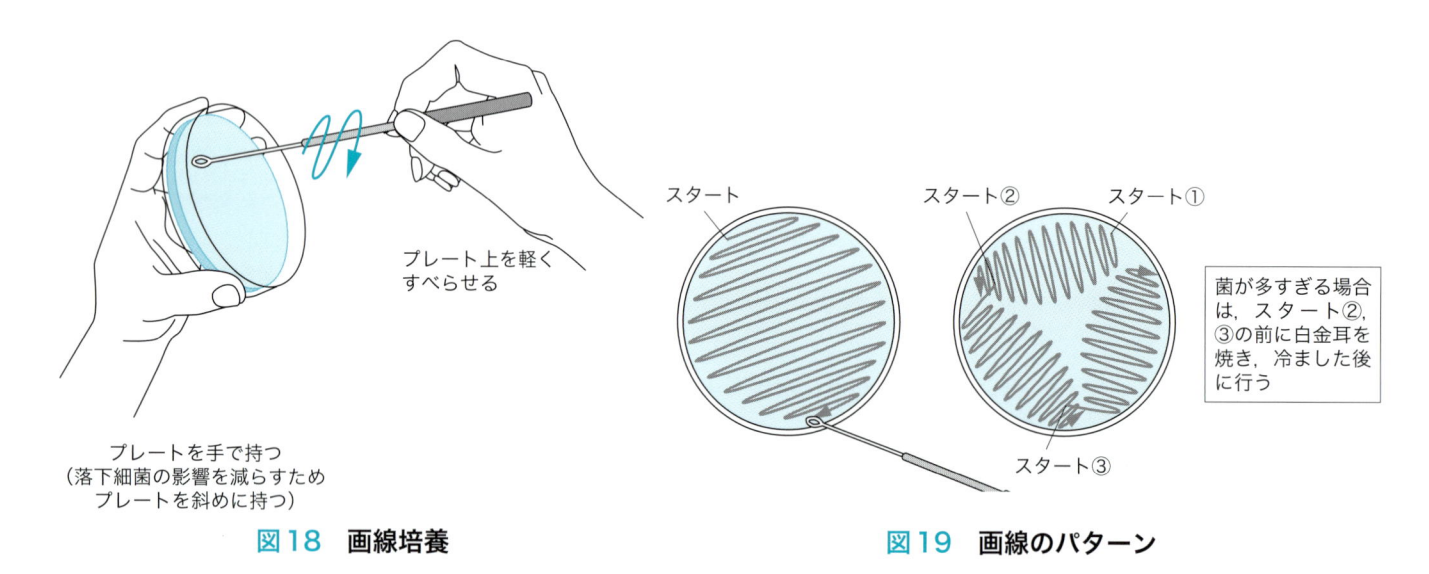

プレート上を軽くすべらせる

プレートを手で持つ
（落下細菌の影響を減らすためプレートを斜めに持つ）

図18　画線培養

スタート

スタート②　スタート①

スタート③

菌が多すぎる場合は，スタート②，③の前に白金耳を焼き，冷ました後に行う

図19　画線のパターン

1）画線方法

① 基本操作

火炎滅菌した白金耳をプレートに触って冷ましたのち，ループに少量の菌をつけ（コロニーでも菌液でも同じ），図18のように線を引くようにプレートをすべらせる．白金耳を強く押し付けすぎない．一度画線したところには触らないでできるだけ線をつなげることが基本．

② 菌量が多すぎる場合

図19のように途中で白金耳を焼き，冷ました後，画線部分に触れ，空いている場所で再度画線する．これを2～3度くり返す．

③ とにかく菌量が欲しい場合

何度も重ねて画線する．

2）培養

シャーレの身に必要事項を書き込みⓒ，身を上にしてⓓ37℃の自然対流型インキュベーターで一晩培養する．

ⓒ 中身がわからなくなることを防ぐため．
ⓓ 持ち上げたときにフタが開き，身が上向きでむき出しにならないため．

One point

コロニー（colony）

1個の菌から増えた菌が増殖してプレート上にできた菌の集落（コロニー）．1個のコロニーは純粋な菌（中にプラスミドがある場合は，純粋なプラスミド）の集団とみなすことができる．コロニーを作らせる培養を純粋培養という．

3 塗り広げ培養

スプレッディング（spreading）ともいう．菌液を全面に塗り広げてコロニーを形成させる培養法．プラスミドが導入された形質転換菌を得るために汎用される．

プロトコール

❶ 試料の菌液20〜200 μL（標準的には100 μL）[a]をピペットマンで無菌的にプレートに滴下する．菌液が多い場合は3,000 rpm，3分間遠心分離し，沈殿を少量の培地に懸濁したものを滴下する

❷ コンラージ棒を使い，たんねんにプレートを擦りながら液をしみ込ませ（54ページ，図11参照），その後37℃で一晩培養する

[a] 量が多い場合はプレート乾燥を充分行う必要がある．身の厚いプレートを使うとより多くの菌液をプレーティングできる．

4 注ぎ込み培養

充分量の菌を含む菌液と溶けた軟寒天培地を混合したものをプレートに注ぎ，プレート一面に菌を増やす方法．独立したコロニーとはならず，菌が増殖した後は全面が白濁する．ファージ感染菌を使い，ファージの増殖やファージ力価測定などの実験で汎用される．詳しくは**第4章**を参照のこと．

プロトコール

❶ プレートはあらかじめ50℃に温めておく

❷ ヒートブロックで47℃に保温したチューブ入り軟寒天培地7.5 mLに0.1 mLの菌液[b]を加えて軽く混ぜる

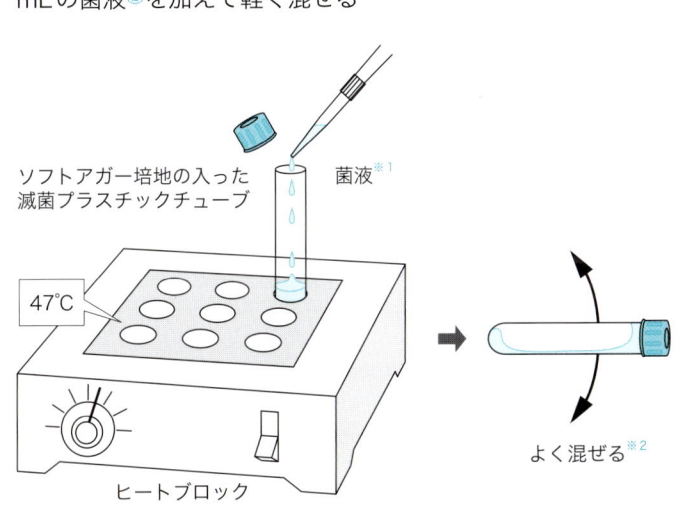

[b] 菌液量は適宜変えてもよいが，多すぎないようにする（ソフトアガーが固まらなくなる）．ファージ実験では，この菌にあらかじめファージを感染させる．

ソフトアガー培地の入った滅菌プラスチックチューブ　菌液※1

47℃

ヒートブロック

よく混ぜる※2

※1 ファージ感染菌を用いる場合もある
※2 泡を出さないように

❸ 全体を保温したプレート©に注ぎ，フタをしてプレートを前後/左右に軽く傾けて，軟寒天培地をプレート全面に広げる．重層された軟寒天をトップアガーという

© ソフトアガーが広がる前に固まらないようにするため，冬期は必須である．

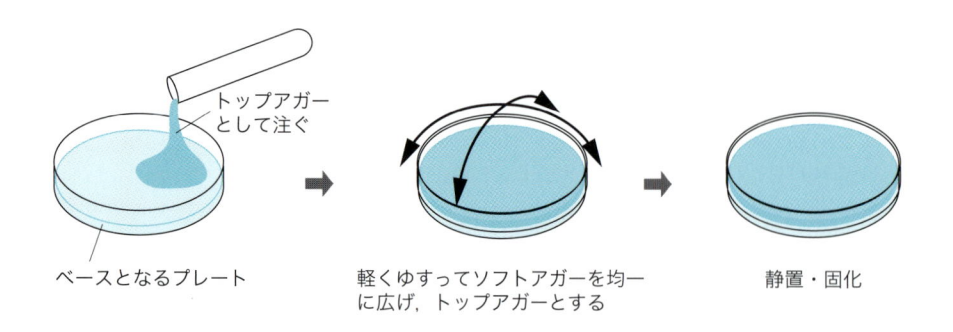

（図：ベースとなるプレートにトップアガーとして注ぎ → 軽くゆすってソフトアガーを均一に広げ，トップアガーとする → 静置・固化）

❹ 水平な場所でトップアガーを完全に固め，37℃で培養する
　＜注意＞トップアガーが滑りやすいため，この場合はシャーレの身を下にして培養する

5 マスタープレート作製

マスタープレートは塗り広げ培養で出現した個々のコロニーの菌を1枚のプレートに別々に並べて培養するもので，菌のカタログ化と一次的な保存用としての目的がある．長期間の保存には適さないため，1カ月以内に必要な菌を決め，安定的な保存方法に引き継ぐ．

プロトコール

❶ マスタープレート用シャーレⒹのQの底の部分に，マーカーを使って碁盤の目状の区画，あるいは並べた短い横線を書き込むⒺ

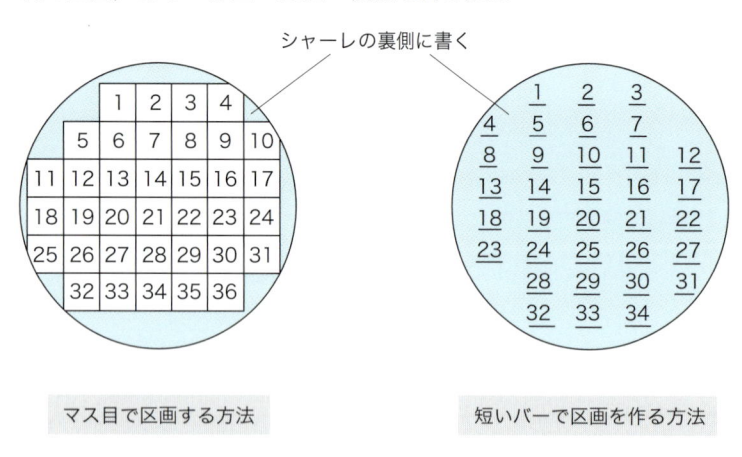

（図：シャーレの裏側に書く　マス目で区画する方法／短いバーで区画を作る方法）

Ⓓ 通常はコロニーが出ている元プレートと同じ種類（薬剤入りなど）のプレートを使うが，実験の目的によっては異なる（場合によっては複数種の）種類のプレートも用いられる（例：pBR322プラスミドのテトラサイクリン耐性遺伝子内にDNAが挿入されたプラスミドをもつ菌を探す場合，元コロニーの菌をアンピシリン（Amp）入りプレートとテトラサイクリン（Tc）入りプレートを用いてマスタープレートを作る．DNAが組込まれた場合，菌はAmpプレートでは増えるが，Tcプレートには増えない．組込みのない場合は両方のプレートで増える）．

Ⓔ 底に直接書いてもよく，書いた紙を張ってもよい．

❷ コロニーの出現したプレート，フタを上にしたマスタープレート，滅菌楊枝入りビーカー⒡を準備する

⒡ 滅菌イエローチップ入りチップボックスでもよい．

❸ 次ページ図のように，先のあぶったピンセットで楊枝をつかみ，コロニーに触ってからマスタープレートの決まった部位に短く画線する

❹ ❸の操作を必要な数行い，マスタープレートを一晩培養する

❺ プレートのフタをビニールテープ/パラフィルムでシールし，冷蔵庫に保存する

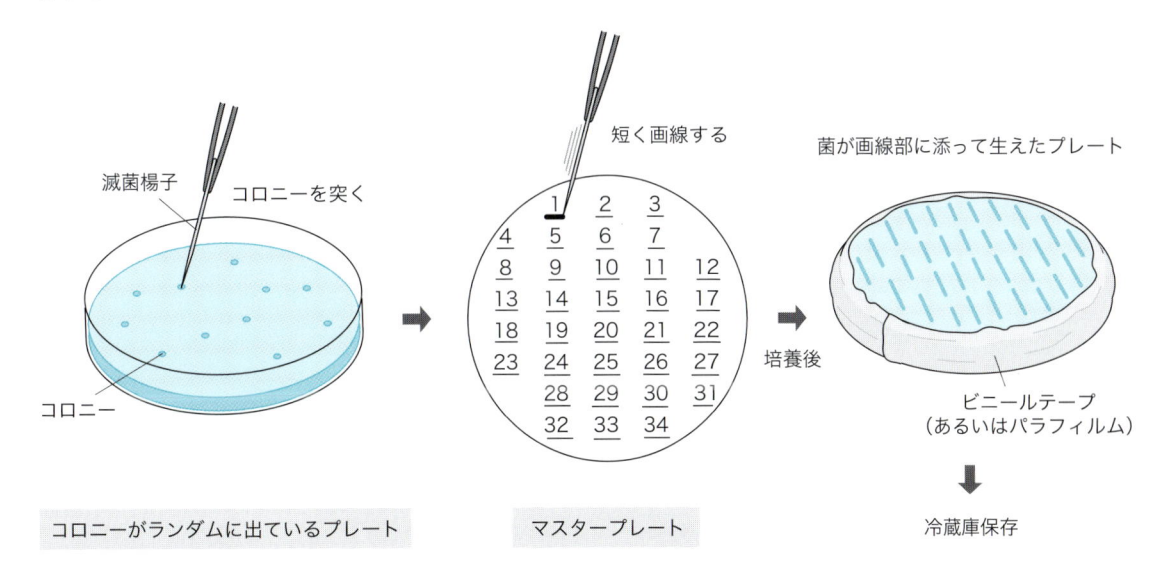

コロニーがランダムに出ているプレート　　マスタープレート　　冷蔵庫保存

6 スポット培養

滴下培養ともいう．液体培養の菌液を落として保存用としたり，希釈した菌液に含まれる菌数を測定するために行う．

プロトコール

❶ プレートの底に大きめの区画を複数作り，そこにピペットマンで菌液10〜100μLを滴下する

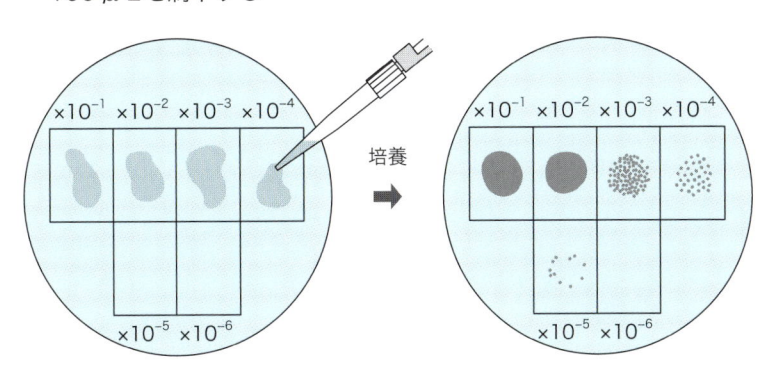

段階希釈した菌液を一定量滴下する．自然に培地にしみ込ませる

❷ そのままフタをし，静置して培地に液をしみ込ませる

❸ 37℃で一晩培養する．生菌数測定の場合は生じたコロニー数を計測し，mL当たりの菌数を求める

5-3 大腸菌の増殖

1) 大腸菌の増殖特性

元来，大腸菌は肛門に近い直腸に生息している細菌である．通性嫌気性に分類されるが，むしろ通性好気性に近く，増殖にはある程度の酸素が必要である．大腸菌は適当な培養条件において，37℃では約20分間に1回の速度で分裂するが（**指数増殖期**），やがて老廃物の蓄積，栄養の枯渇，物理的制限などの理由により増殖は頭打ちとなり（**定常期**），**死滅期**に入る（図20）．菌体濃度は最高で 1×10^9 個/mL以上になるが，培地の種類や培養状態によってこの値は多少変わる．増殖性のよいフレッシュな菌は指数増殖期の初期〜中期にある菌で，この状態の細菌濃度の目安は600 nmの吸光度（A_{600}）が0.2〜0.7である．コンピテントセルの調製（第5章5）にはこの状態の菌体を使用する．

> **One point**
>
> **コロニー (colony)**
>
> プレート上にできた一個の菌に由来する純粋な細菌の集団をコロニーという．コロニーの大きさはコロニー密度が高いと小さくなる傾向がある．

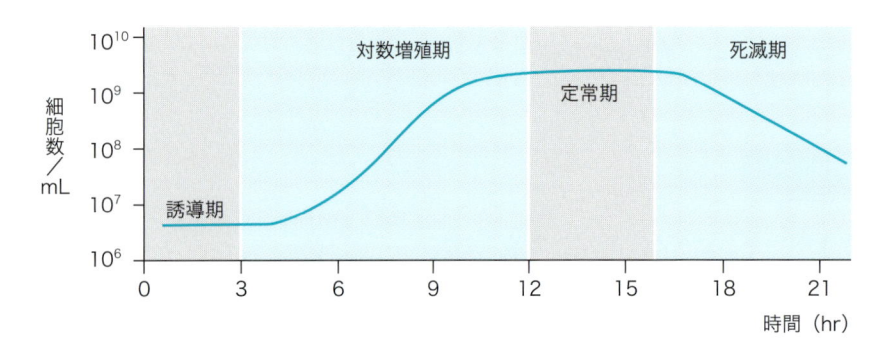

図20　大腸菌の増殖曲線

2) 生育状態のよい菌液の調製

増殖能の高い純粋な菌の菌液を得るためには，以下の手順で操作する．

プロトコール

❶ プレート上の単一コロニーを少量の液体培養に移し，充分なエアレーションの下，一晩培養する[a]

ⓐ 必要があれば，臭いでコンタミをチェックする．

❷ ❶の培養液を50〜100倍容量の培養液に植菌し，充分なエアレーションで数時間，A_{600} の濁度が0.2〜0.5になるまで培養する[b]

ⓑ 10〜30分間おきに吸光度をチェックする．増え始めると急激に吸光度が上昇するのでこまめにチェックする．

> **One point**
>
> **コンタミを判断する方法**
>
> コンタミを臭いで判断する能力を身につけよう．培養液で増殖した大腸菌は特有の細菌臭をもつ．普段から「正常な大腸菌臭」を覚えておき，「異常臭」がしたら培養をやり直す．

3）菌数測定

菌数の計測には全菌数計測と生菌数測定の2種類がある．

- **全菌数測定**：定法に従って菌を染色し，顕微鏡で菌数を測定して菌濃度を求める．
- **生菌数測定**：滴下培養（**本章5-2** 6 参照）により菌数を測定する．
- **簡易生菌数測定法**：濁度と生菌数の関係を前もって測定して検量線を作っておき，調べたい試料の濁度の測定から生菌数を概算する[c]．

[c] 通常の大腸菌は $A_{600} = 1$ で約 $1.5 \sim 2.0 \times 10^8$ 個/mL となる．

5-4 培養後の後処理

培養の終わった器具や不要大腸菌は，殺菌あるいは滅菌後（**本章3** 5 参照），適切に処理する．遺伝子組換え大腸菌の場合は必須である．

6 菌株の保存と輸送

実験用大腸菌は死滅しやすく，長期間保存するためには適切な環境におく必要がある．はじめから保存を念頭においた培養法もある．大腸菌を輸送する場合もこれらの点に留意する．通常状態において，大腸菌の保存を妨げる最大の要因は乾燥と浸透圧の異常であり，この点に最も注意を払う．また細菌には光（特に中に含まれる紫外線）は不要であり，強い光を当てないようにする．

1 プレート保存

菌の生えたプレートをそのまま保存する最も一般的で簡便な方法．冷蔵庫で数週間保存できる．プレートは厚めの方がよい．

プロトコール

一晩培養してコロニーの出現したプレートを右図のようにパラフィルム（あるいはビニールテープ）を使って身とフタの隙間をシールし，裏返しにして冷蔵庫に保存する．

菌が画線部に添って生えたプレート

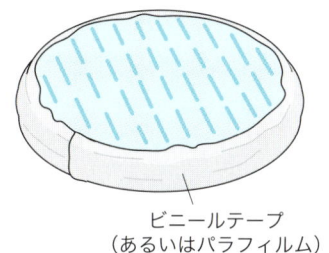

ビニールテープ（あるいはパラフィルム）

2 グリセロールストック

グリセロールを加えた状態で凍結する方法．グリセロールが凍結保護剤となり，長期間の保存が可能である．

プロトコール

❶ 滅菌したネジフタ付き小型試験管に菌液0.5 mLを入れ，そこにオートクレーブ滅菌した80％グリセロール（グリセリン）を（0.5 mL）入れてよく混ぜる．グリセロールの最終濃度は10〜15％の範囲とする

❷ しっかりとフタをして−20℃/−80℃で保存する[a]

[a] −20℃では1〜3年，−80℃ではそれ以上の期間の保存が可能．

3 スタブ保存

大腸菌を生きた培養状態で長期間保存する方法．高層寒天培地（スタブ：stub）で培養を行う．スタブ培養された試料は，菌株を輸送する最も一般的な状態である．

準備するもの

- 種となる大腸菌（プレート培養，あるいは液体培養で一晩培養したもの）
- 適当な培地を基礎とした軟寒天高層培地．抗生物質耐性菌の場合は培地に抗生物質を添加する[a]
- 2〜5 mLのネジフタ付き滅菌ガラスバイアルビン（培養用）

[a] 抗生物質を加えないと，プラスミドが脱落しやすい．

プロトコール

❶ 白金線に種菌を付け，バイアルに入れた軟寒天スタブを2〜3回線刺培養する（白金線を突き刺す）

❷ ビンのフタを少し緩め，正立状態で一晩培養する

❸ 菌の増殖を確認後（線刺した場所が濁る）密栓し，さらにフタ部分をパラフィルムで確実にシールする[b]

❹ 正立のまま，室温保存する[c]

[b] より確実にシールする方法として，溶けたロウで口部分をシールする方法がある．
[c] 冷蔵庫には入れない．

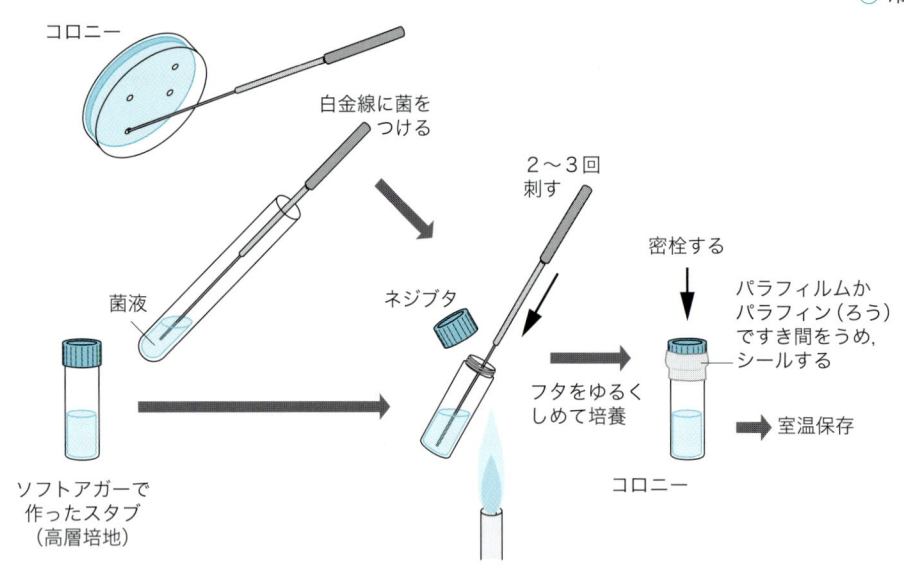

図21　スタブを用いた菌の保存

4 凍結乾燥法

一般的な方法ではないが，半永久的に保存できる．アンプルビンに菌液を入れて凍結乾燥機で水分を除き，ガラスを溶融して完全にシールし，冷凍状態で保存する．

5 輸送方法

　郵送で大腸菌を送る場合はスタブを用いる〔**本章6** ③参照．ごく近距離の場合（施設内や数時間以内）はその限りではない〕．遺伝子組換え生物の場合は，法令に則って書類手続きを行い，試料の漏れや容器の破損がないようにし，必要があれば容器を二重にするなどの措置をとる．

参考文献

1) 「バイオ試薬調製ポケットマニュアル」（田村隆明 著），羊土社，2003
2) 「バイオ実験法＆必須データポケットマニュアル」（田村隆明 著），羊土社，2006
3) 「ライフサイエンス試薬活用ハンドブック」（田村隆明 編），羊土社，2009
4) 「Molecular Cloning: A laboratory Manual」3rd Ed., (Sambrook, J., Russell, D. W.) Cold Spring Harbor Laboratory Press, 2001

第4章

バクテリオファージの取扱い

与五沢真吾

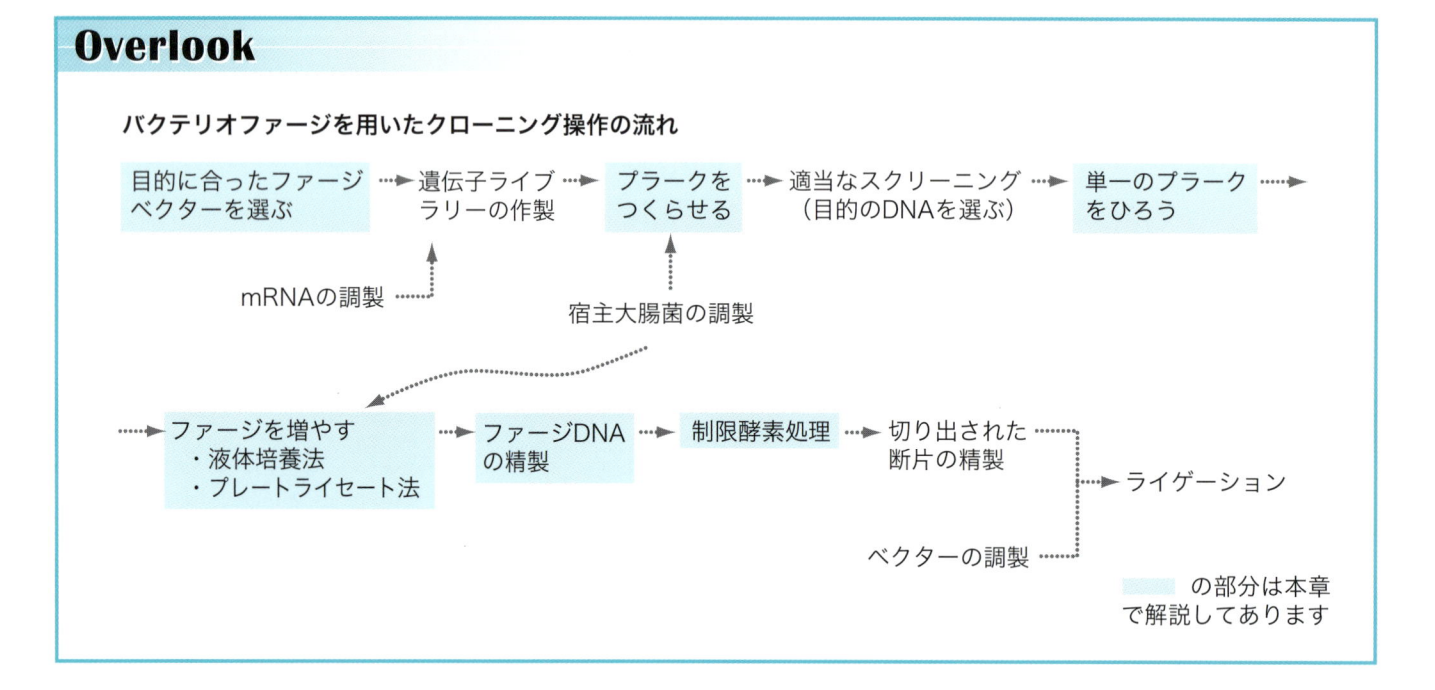

Overlook

バクテリオファージを用いたクローニング操作の流れ

目的に合ったファージベクターを選ぶ → 遺伝子ライブラリーの作製 → プラークをつくらせる → 適当なスクリーニング（目的のDNAを選ぶ）→ 単一のプラークをひろう

mRNAの調製

宿主大腸菌の調製

ファージを増やす
・液体培養法
・プレートライセート法
→ ファージDNAの精製 → 制限酵素処理 → 切り出された断片の精製 → ライゲーション

ベクターの調製

の部分は本章で解説してあります

1 はじめに

　ファージは細菌に感染して菌体を溶かし増殖する一群のウイルスで，F. W. TwortとF. d'Herelleによって発見された．正十二面体からなる頭部と，種々の形態の尾部からなるものや，繊維状のものなどが知られる．ファージの生活環を簡単にまとめた（図1）．

　ファージは遺伝子複製，発現制御，形態形成などのあらゆる面から研究され，これらの成果は大いに分子生物学の発展に寄与した．現在では遺伝子ライブラリーのベクターとして広く用いられている．よく用いられるものとして，λgt11やλZAPなどがある．以下に述べるライセートおよびDNAの調製法は，いずれのλ系ファージにも用いることができる．

2 ファージ力価の測定（プラークアッセイ）

　ファージライセート（溶菌液）を宿主大腸菌と混合し，寒天中で固まらせる．感染したファージは大腸菌を溶かし，溶けたところは「溶菌斑（プラーク）」として肉眼で観察できるようになる．これによりライセート中の感染力のあるファージ粒子の数（plaque forming unit：pfu）を測定する．

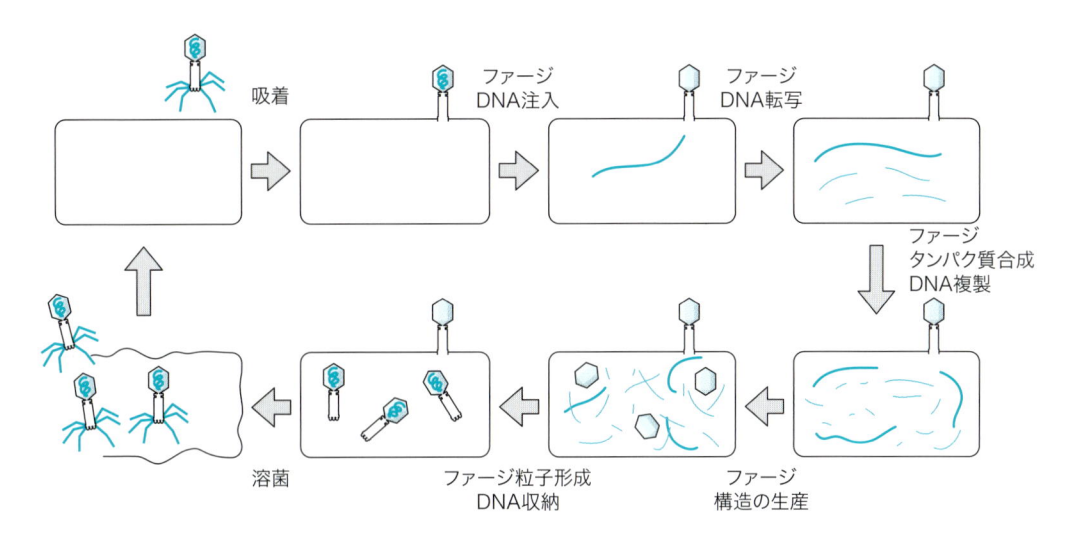

図1 ファージの生活環

準備するもの

◆1 器具
・ヒートブロック（47℃に設定）
・インキュベーター（37℃に設定）
・電動式ピペッター

◆2 培地
・LA寒天培地（第3章4参照）　　・SMバッファー
・NZYMトップアガー

◆3 培地の調製法

NZYMトップアガー

NaCl	1 g
$MgSO_4 \cdot 7H_2O$	0.4 g
Yeast extract（BD Difco）	1 g
NZアミン	2 g
Bacto-agar[a]（BD Difco）	1.4 g

純水で200 mLにする
オートクレーブ後、室温で保存可．使用前に電子レンジでよく溶かす

SMバッファー

		（最終濃度）
NaCl	2.9 g	(0.1 M)
$MgSO_4 \cdot 7H_2O$	1 g	(8 mM)
1 M Tris-HCl（pH 7.5）	25 mL	(50 mM)
2％ゼラチン	2.5 mL	(0.1%)

純水で500 mLにする

[a] 高価だが、agarの代わりにagaroseを用いると丈夫になるので、プラークハイブリダイゼーションのときの操作が楽になる．またプレート・ライセート法（本章3）に用いる場合は、agaroseの方が回収したDNA（本章4）の制限酵素での消化がよくなることもある．

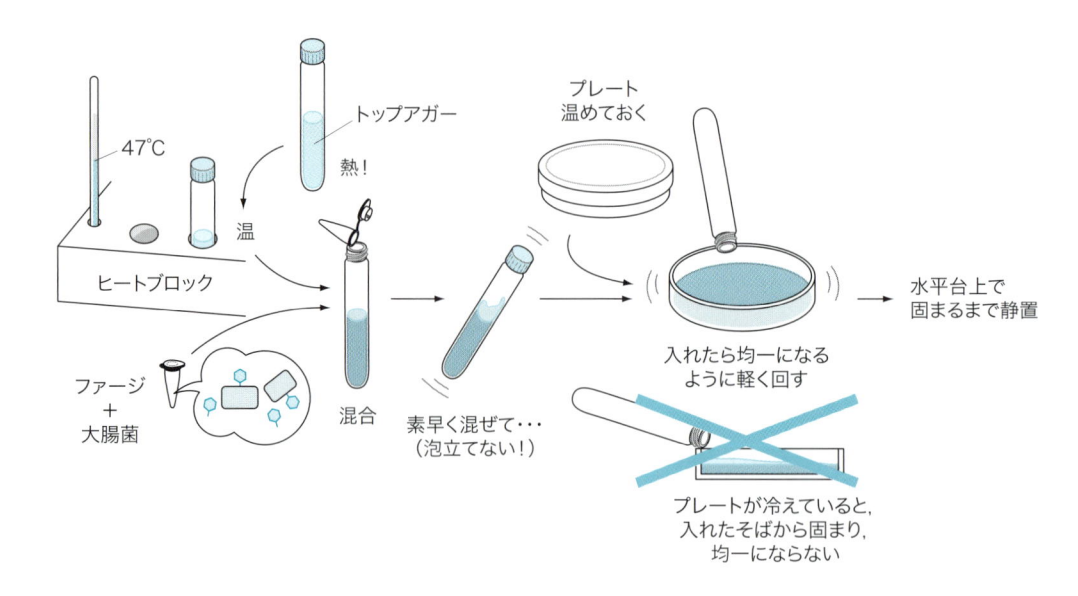

図2　トップアガーが均一になるように気をつけよう！

プロトコール　⏱ 7〜8時間（作業1時間）

❶ 一晩培養した宿主大腸菌（例：Y1090r⁻）[b] 0.1 mLとSMバッファーで希釈した[c]ファージライセート0.1 mLを混合し，室温で20分間インキュベートする（ファージの吸着）

⬇

❷ 電子レンジなどで溶かしたNZYMトップアガーを15 mLチューブに電動式ピペッターで7.5 mLずつ分注し，ヒートブロック中で47℃まで冷やす（図2）[d]

⬇

❸ 37℃に加温しておいたプレート[e]を用意する[f]

⬇

❹ ❶のファージ/宿主大腸菌混合液を❷に加え，軽く混ぜ，水平台の上で速やかに❸のプレートに厚みが均等になるようにまく（図2）

⬇

❺ トップアガーが完全に固まってから，37℃インキュベーターに移す[g]

⬇

❻ プラークが肉眼で確認できる程度の大きさになったら，プラークの数を数え，もとのライセートのタイターを計算する（単位：pfu/mL，ライセート1 mLあたり何個のプラークが形成されたか）

[b] 用いるファージの種類によって，宿主大腸菌が決まってくる．当研究室ではλgt11に対してはY1090r⁻を使用している．

[c] タイターが全く見当もつかない場合には，ライセートを何段階かに希釈したものを用意する．濃すぎると数えられないし，薄すぎてもプラークが現れない．

[d] 熱いままでは殺菌されてしまう．

[e] プレートは大腸菌用のものと同じでよい．インキュベーターに入れ加温しておく．

[f] トップアガーが固まらないように素早く！そのためにはプレートも冷えていない方がよい．

[g] インキュベーション中に水分が蒸発してフタについた水滴が垂れ，プラークを流してしまう場合がある．しばらくフタを半開にしたり，インキュベーター内の蒸気を逃がしたりすることも必要な場合があるが，コンタミネーションには注意すること．

3 ファージの増殖

　前述のようにして作ったプレートからスクリーニングして目的のプラークを選んだら，それを単離して増殖させる．増殖の方法として，液体培地を用いる方法と，プレート・ライセート法がある．液体培地法は簡便だが，宿主大腸菌に感染させた後，上手く溶菌させることが

できるかがポイントになる．プレート・ライセート法は手数がかかるのが欠点だが，確実で失敗が少ない．

準備するもの

◆1 器具
・振盪機（保温機能つき：37℃にしておく）

◆2 試薬
・NZYM培地
・クロロホルム
・SMバッファー（**本章2**参照）
・一晩培養した宿主大腸菌（例：Y1090r⁻）
　集菌し，培養液量あたり半分量の10 mM $MgSO_4$ 溶液に懸濁しておく．前日に植菌しよう

◆3 試薬の調製

NZYM培地
NaCl	0.5 g
$MgSO_4·7H_2O$	0.2 g
Yeast extract（BD Difco）	0.5 g
NZアミン（和光純薬工業社）	1 g

純水で100 mLにする
10 mLずつ分注，オートクレーブ

プロトコール

A）プラークからのファージの回収

❶ 回収するプラーク数に応じてエッペンチューブを用意し，500 μLのSMバッファーと20 μLのクロロホルム[a]をそれぞれに入れておく

❷ 右図のようにして目的のプラークに垂直に，トップアガーの厚み分だけ突き刺し，吸引する

❸ ❶で用意したチューブ中でピペッティングし，トップアガーをチューブに移し，よくボルテックスする．半年程度なら4℃保存可能

B）液体培地によるファージの増殖　約6時間

❶ プラークを溶かしてあるチューブをスピンダウンし，クロロホルムを分離する

[a] 溶菌のため．

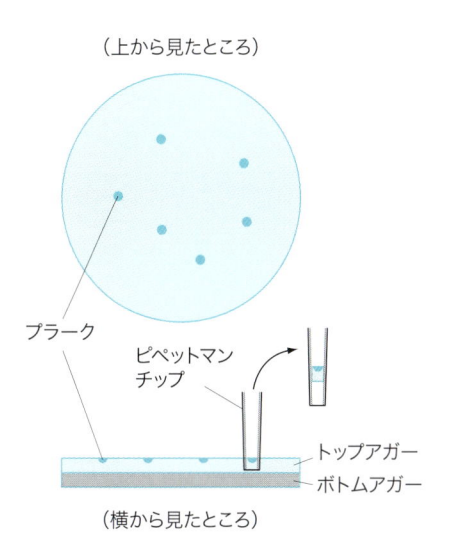

（上から見たところ）

プラーク
ピペットマンチップ
トップアガー
ボトムアガー

（横から見たところ）

❷ 上清の一部（5〜100 µL [b]）をとり，100 µL宿主大腸菌懸濁液と混合し，室温で30分インキュベートし，ファージを感染させる

⬇

❸ ❷を，10 mL NZYM培地入り試験管に加え，37℃で4〜5時間振盪培養する

⬇

❹ オリ（糸くず状の大腸菌の死骸）が生じて，培養液（ライセート）の透明度が得られていたらクロロホルムを100 µL加えて大腸菌を殺し，ライセートを回収して，遠心し，上清を4℃保存

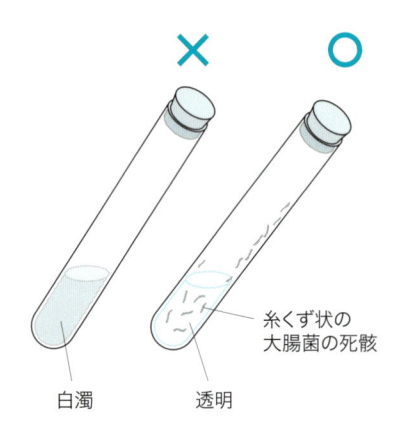

×　　○

糸くず状の
大腸菌の死骸

白濁　透明

[b] ファージ数と大腸菌数の比がポイントになる．大腸菌の増殖とともに液が白濁していくが，37℃，4〜5時間の振盪培養で培養液の透明度が感じられ，オリ（糸くず状の大腸菌の死骸）が浮いてくるのを確認できれば上手くいっているとみてよい．それまでに大腸菌の増殖が起こらない場合は，ファージ粒子が多すぎると考えられるので，大腸菌を加えるかファージを希釈して感染からやり直す．また，いつになってもオリが生じず，培地の透明度が得られない場合はファージに対し大腸菌が多すぎると考えられるので，希釈して大腸菌量を減らして再度培養する．

C) プレート・ライセート法　🕐 8〜16時間（作業30分）

❶ 目的のファージを宿主大腸菌とともに，15 cm×9 cm角プレート[c]にまき，一晩培養して全面溶菌させる（**本章2**）

⬇

❷ プレートに10 mM Tris-HCl（pH 7.5）10 mLを張り，クロロホルムを数滴たらして，室温で90分振盪する

⬇

❸ プレートより液（ライセート）を回収し，50 mLチューブに移す

⬇

❹ プレートに10 mM Tris-HCl（pH 7.5）4 mLを入れ，回収し❸のチューブに加える

⬇

❺ 遠心して上清を回収，4℃保存

[c] この場合，トップアガーにはアガロースを用いる方がよい．ファージから精製したDNAを制限酵素処理する際，酵素によってはアガー由来の阻害物質によるのか，上手く切れない場合がある．

4 ファージDNAの調製

λファージからDNAを調製する必要があるのは，クローンサイズの確認や簡単な制限酵素地図を作製する場合くらいだと思う．そのための，簡便に少量のDNAを調製する方法を紹介する．

準備するもの

◆1 器具
- インキュベーター（37℃に設定）
- 遠心分離機
- 真空乾燥機

◆2 試薬
- 5 M NaCl
- Tris/フェノール
- クロロホルム
- 0.5 M EDTA
- 冷100％，70％エタノール
- SMバッファー（本章2）
- RNaseA/DNase I
- 7.5 M 酢酸アンモニウム
- 20％ PEG/NaCl
- PEG6000（和光純薬工業社）

◆3 試薬の調製

RNase/DNase I　　　　　　　　　　　　　　（最終濃度）
RNaseA	40 mg	（4 mg/mL）
DNase I	10 mg	（1 mg/mL）
1 M Tris-HCl (pH 7.4)	0.1 mL	（10 mM）
5 M NaCl	0.1 mL	（50 mM）
1 M MgCl$_2$	0.05 mL	（5 mM）
glycerol	5 mL	（50%）

純水で10 mLにし，分注して−20℃保存

20% PEG/NaCl
PEG6000（和光純薬工業社）	40 g	（20%）
NaCl	11.6 g	（2 M）
1 M Tris-HCl (pH 7.4)	2 mL	（10 mM）
1 M MgSO$_4$	2 mL	（10 mM）

純水で200 mLにする

プロトコール

❶ 前述の方法で得たファージライセートに，RNase/DNaseIを50 μL加え，37℃で60分インキュベート[a]

❷ 5 M NaCl 1 mLと，1.1 gのPEG6000を加え，よくボルテックスして氷中で1時間インキュベート

❸ 8,000 rpm，15分遠心し，上清を捨てる．ペレットを700 mLのSMバッファーで溶かし，エッペンチューブに移し，500 μLのクロロホルムを加えボルテックス

❹ 5,000 rpm，10分遠心．水層を回収し，2 μLのRNaseA/DNaseIを加え，37℃で1時間インキュベート

❺ 20％ PEG/NaClを500 μL加え，氷上で30分インキュベート

❻ 15,000 rpm/15分遠心し，ペレットを600 μL SMバッファーでよく懸濁

❼ 35 μLの5 M NaCl，15 μL EDTA，300 μL Tris/フェノールを加え，数回インバートして撹拌する[b]

[a] 大腸菌由来のDNA，RNAを分解する目的．

[b] ここでファージのキャプシド（殻）が破壊され，DNAが露出する．ファージDNAは長いので物理的に剪断されやすいため，この後ボルテックスは極力避け，インバートによって撹拌する．

❽ 15,000 rpm/5分遠心し，水層を回収

❾ 中間層がなくなるまで400μLフェノール/クロロホルムで抽出をくり返す

❿ 1 mL冷100％エタノールを加え，インバートしてよく混ぜⓒ，15,000 rpm，4℃で15分遠心

ⓒ DNA析出が観察できるはずである．

⓫ 上清を捨て，ペレットを冷70％エタノールでリンス後，300μL TEで溶かす

⓬ 150μLの酢酸アンモニウム溶液と1 mLの冷エタノールを加え，インバートしてよく混ぜ，15,000 rpm，4℃で15分遠心

⓭ 上清を捨て，ペレットを冷70％エタノールでリンスⓓ．100μLの超純水によく溶かしⓔ，真空乾燥機で5分間，エタノールをとばす

ⓓ ペレットが流れやすくなるので注意．
ⓔ 先に乾固させてしまうと溶かすのが大変．

⓮ 10〜20μLをインサートDNAを切り出せる制限酵素で処理しⓕ，インサートのサイズをチェックする

ⓕ 不純物の影響を小さくするため，大きな反応系（50μL以上）で行うとよい．またRNAの混入が多かったり，インサートサイズが小さくてRNAのシグナルに隠れてしまうときは，制限酵素処理時にRNaseAも加えるとよい．

参考文献

1) Old, R. W. & Primrose, S. B : Principles of gene manipulation. 4th Ed., Blackwell Scientific Publications., 1989
2) Sambrook, J. et al. : Molecular Cloning. The Laboratory Manual. 2nd Ed., Cold Spring Harbor Laboratory Press, 1989
3) Ausbel, F. et al. : Current Protocols in Molecular Biology, Greene Publishing Associates and Wiley-Interscience, 1987
4) Ausubel, F. et al. : Current Protocols for Molecular Biology, Greene Publishing Associates and Wiley-Interscience, 1999
5) 「ラボマニュアル遺伝子工学，第3版」（村松正實 編），丸善，1996
6) 「改訂第4版 新 遺伝子工学ハンドブック」（村松正實，他 編），羊土社，2003

第5章

プラスミドDNAの増幅と精製
DNAを増やす

与五沢真吾

Overlook

プラスミド調製の流れ

トランスフォーメーション（形質転換） ⋯⋯→ 大腸菌コロニー選定，培養 ⋯⋯→ 集菌 → 溶菌 SDS,（リゾチーム） ⋯⋯→

変性（熱，アルカリ） ⋯⋯→ 中和 → 精製
・RNA除去（RNase処理）
・タンパク質除去（フェノール/クロロホルム抽出）
・PEG沈殿
・密度勾配遠心分離（CsCl法）

■ の部分は本章で解説してあります

特定の均質なDNA断片を大量に得るための技術として，最も広く一般的に行われているのがプラスミドベクターによるクローニング法である．この項では目的に応じたプラスミドの調製法と大腸菌へのトランスフォーメーション（形質転換）について紹介する．

1 プラスミドとは

1-1 プラスミドの基礎知識

プラスミドは細菌やカビがもつ，染色体とは独立に自己複製を行う核外遺伝子であり，多くは環状DNAである．プラスミド上には複製開始点や細胞内のプラスミドコピー数[a]を調節する部位のほか，それぞれバクテリオシン産生，性決定（F因子），抗生物質耐性（R因子）などの細菌自身の増殖に直接必要としない遺伝子がコードされている（表1）．遺伝子工学に用いるプラスミドベクター[b]は小さい，あるいはコピー数が多いなどの理由からColE1[c]由来のものが広く用いられている．

[a] コピー数：細胞1個あたり存在するプラスミドの数．
[b] ベクター：宿主に異種DNAを運搬する運び屋DNA．プラスミドやバクテリオファージなどがある．
[c] ColE1（コリシンE1）：細菌の生産する抗菌性バクテリオシンの一種であるコリシン産生性を担う大腸菌の小型プラスミド．

表1 プラスミドの性質

プラスミド	大きさ（kbp）	コピー数	そのプラスミドを保持する菌の性質
ColE1	4.2	10〜15	コリシンE1（バクテリオシン）産生
RSF1030	6	20〜40	アンピシリン耐性
R6K	25	13〜38	アンピシリン，ストレプトマイシン耐性
R	62.5	3〜6	多剤耐性因子．さまざまな薬剤耐性遺伝子を組み込むことができる
F	62	1〜2	稔性因子．保持菌は雄菌となり，雌菌にDNAが移入される

1-2 プラスミドベクターの選択

有用なプラスミドベクターの条件として，まず選択マーカー[a]として抗生物質耐性遺伝子をもつこと，クローニングする制限酵素部位〔すなわちクローニング部位（サイト）〕をもつこと，そして菌体内で多コピーになることなどがあげられる．

一口にプラスミドベクターといってもその目的によってさまざまなものが存在する．例えば，遺伝子の塩基配列を決定するのであれば，クローニング部位が多数集まったマルチクローニングサイト（MCS）をもつクローニングベクターが必要になる（図1）．このようなベクターは一般にコピー数が多く，シークエンスしやすいようにクローニングサイト近傍によく使われるプライマー結合配列がデザインされている．また遺伝子がコードするタンパク質を得ようと思うならば，目的にあった発現ベクターを用意しなくてはならない．現在では酵母や培養細胞系に用いる発現ベクターも，そのほとんどが大腸菌内で増やせるようになっている．

[a] 選択マーカー：プラスミド導入の有無やクローニングの成否を区別するのに用いられる遺伝子．

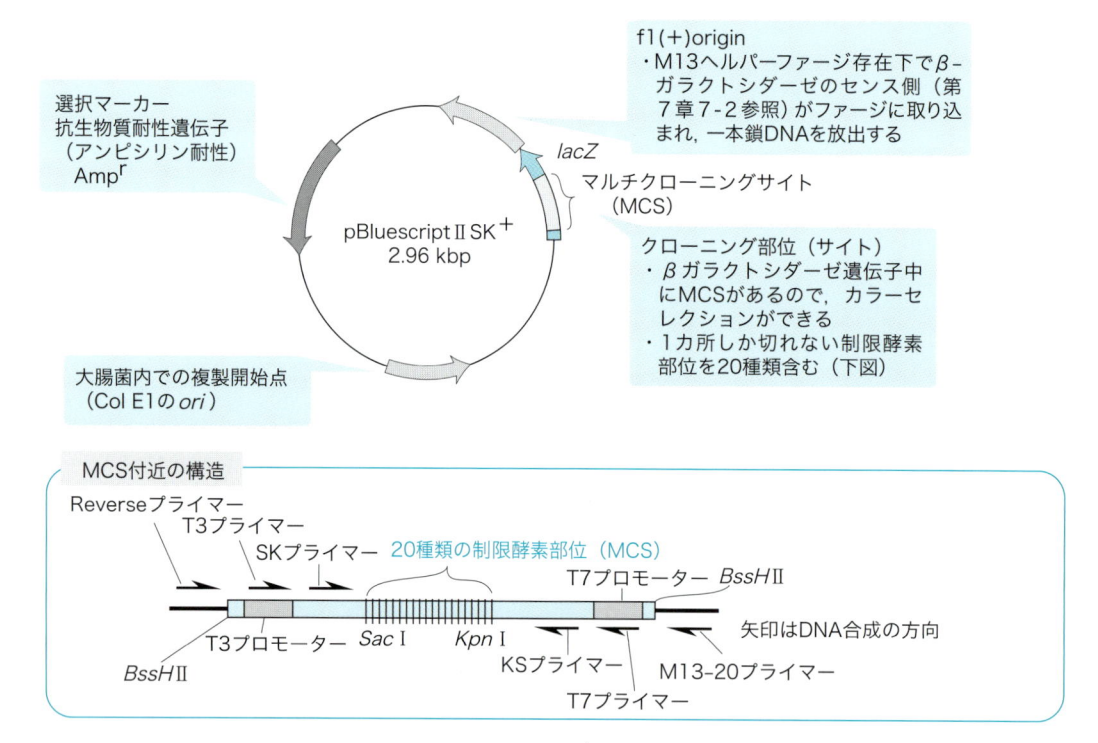

図1　プラスミドの構造（pBluescript Ⅱ SK$^+$の例）
pBluescript Ⅱ SK$^+$はクローニング，シークエンシング，RNA転写，一本鎖DNA調製用に用いられる

2 プラスミドの調製

使用するプラスミドベクターが決まったら，今後のためにまずそのベクターを増やしておこう．もし，あなたの研究室にそのプラスミドが宿主となる大腸菌にすでに導入されているならば，その大腸菌を培養すればよい〔プラスミドの入った大腸菌がなければ，形質転換（**本章5**）を行う〕．ここでは，そうして増やした大腸菌からプラスミドを抽出する方法について解説する．

2-1 プラスミド調製の原理

　大腸菌溶解液のなかにはプラスミドDNAの他にもゲノムDNA，RNA，タンパク質，脂質などの夾雑物が含まれている．なかでもゲノムDNAはプラスミドと化学的性質が同じなので分離することが難しい．その方法について図2に簡単にまとめた．

　得られるプラスミドの純度や方法の関係を表2にまとめたので参考にしてほしい．以下，簡便な方法から順次紹介していく．

菌体を強アルカリ性もしくは加熱と界面活性剤（SDS）によって破壊する
- タンパク質や脂質などの菌体成分は変性する
- ゲノムDNAはニックが入って直鎖状になり相補鎖が解離する（変性）
- プラスミドDNAは小さく閉環状なため，変性した相補鎖は大きく離れない

溶液を中性もしくは常温に戻す
- プラスミドDNAは相補鎖が近傍にあるため先に再会合する
- ゲノムDNAはランダムに会合し，タンパク質などの菌体成分と凝集塊を形成する

遠心分離
- プラスミドは上清に回収される

精製
- フェノール/クロロホルム抽出，アルコール沈殿，PEG沈殿などを行う

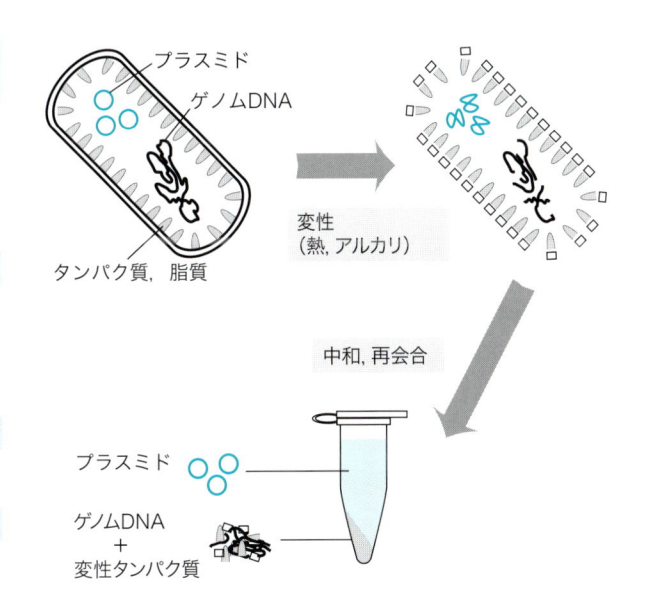

図2　プラスミド調製の原理

表2　さまざまなプラスミド分離法

方法	純度	用途	備考
ボイルプレップ	低	・制限酵素切断 ・サンガー法[※2]でのシークエンス	・時間がかからず安価 ・耐熱性のヌクレアーゼを多く含む種類の菌（HB101など）では収量が望めない
アルカリプレップ		・上記のほか　サイクルシークエンス（ただしPEG沈をする）	・ボイル法より高純度な標品が得られる ・必要に応じてスケールアップが可能 ・大腸菌の種類を選ばない
市販のキット類[※1]		・アルカリCsCl法の標品と同じ用途に使用可能	・DNA結合性シリカメンブレンフィルターによって精製する ・簡単な操作で短時間に得られる ・費用がかかる
アルカリCsCl法	高	・ストック ・培養細胞へのトランスフェクション ・in vitro転写のテンプレート，etc	・純度の非常に高い標品が大量に得られる ・プラスミドの形態（閉環状，開環状など[※3]）を分けられる ・時間と費用がかかる．超遠心が必要

[※1] 市販のキット類（本章4参照）を使えば，アルカリCsCl法に匹敵する純度の標品を得ることもできる
[※2] サンガー法（下巻第1章1）参照
[※3] 電気泳動（第8章）参照

2-2 ボイルプレップ

　安価で簡便にプラスミドが抽出できる．ただし形質転換する菌が耐熱性のヌクレアーゼを多く含む場合，収量が減るので注意（当研究室では菌にはJM109を用いている）．サブクローニングの確認程度には十分な純度のプラスミドが得られるが，オートシークエンサーを用い

てシークエンスをするような場合には不向きである．

準備するもの

◆1　器具・機械
- インキュベーター（37℃）
- ボルテックスミキサー
- 振盪培養器
- 遠心濃縮機
- 微量遠心分離機
- エッペンチューブ（プラスチックアダプターの付属するもの）

◆2　試薬
- STETL
- フェノール/クロロホルム
- イソプロパノール
- 7.5 M 酢酸アンモニウム
- TE
- 冷100％，冷70％エタノール

◆3　試薬の調製法

STETL		（最終濃度）
ショ糖	4 g	（8％）
10％ TritonX-100	2.5 mL	（0.5％）
1 M Tris-HCl（pH 8.0）	2.5 mL	（50 mM）
0.5 M EDTA	5 mL	（50 mM）

超純水で50 mLにする
↓
フィルター滅菌し，4℃保存
↓
5 mg/mL リゾチーム※　　　（0.5 mg/mL）
10 mg/mL RNaseA ※　　　（0.1 mg/mL）

※印を除いてストックを作る．リゾチームは5 mg/mL，RNaseAは10 mg/mLで小分けにして－20℃で保存しておき，使用する分だけ（　）内濃度になるように加える

プロトコール

約3時間/30サンプル [a]

❶ 大腸菌をまいたプレートより単一のコロニーを選び，プラスミドに応じた抗生物質を含む2 mLの培地に植え継ぎ，37℃で一晩振盪培養する [b]

❷ 培養液をエッペンチューブに移して（チューブに入るだけ，つまり1.5 mL）4℃，15,000 rpmで1分間遠心し，上清をデカンテーション（傾斜）で捨て，ペレットを300 μLのSTETLに溶解する [c]

❸ プラスチックアダプターでフタを押さえ [d]，沸騰水中で45秒間ボイルする [e]

[a] サンプル数が増えると，分注する量が増えるのでその分，分注の時間が長くかかる．

[b] 第3章5を参照のこと．

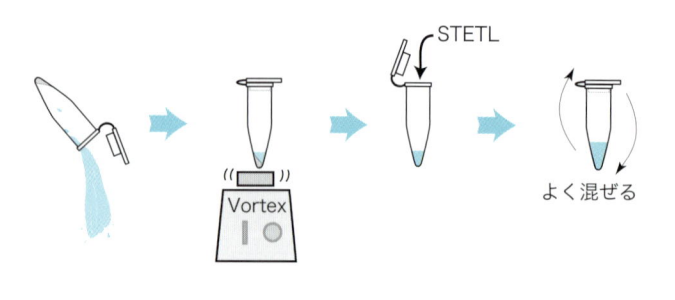

[c] STETLを入れる前にペレットを徹底的に溶かすこと．上清を捨てる際，少し残すようにし，これに懸濁した後でSTETLを加えるとよい．

[d] メーカーによってフタのきつさは異なるが，原則としてアダプターは必要．パラフィルムなどでの代用は不可．

[e] 時間が長いとプラスミドの切断を招く．

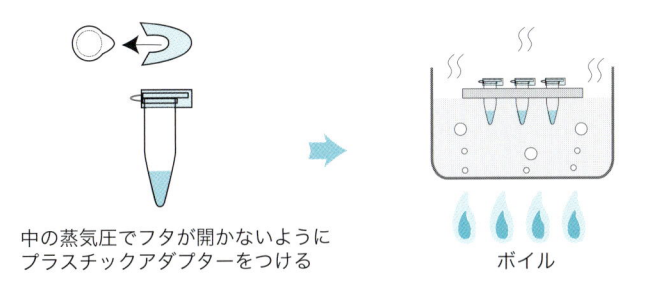

中の蒸気圧でフタが開かないように
プラスチックアダプターをつける

ボイル

❹ 4℃，15,000 rpmで10分間遠心し，上清を新しいチューブに回収する．回収した上清に等量のイソプロパノールを加える[f]

❺ 4℃，15,000 rpmで10分間遠心し，ペレットを200 μLのTEにボルテックスで溶かし，フェノール/クロロホルム抽出を行う[g]

❻ 等量の酢酸アンモニウムと，2.5倍量の冷100％エタノールを加えることにより，速やかにエタノール沈殿を行う[h]

❼ ペレット（沈殿）を冷70％エタノールでリンスし，遠心乾燥機で乾燥させ，20～50 μLのTEに溶かす

[f] ここであらためて塩を加える必要はない（第2章7参照）．

[g] われわれはこの操作を2回行って，シークエンスにも用いている（第2章8参照）．

[h] 低分子の夾雑物が沈殿しにくいように酢酸アンモニウムを使い，冷エタノールを加えたらすぐに遠心する．

2-3 アルカリプレップ

1 ミニスケール（2 mL）

ボイルプレップに比べ高純度で，ニックなどのダメージの少ないDNAが得られ，サブクローニングの確認や制限酵素処理などに用いることができる．また，プロトコールにはDNA操作の基本的手技のほとんどが含まれているので，初心者の最初のトレーニングとしても最適である．収量，純度，サンプル処理能力など個人差が出やすい実験でもある．スピーディーにかつ細心の注意を払って行うようにしよう．

準備するもの

◆1 器具・機械
- インキュベーター（37℃）
- 振盪培養器
- 微量高速遠心機
- ボルテックスミキサー
- 遠心濃縮機

◆2 試薬・試料
- Sol I
- Sol II
- Sol III
- フェノール/クロロホルム
- 冷100％，冷70％ エタノール
- 3 M 酢酸ナトリウム
- 13％ PEG/0.8 M NaCl溶液[a]

[a] 本章3参照．

◆3　試薬の調製法

```
Sol I                              （最終濃度）
グルコース              9 g        （50 mM）
1 M Tris-HCl（pH 8.0） 25 mL       （25 mM）
0.5 M EDTA             20 mL       （10 mM）
```
超純水で1 Lにする
オートクレーブ滅菌する．グルコースに多少色がつく場合もあるが，問題ない

```
Sol II
水酸化ナトリウム        8 g        （0.2 N）
SDS                    10 g        （1 %）
```
超純水で1 Lにする ⓑ

ⓑ オートクレーブの必要はない．

```
Sol III
酢酸カリウム           294.5 g
酢酸                   120 mL
超純水                 530 mL ⓑ
```

プロトコール　🕒 6時間/30サンプル（PEG沈を含む）

❶ 大腸菌をまいたプレートより単一コロニーを選び，プラスミドに応じた抗生物質を含む2 mLの培地に植え継ぎ，37℃で一晩振盪培養する（第3章5参照）

⬇

❷ 培養液をエッペンチューブに移して4℃，15,000 rpmで1分間遠心し，上清を捨て，ペレットを0.2 mLの冷Sol I にボルテックスにより溶かし，氷上で15分インキュベートする

⬇

❸ 0.4 mLのSol II を加え，チューブを2〜3回反転させて中の液をよく混ぜてから，氷上で5分間インキュベートする ⓒ

ⓒ 透明になる．ならなかったらSol II を作り直した方がよい．処理時間を守ること．長すぎるとゲノムが混入する原因となる．

⬇

❹ 0.3 mLの冷Sol III を加え ⓓ，氷上で10分間インキュベートし，4℃，15,000 rpmで15分間遠心分離する．この間に新たなチューブを用意し，各チューブに2 μLずつのRNaseAを入れておく

ⓓ ゲノムなどの凝集塊がもやもやと見える．透明なままだったら中和がうまくいっていないのでSol III を作り直す．

⬇

❺ 上清をRNaseAが入ったチューブに移し，37℃で20分インキュベートする（RNaseA処理）

⬇

❻ フェノール/クロロホルム抽出を2回行う ⓔ

ⓔ 凝集塊を吸わないように！（第2章8参照）．

⬇

❼ 0.6倍量のイソプロパノールを加え，イソプロパノール沈殿を行う（塩をあらためて加える必要はない）

⬇

❽ 冷70%エタノールでペレットをリンスする ⓕ

ⓕ 第2章7参照．

⬇

❾ 30〜50 μLのTEもしくは超純水にボルテックスで溶かす ⓖ（高純度プラスミドを必要とする場合は0.2 mLの超純水（もしくはTE）に溶解し，

ⓖ われわれはこの段階の標品を0.5 μLほどアガロース電気泳動し，インサートが入ったかどうかの確認に用いるくらいだが，用途によっては（一部の制限酵素処理など）十分な純度である．

以下の操作を行う）

❿ 0.2 mLの13% PEG/0.8M NaClを加え，氷上で1時間インキュベートする（PEG沈(h)）

(h) 本章3参照．

⓫ フェノール/クロロホルム抽出，エタノール沈殿後，ペレットをリンスし，乾燥させる(e)(f)

(i) 筆者の感覚だとpBluescript SK$^+$でおよそ1 μg/μLというところになるだろうか．同じ精製法で培養液を10倍（20 mL）にスケールアップすることも可能である．

⓬ 30〜50 μLのTEもしくは超純水にボルテックスにより溶かす(i)

One point

次にやるべきことを考え，暇な時間をつくらない！

プラスミド調製に限ったことではないが，実験を円滑に進めるために，常に「次に何をすればよいか」考えるようにしよう．

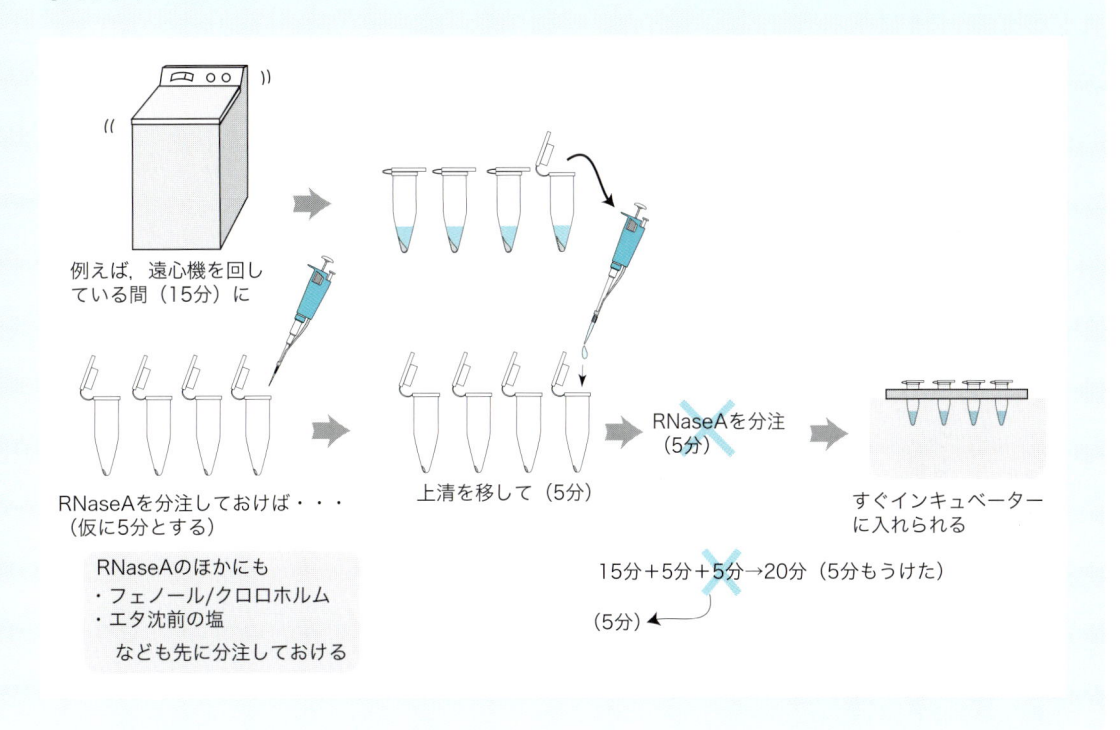

例えば，遠心機を回している間（15分）に

RNaseAを分注しておけば・・・（仮に5分とする）

RNaseAのほかにも
・フェノール/クロロホルム
・エタ沈前の塩
なども先に分注しておく

上清を移して（5分）

RNaseAを分注（5分）

すぐインキュベーターに入れられる

15分＋5分＋5分→20分（5分もうけた）

(5分)

2 ラージスケール（800 mL）

プラスミドを大量調製してストックとする場合や，培養細胞へのトランスフェクションやin vitro転写などの生化学実験など，高純度プラスミドが必要な場合にこの方法を用いる．プラスミド抽出にはアルカリプレップ法を用い，その後，塩化セシウム密度勾配平衡遠心法によって精製する．これらの操作は一連の流れとして行うので，密度勾配平衡遠心による精製はこの項で解説することにする．またここでは800 mL培養した場合を記すが，pBluescriptやpUCのような多コピープラスミドの場合は，100〜400 mLにスケールダウンして行ってもよい．

One point

プラスミドの増幅

pBR322 など，コピー数が比較的少ないプラスミドのコピー数を高めるために，増幅を行うことができる．エタノールに溶かしたクロラムフェニコールを 0.15〜0.2 mg/mL の濃度で対数増殖期前期（OD_{600} が 0.3〜0.4）の培養液に加え，その後しばらく（数時間）培養を続ける．代謝回転の早い不安定な宿主因子で，プラスミドのコピー数を制御するタンパク質の作用を抑えると考えられている．

準備するもの

◆1　器具・機械

- インキュベーター（37℃）
- 振盪培養器
- 微量遠心分離機
- 高速遠心分離機〔Avanti J-25，ローター：JLA-10.5（ベックマン・コールター社）など〕
- 遠心チューブ（15 mL，40 mL，250 mL，500 mL）
- 超遠心機〔L-80，ローター：NVT90（ベックマン・コールター社）など〕
- 超遠心チューブ〔Optiseal チューブ #362185（ベックマン・コールター社）など〕
- 遠心濃縮機
- ロータリーシェーカー
- 2 L 三角フラスコあるいは羽根つき三角フラスコ
- ボルテックスミキサー
- 透析チューブ（スペクトラム社）
- 1 mL シリンジ，注射針（G20，G19，G18 でもよい）

◆2　試薬・試料

- Sol I，Sol II，Sol III（本章 2-3 ①参照）
- 塩化セシウム〔分子生物学グレード（ライフテクノロジーズ社）など〕
- 塩化セシウム/TE 溶液
- 3 M 酢酸ナトリウム
- 10 mg/mL RNaseA 溶液
- TE
- 10 mg/mL エチジウムブロマイド溶液
- フェノール/クロロホルム溶液
- 冷 100 %，冷 70 % エタノール
- TE 飽和 n-ブタノール
- イソプロパノール
- 20 mg/mL プロテイナーゼK 溶液

◆3 試薬の調製法

塩化セシウム/TE溶液（1 g/mL）	
TE	50 mL
塩化セシウム	50 g

TE飽和n-ブタノール
n-ブタノールとTEを等量ずつ加え，よく混合して放置すると二層に分かれるので，この状態で保存できる．上層がTEで飽和されたn-ブタノール層で，下層はTEなので，使用の際は上層を取るようにする

プロトコール　約1日半

ラージスケールでの大腸菌培養の概要を下図に示す

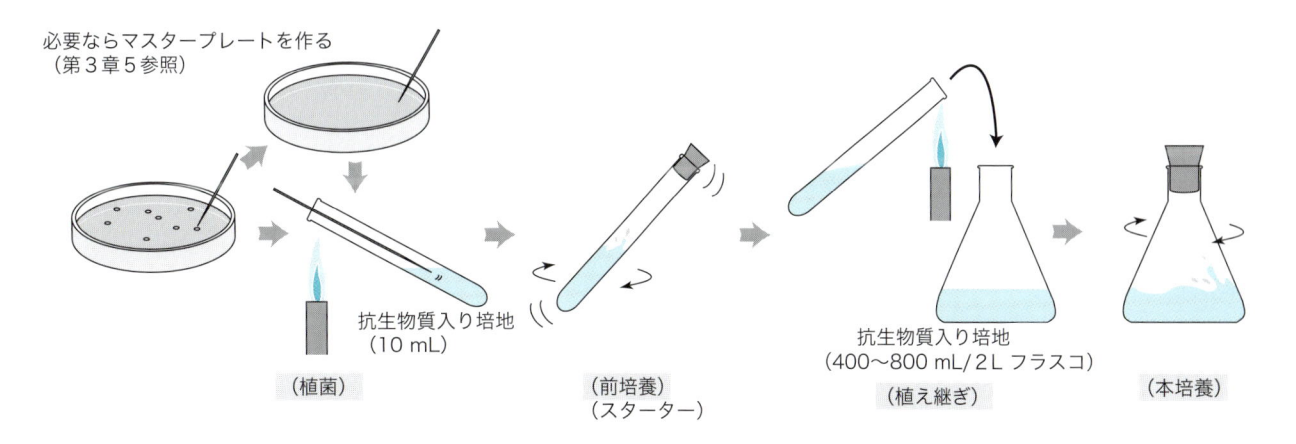

❶ 大腸菌をまいたプレートより単一コロニーをとり，プラスミドに応じた抗生物質を含む10 mLの培地に植え継ぎ，37℃で数時間振盪培養する（スターターの作製）ⓐ

❷ 2Lの三角フラスコ（または羽根つき三角フラスコ）に準備しておいた800 mLの培地（プラスミドに応じた抗生物質を含む）へスターターを加え，37℃で一晩ロータリーシェーカーで振盪培養（200 rpm程度）するⓑ

❸ 培養液を500 mL遠心チューブに移して4℃，5,000 rpm（2,000×g）で10分間遠心し集菌する．上清を捨てたら残り半分を入れてもう一度遠心し，1本の遠心チューブに集菌する

❹ ペレットに20 mLの冷SolⅠを入れ，ボルテックスやガラス棒で完全に懸濁する

❺ 40 mLのSolⅡを加え，チューブを反転させよく混ぜてから，氷上で10分間インキュベートするⓒ

❻ 30 mLの冷SolⅢを加えてチューブを反転させて素早くよく混ぜ，7,000 rpm（5,000×g），4℃で15分間遠心分離する

❼ 250 mL遠心チューブを用意し，上清を移すⓓ

❽ 56 mLのイソプロパノールを加えてチューブを反転させて混ぜる

ⓐ 前培養．コロニーをつついていきなり大量の培地が入ったフラスコに植え継ごうとすると，コンタミの危険が増す．

ⓑ 本培養．コンタミしないように，容器の口をバーナーの火であぶりながら細心の注意を払う．また，抗生物質を入れるのを忘れない（培養後枯草菌などが繁殖してしまい，フラスコから納豆の香りが漂う，などといったことがないように）．「正しい大腸菌のにおい」を早く覚えるように．そうすればにおいをかいだだけでコンタミがあるかないかが，だいたい判断できる．

ⓒ 時間をきっちり守ること．

ⓓ 下図のようにして，キムワイプで沈殿を濾してやると凝集塊の混入を防ぐことができる．

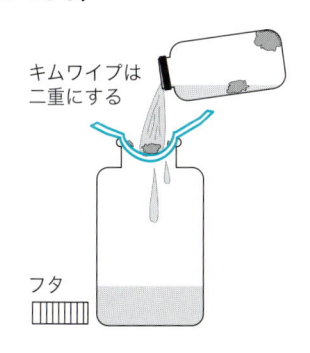

❾ 9,000 rpm（6,000 × g），4℃で10分間遠心し，ペレットを10 mLの TEにボルテックスで溶かし，50 mLの遠心チューブに移す[e]

❿ フェノール/クロロホルム抽出を2回行う（**第2章8参照**）

⓫ 1 mLの酢酸ナトリウムと20 mLの冷エタノールを加え，10,000 rpm（5,000 × g），4℃，10分間遠心する

⓬ 70％エタノールでペレットやチューブの内壁をリンスし，キムタオルの上でエタノールをきった後，真空乾燥機でエタノールをとばす

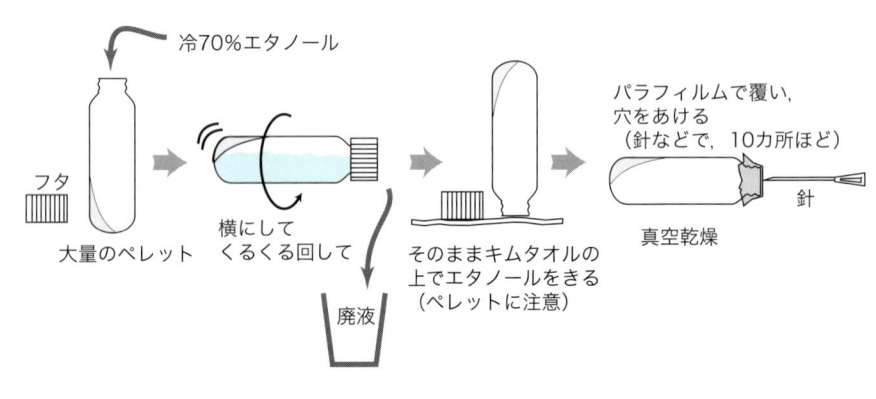

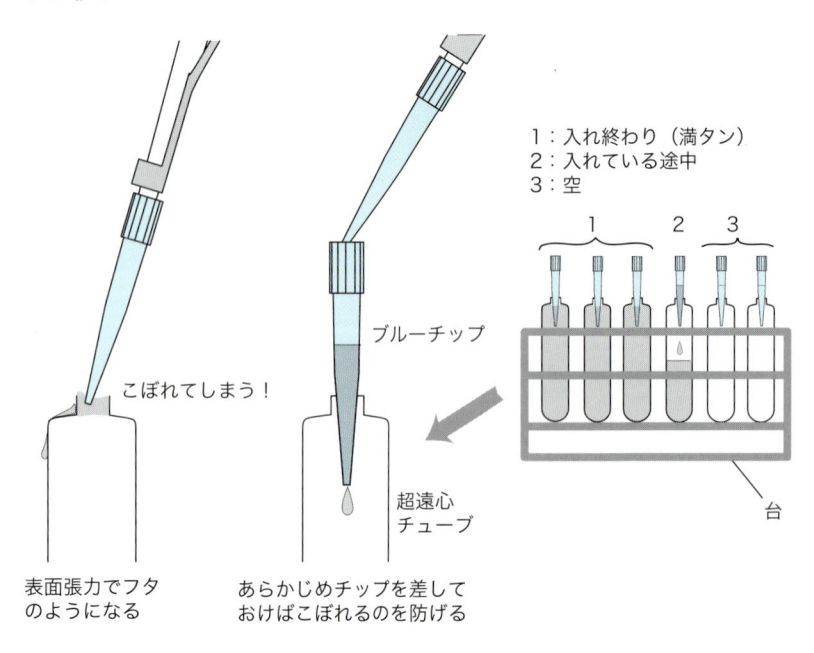

⓭ 3.6 mLのTEにペレットを溶かし，15 mLチューブに移し，4.4 gの塩化セシウムと0.4 mLのエチジウムブロマイド溶液を加えてボルテックスでよく溶かす[f]

⓮ 3,000 rpm（1,500 × g），10分間室温で遠心し，上清を超遠心チューブに移す[g]

[e] 一気に10 mL加えて溶かすのではなく，少しずつ数回に分けて溶かすようにすると，管壁の洗いこみができるのでロスを少なくできる（94ページ，One point参照）．

[f] ここも[e]と同じ．また，DNAが完全に溶けてから塩化セシウムを入れること．塩化セシウムを完全に溶かしたら以後は決して冷やさないこと（塩化セシウムが析出するから）．またエチジウムブロマイドは発癌性があるので手袋をするなどして注意すること．

[g] タンパク質とエチジウムブロマイドの凝集塊を吸わないこと．また超遠心チューブの口は細いので，口に液がつくと表面張力でフタのようになりがち．左図のようにするとこれを防げる．

⓯ 塩化セシウム/TE溶液を用いて慎重に対称チューブの重さのバランスをとる⒣

気泡がほとんど入らないように⒤

すき間

中の液がとび出すかも・・・

○

× これでは超遠心中チューブがつぶれて危険である

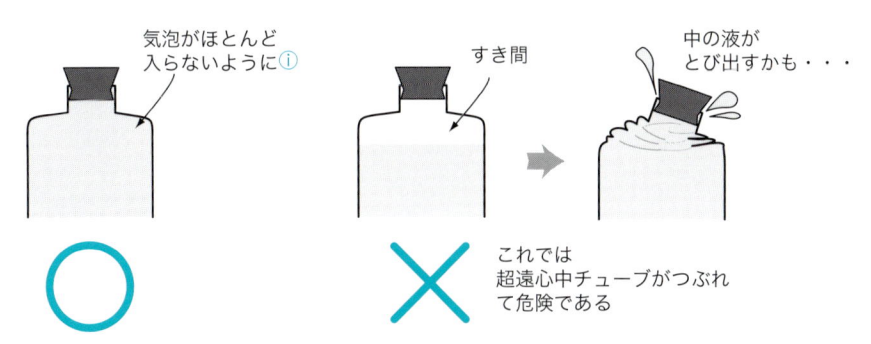

チューブのつめ方（ベックマン・コールター社，Optisealの場合）

⒣ 精密天秤を使って合わせる．また必ずチューブの肩の少し上のところまで液を入れる（液量が少ないと超遠心中につぶれてしまう）．

⒤ クイックシールチューブなど，熱でシールするタイプのチューブの場合も同様．

⒥ バランスは大丈夫ですか？ スタートしても最高回転に達するまで異常がないことを確認してから持ち場を離れましょう．なお，ブレーキはかけないか，かけても弱くすること．回転数や回転時間はローターの形状や大きさによって異なるので注意．回転速度を遅くして，時間をのばしてもよい［60,000 rpm（250,000×g，7時間など］．温度は，20℃以下にしない．塩化セシウムが析出し，場合によってはそれがチューブの底にたまってローターを突き破り，超遠心機を壊す恐れがある．

⓰ 80,000 rpm（400,000×g），25℃で3.5時間超遠心する⒥

⓱ フタを取って，G20の針をつけた注射器でオレンジ色に見える閉環状DNAのバンドを回収する⒦

フタを取る
スタンドに固定
開環状DNA →
閉環状DNA →
RNA →
フタが取れない場合は，注射針を刺して，空気穴を確保する
針はバンドの下方から突端の断面がバンドと水平になるような角度で刺す（刺し直せないので，慎重に！）

⒦ 左図のようにして，針で手を刺さないようにゆっくり回収する．DNAは通常の光でオレンジ色に見えるが，見えにくい場合は暗室にて紫外線を当ててバンドを確認する．針が細いとプラスミド剪断の原因になる．また回収前に必ずフタを取って圧が抜けるようにするのを忘れずに．作業台はラップを敷くなどしてエチジウムブロマイド汚染に気をつける．エチジウムブロマイドに汚染された器具や廃液などは，ハイター（次亜塩素酸ナトリウム）などで適切に処理すること．処理していないエチブロを流しに捨ててはいけない．

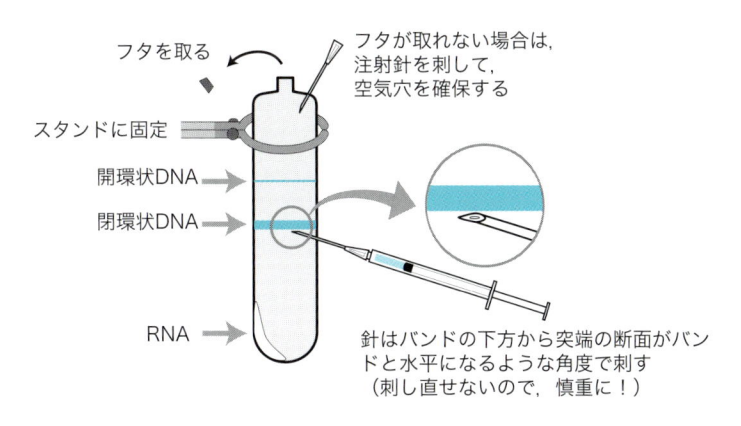

⓲ 新しい超遠心チューブに移し，100 μLのエチジウムブロマイド溶液を加え，塩化セシウム/TE溶液でバランスを合わせる

⓳ 再び80,000 rpm（400,000×g），25℃で3.5時間超遠心し，フタを取って，20Gの針をつけた注射器で閉環状DNAのバンドを回収する

⓴ 等量のTE飽和n-ブタノール⒧を加えてよくボルテックスし（30秒），スピンダウンする

⒧ イソアミルアルコールを用いてもよい．

㉑ 上層にエチジウムブロマイドが移行して赤紫色になるので，これをハイター入りの廃液ビンに捨てる

㉒ 上層の赤紫色がなくなるまで⓴，㉑の操作をくり返す

㉓ 1 LのTEに3時間以上室温で透析する (m)(n)

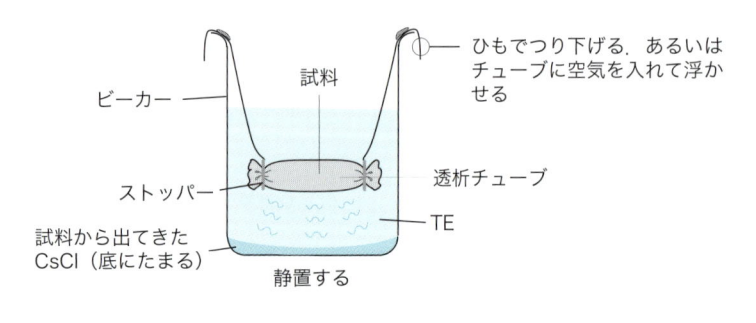

ビーカー ─	ひもでつり下げる．あるいは
	チューブに空気を入れて浮か
試料	せる
ストッパー	透析チューブ
試料から出てきた	TE
CsCl（底にたまる）	
静置する	

(m) 透析：試料中のバッファーを交換したり脱塩したりする一般的な方法．半透膜であるニトロセルロース製多孔膜を通して内液と外液の間で，自然拡散により低分子が交換される．

(n) 透析チューブより塩化セシウムが沈んでいく様子がわかる（**左図**参照）．重い塩化セシウムを除くための操作なので，スターラーは回さない．われわれの場合，ここまでで1日目は終了である．

㉔ 5 μLのRNaseA溶液を加えて37℃で30分インキュベートする (o)

(o) 基本的にRNAは入ってこないはずだが，念のために行う．

㉕ 5 μLのプロテイナーゼK溶液を加えて，37℃で30分インキュベートする (p)

(p) わずかながらコンタミしているタンパク質と，同時に加えたRNaseAを分解する．

㉖ フェノール/クロロホルム抽出を2回行う（**第2章8**参照）

㉗ エタノール沈殿をし（**第2章7**参照），ペレットをリンスして乾燥させたら，適当量のTEもしくは超純水に溶かす (q)

(q) だいたい100 μLに溶かし，さらに100倍希釈して濃度を測定することが多い．1〜3 μg/μLくらいにすると扱いやすい．

One point

サンプルを，液体を用いて回収する場合の方法

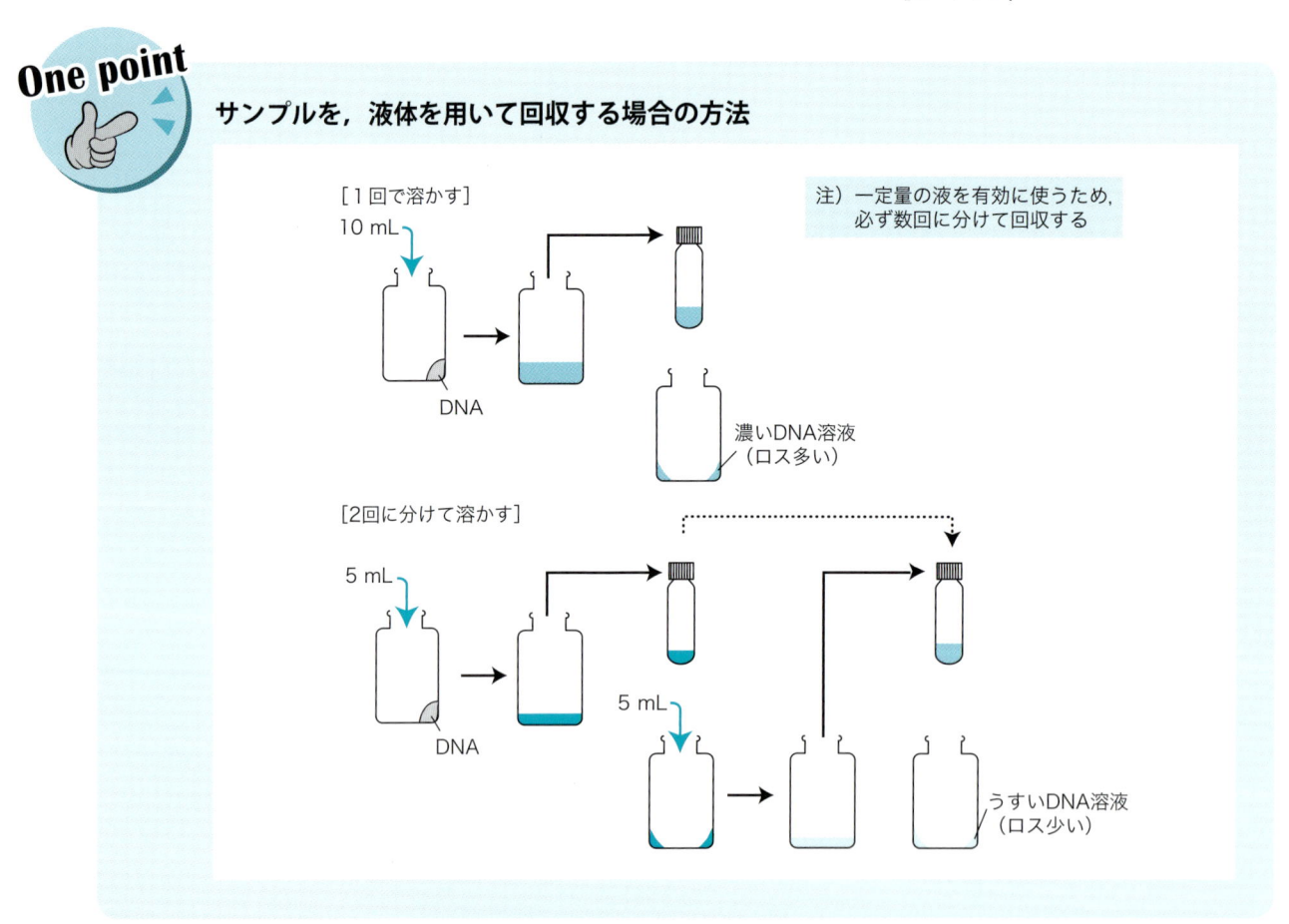

[1回で溶かす] 10 mL → DNA → 濃いDNA溶液（ロス多い）

注）一定量の液を有効に使うため，必ず数回に分けて回収する

[2回に分けて溶かす] 5 mL → DNA → 5 mL → うすいDNA溶液（ロス少い）

3 ポリエチレングリコール（PEG）によるプラスミド精製

　調製したプラスミドDNAは，分光光度計でOD$_{280}$/OD$_{260}$を測定し（第2章6），アガロースゲル電気泳動（第8章）によって閉環状プラスミドの割合やゲノム，RNAの混入をチェックする．ゲノムDNAは除くのが難しいが（多い場合には再度超遠心分離で精製する），RNAはRNase処理後，ポリエチレングリコール沈殿（PEG沈）を行うことで除去できる．

　ポリエチレングリコール（PEG）は $-(-CH_2-CH_2-O-)_n-$ の構造がくり返し重合されてできた高分子エーテルの一種である．PEGはDNAの水和水を奪ってDNAを凝集させ沈殿させる．RNAではリボースの2位が水酸基で親水性が高いため，DNAよりも水和水が奪われにくく沈殿しにくい．われわれの研究室では平均分子量7,500のPEG6000（和光純薬工業社，一級）を使っている．以下にPEG沈殿（PEG沈）について説明する．

準備するもの

◆1　器具・機械
- 微量遠心分離機
- ボルテックスミキサー
- 遠心濃縮機

◆2　試薬・試料
- 13% PEG/ 0.8 M NaCl溶液
- フェノール/クロロホルム溶液
- 冷100%，冷70%エタノール
- TE

◆3　試薬の調製法

13% PEG/ 0.8 M NaCl溶液		（最終濃度）
PEG	26 g	（13%）
NaCl	9.35 g	（0.8 M）

超純水で200 mLにし，オートクレーブする

プロトコール　　約1時間半

❶（RNaseA処理した）プラスミドDNA溶液を用意する[a]

❷等量の13% PEG/ 0.8 M NaCl溶液を加えてよく混ぜる

❸氷上で1時間インキュベートする

[a] 溶液中にフェノールが混入していると，フェノールが析出してしまうので，アルコール沈殿によってフェノールを除いておく．

❹ 15,000 rpm，4℃で20分間遠心し，上清を捨てる[b]

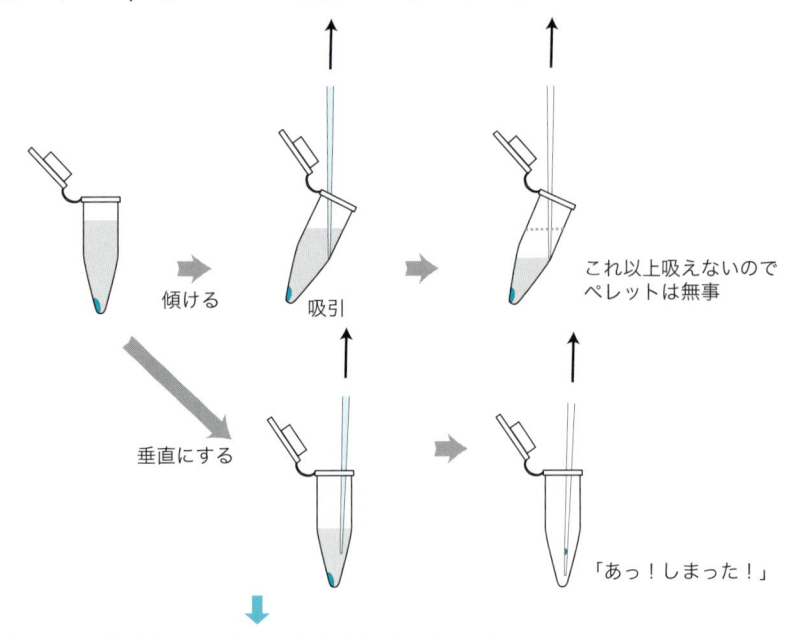

傾ける　吸引　これ以上吸えないのでペレットは無事

垂直にする　「あっ！しまった！」

[b] ペレットがもろいので，注意すること．ミニスケールでプレップした場合などではペレットが見えないことがある．そのようなときは左図のようにして上清を少し残すようにしてもう一度遠心する．

❺ もう一度遠心し，残りの上清を慎重に捨てる

❻ およそ200 μLのTEもしくは超純水に溶かし，フェノール/クロロホルム抽出を行う[c]

❼ エタノール沈殿をし，リンスした後，ペレットを遠心濃縮機を用いて乾燥させ，30〜50 μLのTEもしくは超純水にボルテックスで溶かす

[c] この操作でPEGを除く．PEGによって阻害される酵素反応もあるので（ライゲーションなど）注意すること．

4 市販のキットを使ったプラスミド精製

　短時間で非常に高純度なプラスミドを精製できる優秀なキットが各社から発売されている．簡便な操作で高純度かつ安定した収量が望めるため，トランスフェクションなどの実験で高純度なDNAを得たいときや，FISH解析などでエチジウムブロマイドの混入が気になる場合など，非常に重宝する．またオートシークエンサーによっては，推奨するプラスミド精製キットを指定しているような場合もある．例えばQIAGEN社の場合，プラスミドDNAの純度（トランスフェクショングレード，分子生物学グレード等）や収量（20 μg〜100 mg），精製に必要な時間などにより，さまざまなものが用意されており，用途に応じて使い分けることで，費用も抑えられる．ここでは遠心分離機を使わずに（集菌時には必要），安定した収量のトランスフェクショングレードプラスミドを短時間で得られる QIAGEN HiSpeed Plasmid Midi Kit #12643を紹介する．

準備するもの

◆1　器具
・QIAGEN HiSpeed Plasmid Midi kit（HiSpeed Midi Tip，QIAfilter Midi Cartridge，QIAprecipitator，5 mL・20 mLシリンジ）
・50 mLチューブ
・エッペンチューブ

◆2 試薬

- QIAGEN HiSpeed Plasmid Midi kit（Buffer P1[a]，P2，P3，QBT，QC，QF，TE，RNaseA）
- イソプロパノール
- 70％エタノール

[a] RNaseAはBufferP1に加えておく．P3は4℃で冷却しておく．

プロトコール　　⏱ 45分

❶ 50〜150 mLのスケール[b]で目的のプラスミドを保持している大腸菌を一晩液体培養し，6,000 rpm，10分遠心して集菌する

⬇

❷ 6 mLのBuffer P1で大腸菌を懸濁する

⬇

❸ 6 mLのBuffer P2を加えて穏やかに混和[c]．室温で5分間インキュベートする[d]

⬇

❹ 下図のようにQIAfilterカートリッジを組み立てる

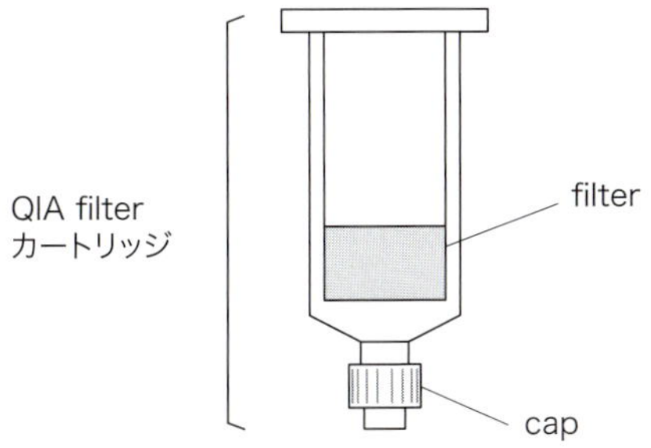

[b] 高コピーのプラスミドなら，50 mL培養で100〜200 μg，低コピーのプラスミドなら150 mL培養で30〜100 μg得られる．

[c] ボルテックス不可（ゲノムが切断されてしまう）．

[d] 時間厳守！

（QIA filter カートリッジ / filter / cap）

⬇

❺ 6 mLの冷Buffer P3を加えてすぐに穏やかに混和[e]

[e] 白濁確認（タンパク質などが凝集）．

⬇

❻ ❹で組み立てたQIAfilterカートリッジに注ぎ，室温で10分インキュベート

⬇

❼ この間にHiSpeed Midi TipにBuffer QBTを4 mL加え，Tip内の液量がなくなるまで次図Aのように平衡化させる

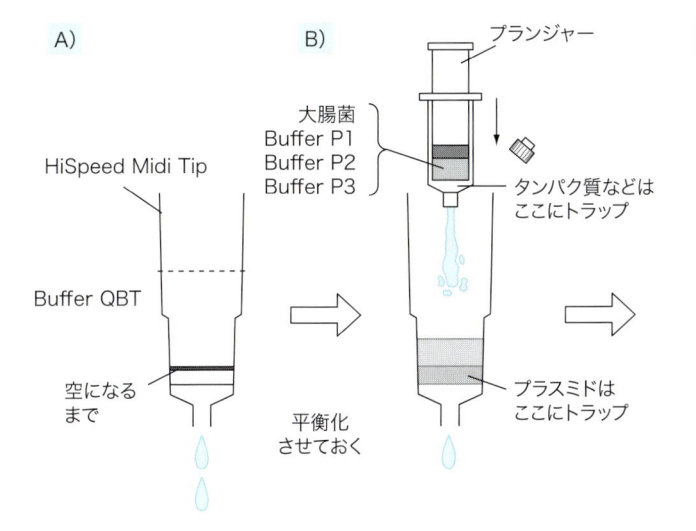

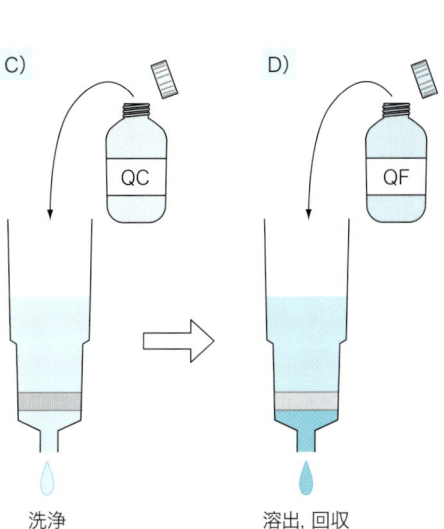

A) HiSpeed Midi Tip / Buffer QBT / 空になるまで
B) プランジャー / 大腸菌 Buffer P1 Buffer P2 Buffer P3 / タンパク質などはここにトラップ / プラスミドはここにトラップ / 平衡化させておく
C) QC / 洗浄
D) QF / 溶出, 回収

第5章-4　市販のキットを使ったプラスミド精製　◆　97

❽ ❻からキャップを外し，プランジャーを挿入して❼で平衡化したTip内に注ぎ入れる[f]（前図B）

[f] QIAfilterによって沈殿が濾過され，濾液中のプラスミドはHiSpeed Midi Tipにトラップされる．

❾ 20 mLのBuffer QCでTipを洗浄（前図C）

❿ 5 mLのBuffer QFでTipからプラスミドを溶出，回収する（前図D）

⓫ 回収した溶出液に3.5 mLのイソプロパノールを加え，室温で5分放置

⓬ この間，20 mLシリンジにQIApreciptatorを下図Eのようにセット[g]

[g] プランジャーを引き上げる前にQIApreciptatorを外すようにすること（圧でQIApreciptator内部が破壊されてしまう）．

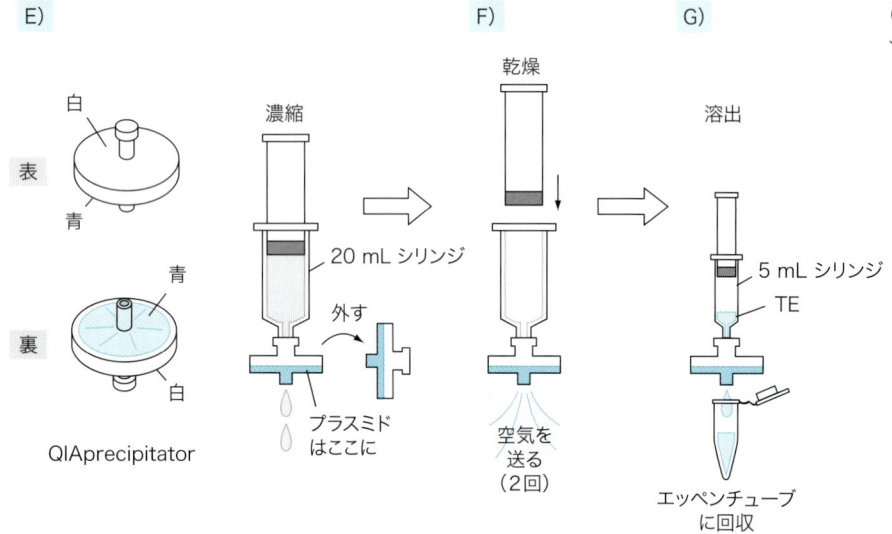

E) 表 白 青
　　裏 青 白
QIApreciptator

F) 濃縮 20 mLシリンジ 外す プラスミドはここに

乾燥 空気を送る（2回）

G) 溶出 5 mLシリンジ TE エッペンチューブに回収

⓭ ⓬に⓫を入れ，プランジャーを差し込んでQIApreciptatorを通す[h]

[h] プラスミドがQIApreciptatorにトラップされる．

⓮ QIApreciptatorを取り除いてから，プランジャーを外し[i]，再びQIApreciptatorをセットしてプランジャーを挿入し，QIApreciptatorに空気を送って乾燥させる．2回くり返す（上図F）

[i] プランジャーを引き上げる前にQIApreciptatorを外すようにすること（圧でQIApreciptator内部が破壊されてしまう）．

⓯ QIApreciptatorを外し，出口ノズルが濡れていないのを確認する．5 mLシリンジからプランジャーを外し，QIApreciptatorを上図のようにセットする

⓰ 1 mLのTEを加え，上図Gのようにプランジャーを挿入して溶出させ，エッペンチューブに回収

⓱ ⓰で得た溶出液を同じ要領でもう一度QIApreciptatorに通し，再び溶出液を回収する．濃度を吸光度で測定し，必要ならエタノール沈殿などで濃縮する（第2章7参照）

One point

市販のキットの利点とは？

この方法は最初の集菌以外は遠心操作がないので，研究員どうしの遠心機争奪戦のプレッシャーから解放され（笑），時間通りに最高グレードのプラスミドをロスなく回収できるのがよい．他にQIAGEN社のQIAGEN Plasmid Midi/Maxi Kitや，Promega社のWizardシリーズ，InvitrogenのPureLinkシリーズなど，さまざまな製品が発売されている．簡便さ，価格，実験に必要な精製グレードを考慮して使い分けるのがよいだろう．

QIAGENホームページ（www.qiagen.com）
Promegaホームページ（http://www.promega.co.jp/）
Invitrogenホームページ（http://www.invitrogen.co.jp/）

5 形質転換（トランスフォーメーション）

　一般的に形質転換とはプラスミドなどのベクターを大腸菌や培養細胞に導入することを指す．プラスミドはファージなどと違って，それ自体に特別な感染機構をもたないので，導入するには細胞自体の外来DNA取り込み能力（受容能，コンピテンシー）を上げる処理を施さなくてはならない．受容能をもった細胞をコンピテントセルというが，高効率コンピテントセルの作製法にはさまざまな方法があり，それぞれ作り方が難しかったり，費用がかかったりと一長一短である．ここでは最も簡単で安価な方法を解説するとともに，どうしても高効率が必要な場合に備えエレクトロポレーション法についても簡単に触れる．

5-1 コンピテントセルの作製

1 塩化カルシウム法によるコンピテントセルの作製

　塩化カルシウムによって膜の透過性を変化させる方法で，安価で作製に要する時間も長くない．ここでは80本分の大腸菌コンピテントセルを作るためのプロトコールを紹介するが，そのままスケールダウンすることも可能である．この方法では，JM109で8×10^5 cfu，HB101で10^6 cfu[a]/μg（DNA）くらいのコンピテンシーが得られ，通常の実験には全く問題ない．ポイントは菌体処理を常に冷えた状態で，静かに，丁寧に，手早く行うことにある．

[a] cfu : colony forming unit，コロニー形成単位．1 μgのプラスミドDNA（通常はpBR322）の形質転換で得られるコロニーの数．

準備するもの

◆1　器具・機械
・高速遠心分離機
・40 mL遠心チューブ（滅菌）

◆2　試薬・試料
・冷50 mM 塩化カルシウム
・冷50 mM 塩化カルシウム/15％ グリセロール
・LB培地

◆3 試薬の調製法

50 mM 塩化カルシウム		(最終濃度)
1 M 塩化カルシウム	25 mL	(50 mM)

超純水で500 mLにし,オートクレーブする

50 mM 塩化カルシウム/15％ グリセロール		
1 M 塩化カルシウム	25 mL	(50 mM)
グリセロール(生化学用)	75 mL	(15 %)

超純水で500 mLにし,オートクレーブする

プロトコール　　約半日

❶ 大腸菌をまいたプレートより単一コロニーをとって,2 mLのLB培地に植え継ぎ,37℃で一晩振盪培養(前培養)する[b]

❷ 4本の20 mL LB培地に0.2 mLずつ前培養した大腸菌を植え継ぎ,37℃でOD$_{600}$が0.4〜0.7になるまで振盪培養する(2〜4時間)[c]

❸ この間に以下のものを冷やしておく[d]
- 40 mL遠心チューブ2本→on ice
- 1.5 mLエッペンチューブ80本→−80℃(作製日と菌名を油性ペンで書いておく)

❹ 培養液を冷やしておいた40 mL遠心チューブに移し,そのまま氷上でさらに10分間冷却する[e]

❺ 3,000 rpm(500 × g),0℃で5分間遠心する(これより先の遠心操作は,すべてブレーキなしで行う)[f]

❻ 上清を捨て,冷50 mM 塩化カルシウムを8 mL(1/5量)加え,氷中で静かに撹拌してペレットを溶かす[g]

❼ 2,500 rpm(400 × g),0℃で3分間遠心し,上清を捨てる

❽ もう一度冷50 mM 塩化カルシウムを8 mL(1/5量)加え,氷中で静かに撹拌してペレットを溶かし氷中で30分以上インキュベートする[h]

❾ 2,500 rpm(400 × g),0℃で3分間遠心し,上清を捨てる

❿ 冷50 mM 塩化カルシウム/15％グリセロールを4 mL(1/10量)加え,氷中で静かに撹拌してペレットを溶かし,氷中で2時間以上インキュベートする[i]

⓫ チューブを静かに撹拌して菌を均一にしてからあらかじめ冷やしておいたエッペンチューブに100 μLずつ分注し,ドライアイス/エタノール中,

---

[b] その都度ストリーク(第3章5-2を参照)し,1個のコロニーから始めた方がコンタミも少なく,菌の増殖もよい.

[c] 菌種によって最適なOD$_{600}$が異なる(JM109で0.6〜0.7,HB101で0.4).この時点で明暗が分かれるので,OD$_{600}$がいきすぎないように注意する.

[d] チューブ類はすべてオートクレーブ滅菌し,よく冷やしておく.

[e] しつこいようだが,確実に冷やすこと(もちろん凍ってはいけない).

[f] 前もってローターを冷やしておく.

[g] 培地を洗い込むのが目的なので,ペレットが崩れたらすぐ遠心してよい.撹拌中も冷却には気をつかうこと.One pointに示したように氷水を別に用意し,穏やかにかき回す.ピペッティングするなら,ピペット(チップ)もあらかじめ冷やしておく.

[h] 完全に懸濁された状態でインキュベートすること.

[i] 完全に懸濁された状態でインキュベートすること.時間は長くてもいいが,氷が溶けてチューブと氷の間に隙間ができないように.

あるいは液体窒素中で急速に凍結させ，−80℃で保存する[j]

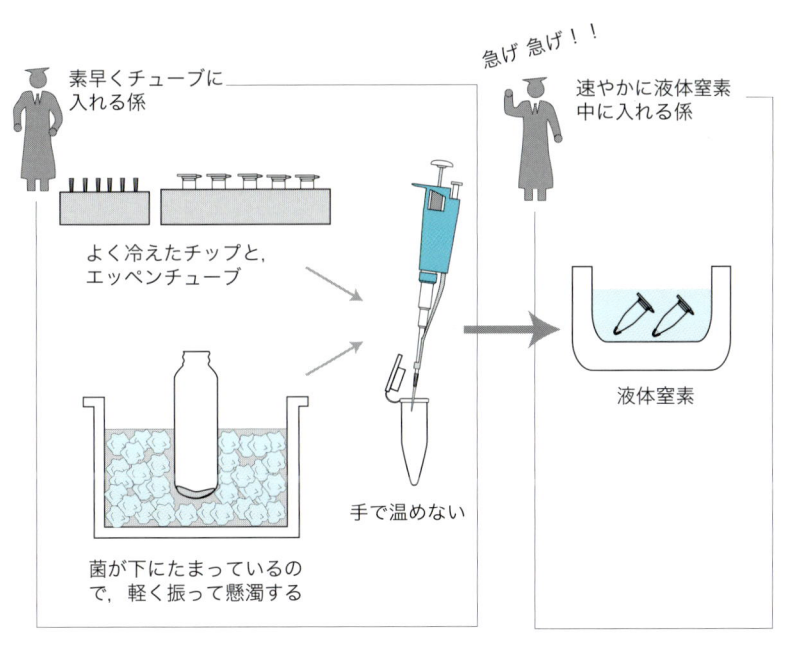

ⓙ この操作は低温室で行うのが望ましい．もちろんチップは冷えたものを使う．菌が下にたまっているのでそのまま分注すると不均一になる．エッペンチューブは−80℃で冷やしてあるので分注したとたんに凍りはじめるが，速やかに液体窒素中に投入する（凍結はドライアイス・アセトンまたはドライアイス・エタノールの方がよいともいわれる）．この作業は息のあった2人1組で行うのが望ましい（図3）．

図3　コンピテントセルの分注は息のあった2人1組で！

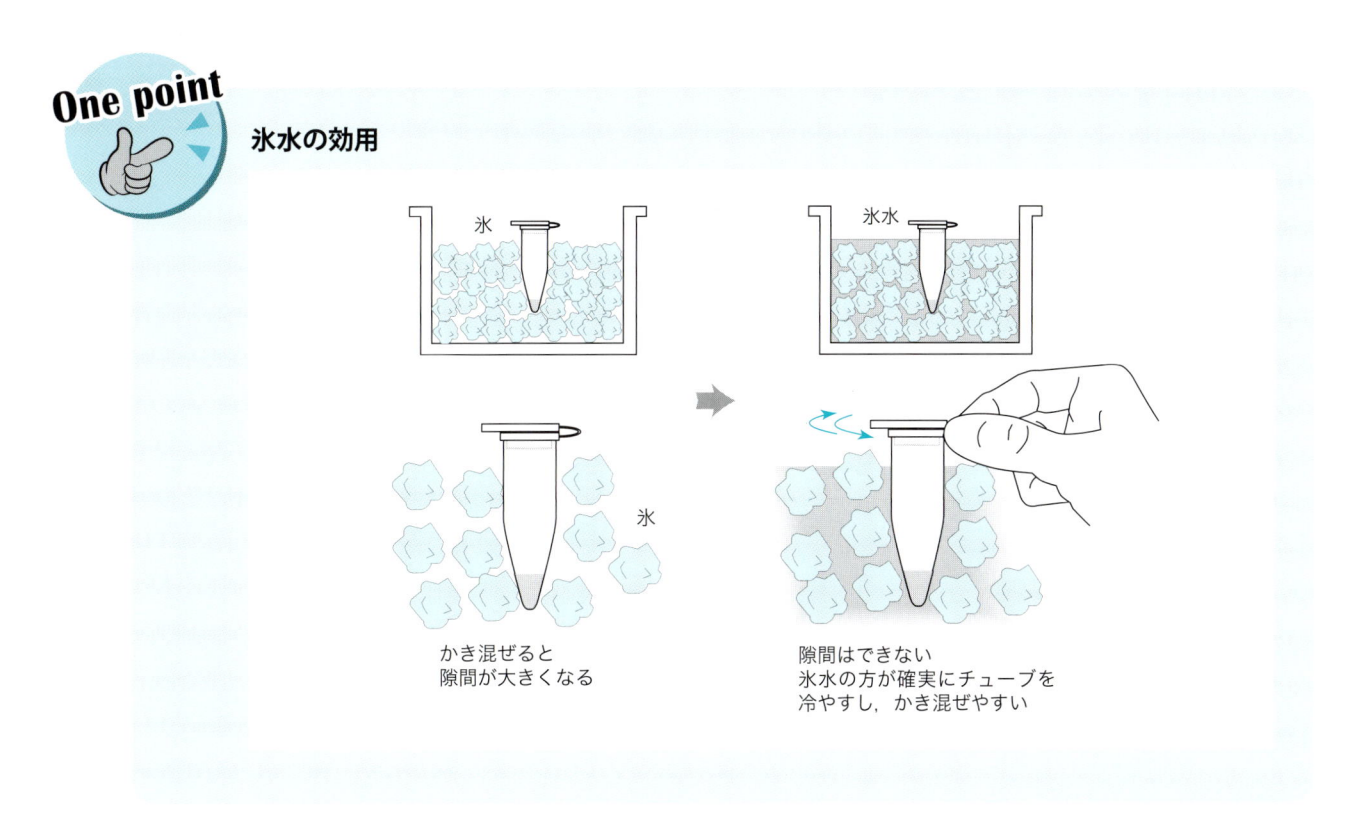

One point　氷水の効用

かき混ぜると隙間が大きくなる

隙間はできない
氷水の方が確実にチューブを冷やすし，かき混ぜやすい

2 エレクトロポレーション用コンピテントセルの作製

塩化カルシウム法に比べて簡単で失敗も少ない．トランスフォーメーションに費用がかかることを除けばコンピテンシーも高く，優れた方法である．

第5章-5　形質転換（トランスフォーメーション）◆ 101

準備するもの

◆1　器具・機械
　・振盪培養器　　　　　　　　　　・高速遠心分離機
　・500 mL遠心チューブ（滅菌）　　・40 mL遠心チューブ（滅菌）

◆2　試薬・試料
　・LB培地　　　　　　　　　　　　・滅菌冷超純水
　・滅菌冷10％グリセロール

プロトコール　　　約半日

❶ 大腸菌をまいたプレートより単一コロニーをとって，10 mLのLB培地に植え継ぎ，37℃で一晩振盪培養する（前培養）

❷ 2本の400 mL LB培地に4 mLずつ前培養した大腸菌を植え継ぎ，OD_{600}が0.5～0.8になるまで37℃で振盪培養する（2～4時間）

❸ この間に以下のものを冷やしておく[a]
　・500 mL遠心チューブ2本→on ice
　・40 mL遠心チューブ2本→on ice
　・1.5 mLエッペンチューブ60本→−20℃（作製日と菌名を油性ペンで書いておく）

[a] 注意する点は塩化カルシウム法と同じ．常に冷えた状態で行うことと，器具の滅菌に注意すること．

❹ 冷やしておいた500 mL遠心チューブに移し，そのまま氷上でさらに30分間冷却する

❺ 3,000 rpm（4,000 × g），0℃で15分間遠心する[b]

[b] これより先の遠心操作は，すべてブレーキなしで行う．

❻ 上清を捨て，冷超純水を300 mL/チューブ加え，氷中で静かに手で撹拌してペレットを溶かす

❼ 3,000 rpm（4,000 × g），0℃で15分間遠心し，上清を捨てる

❽ 上清を捨て，冷超純水を100 mL/チューブ加え，氷中で静かに手で撹拌してペレットを溶かす

❾ 3,000 rpm（4,000 × g），0℃で15分間遠心し，上清を捨てる

❿ 滅菌冷10％グリセロールを4 mLずつ加え，氷中で静かに手で撹拌してペレットを溶かし，前もって冷やしておいた40 mL遠心チューブに移す[c]

[c] この段階で1本にまとめる．

⓫ 5,000 rpm（1,000 × g），0℃で15分間遠心し，上清を捨てる

⓬ 滅菌冷10％グリセロールを2.4 mL加え，氷中で静かに手で撹拌してペ

レットを溶かす ⓓ

⬇

⓭ チューブを静かに撹拌して菌を均一にしてからあらかじめ冷やしておいたエッペンチューブに40 μLずつ分注し，−80℃フリーザーで凍結させ，そのまま保存する ⓔ

ⓓ 濃度が$1～3×10^{10}$ 細胞/mLになる．

ⓔ エレクトロポレーション用コンピテントセルの場合，凍結は急激にしない方がよいともいわれるので，液体窒素は用いない．少なくとも6カ月くらいはこのまま保存できる．

5-2 形質転換（トランスフォーメーション）

1 塩化カルシウム法によるコンピテントセルを用いた形質転換

コンピテントセルができたら，実際にプラスミドを導入し，コンピテンシー（受容能：細胞自体の外来DNA取り込み能力）を測定する．われわれの研究室ではコンピテンシーの測定を1 ngのpBR322を用いて行っている（したがって，コンピテンシーは出たコロニー数×1,000で表わされる）．以下のようにコンピテンシーをチェックしてから本実験を行う．

準備するもの

◆ 試薬・試料
・インキュベーター（37℃）
・SOC
・コンピテントセル
・プラスミドDNA溶液 ⓐ
・42℃の恒温水槽

プロトコール　　約1時間半

❶ コンピテントセル（100 μL/本）を氷上で溶かす ⓑⓒ

⬇

❷ プラスミドDNA溶液（＜20 μL）を静かに加える ⓓ

⬇

❸ そのまま氷上で30～60分放置 ⓔ

⬇

❹ 42℃の恒温水槽中で30～90秒インキュベートする ⓕ

⬇

❺ 速やかに氷上に移し ⓖ，2～3分間放置

⬇

❻ 900 μLのSOCを加え，37℃で30～60分インキュベートする ⓗ

⬇

❼ （第3章5 ③に従って）プレート上に塗り広げる ⓘ

2 エレクトロポレーション法による形質転換

細胞は高電圧の電気パルスによって電気ショックにさらされると，細胞壁に瞬間的に生じた穴を通じて外液からDNAを取り込む．これがエレクトロポレーション法の原理である．塩化カルシウム法に比べ100～1,000倍のコロニーを出すことができるが，導入するプラスミドDNA溶液から塩を除いておかないと，大量の電流が流れ火花が散り菌が死んで

ⓐ コンピテンシー測定用にはpBR322を0.1 μg/μL程度の濃度にして大量にストックしておき，必要に応じて希釈して使う．この場合だったら1,000倍に希釈して10 μL導入すればよい．ライゲーション後の溶液であれば，全量（20 μL）導入する（**第6章3**参照）．

ⓑ 1種類のDNAにつき，1本のコンピテントセル（塩化カルシウム法の場合100 μL入り）を使う．

ⓒ 手で温めないようにする．

ⓓ あまりピペッティングしない．氷中でチューブをかき回す程度で十分．

ⓔ プラスミドと大腸菌の接触時間は長い方がよい．

ⓕ 塩化カルシウムは小胞膜に作用し，膜の流動性を高め，さらにDNAを細胞表面に結合させるのに有効と考えられている．菌体内への取り込みは短時間の熱ショックによって促進されることが知られており，大切なステップである．

ⓖ 急速に冷やすこと．

ⓗ 薬剤耐性遺伝子の発現が目的で，大腸菌の増殖が目的ではないので，長すぎるのはよくない．

ⓘ 通常はこのうちの0.1 mLをプレートにまく（プレーティングする）が，ライゲーション後などコロニー数の見当がつかないときはプレーティングする量を少なくしたり，遠心して上清を捨てて菌の濃度を高くするなど工夫し，1プレートあたりにまく菌数を増やすなどの工夫をする．

しまうので，エタノール沈殿後の脱塩を念入りに行う．

準備するもの

◆1　器具・機械
- インキュベーター（37℃）
- ジーンパルサー（Bio-Rad社，図4）
- キュベット（専用のもの）

◆2　試薬・試料
- SOC
- コンピテントセル
- プラスミドDNA溶液[a]

ⓐ エタノール沈殿後，エタノールリンスにより脱塩し，超純水で5 pg/μLから0.5 ng/μLの濃度に溶かす．ライゲーション後の形質転換の場合は**第6章3**参照．

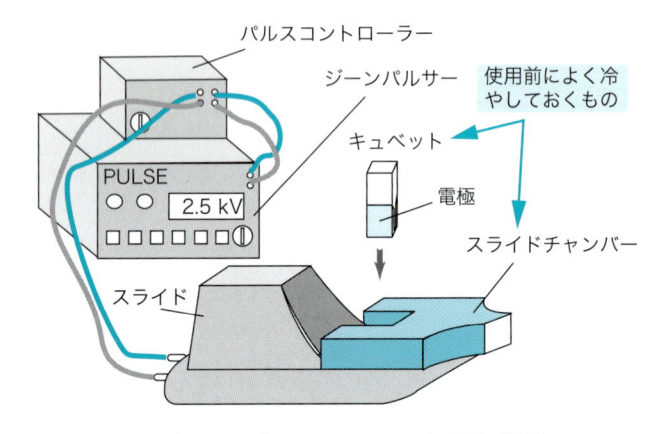

図4　エレクトロポレーションに必要な装置

プロトコール　　約50分

❶ コンピテントセル（40 μL）[b]を室温で溶かす

❷ コンピテントセルを氷上に移し，キュベットとスライドチャンバーも冷やす

❸ プラスミドDNA溶液を1〜2 μL加え，軽く混ぜ，氷上で5分放置する

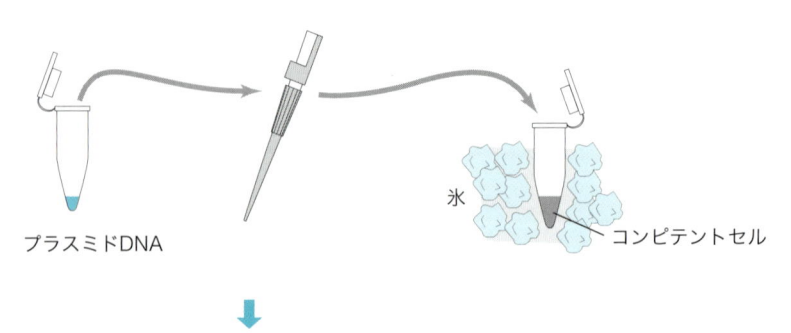

❹ 冷やしておいたキュベットに溶液を移し，軽く振って底に落とす

ⓑ 1種のDNAにつき，1本のコンピテントセル（エレクトロポレーション用の場合40 μL入り）を使う．

キュベット

氷

○ ×

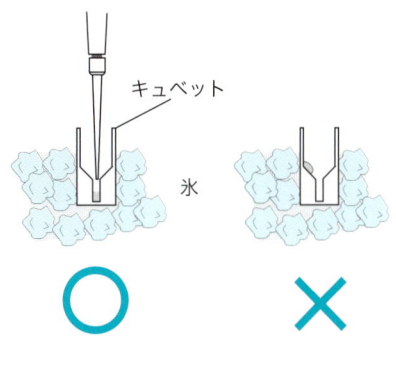

コンピテントセル + プラスミド
をキュベットの下まで落とす

❺ スライドチャンバーとキュベットをジーンパルサーにセットし，パルスを打つⓒ

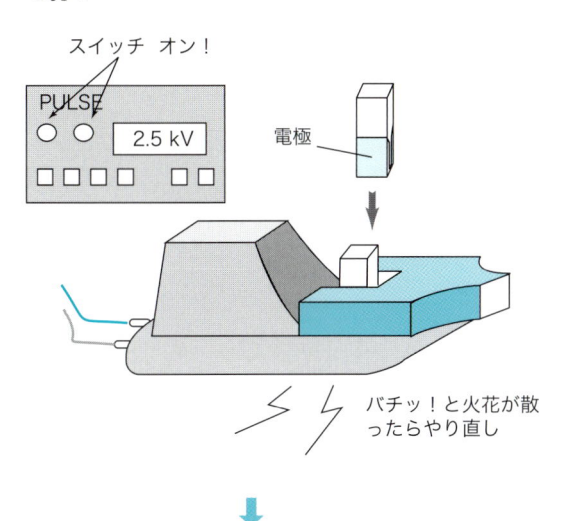

スイッチ オン！

PULSE
2.5 kV

電極

バチッ！と火花が散ったらやり直し

ⓒ パラメーター設定はジーンパルサーを25 μF，2.5 kVに，パルスコントローラーの方はコンピテントセルがJM109の場合600オーム，HB101の場合800オームにして行っている．またパルス後time constantが12以上であることを確認する（これ以下だと電流が流れすぎて菌が死んでいる可能性がある）．

❻ 速やかにSOCを1 mL加えピペッティングし，エッペンチューブに移し，37℃で30〜60分インキュベートする

❼ 以下**本章5−2**①塩化カルシウム法の❼に同じ

参考文献

1) Old, R. W. & Primrose, S. B : Principles of gene manipulation. 4th Ed., Blackwell Scientific Publications, 1989
2) Sambrook, J. et al. : Molecular Cloning. The Laboratory Manual. 2nd Ed., Cold Spring Harbor Laboratory Press, 1989
3) Ausbel, F. et al. : Current Protocols in Molecular Biology, Greene Publishing Associates and Wiley-Interscience, 1987
4) Ausubel, F. et al. : Current Protocols for Molecular Biology, Greene Publishing Associates and Wiley-Interscience, 1999
5)「ラボマニュアル遺伝子工学，第3版」（村松正實 編），丸善，1996
6)「改訂第4版 新 遺伝子工学ハンドブック」（村松正實，他 編），羊土社，2003

第6章

核酸の酵素処理
DNAを加工する

1 はじめに

中太智義

　遺伝子の機能や構造を解析するためには，DNAをさまざまな目的に応じたベクターに乗せ換えなければならない．その過程では，さまざまな酵素を用いてDNAを切ったり，つないだり，削ったり，修飾したりするなどの操作が必要である．この操作全体を**サブクローニング**（subcloning）とよび，分子生物学で必要不可欠な基本的技術である．まずこの章では，汎用する酵素の個々の使用法について述べ，サブクローニング全体については次章で解説する．

　サブクローニングにはさまざまな酵素を使用する．最初に，自分が行おうとしているサブクローニングに必要な酵素類を調べ，それらを準備しなければならない．これら酵素類は自分たちで調製する必要はなく，メーカーから市販されているので，適切な酵素を購入する．特に汎用する酵素は研究室に共用試薬として常備して，さらに使いきりそうになったら補充するようにしておくと，より迅速に実験を進められるので便利である．酵素を選択・購入する際は，メーカーのカタログに書いてある情報をもとに選ぶⓐ．さらに，至適反応条件などについても詳しく記載されているので，実験前にもメーカーのカタログをよく読んで実験を行うことが重要である．

　これら購入した酵素類は指示されたとおりの条件（主に－20℃，そのほか4℃や－80℃）で保存する．温度上昇は酵素類の失活につながるので，酵素用の冷蔵庫は自動的に霜取りしないタイプのものを選ぶⓑ．また同様の理由により，これら酵素は，通常のサンプルなどとは別にして，一カ所にまとめておくようにし，冷凍庫の頻繁な開閉を避けるようにする．酵素を使用する際は，酵素の入ったチューブを暖めないように素早く，短時間で行う．実際には，直接フリーザー内にあるチューブから使用量を反応系に加えて素早く戻す方法や，短時間にon iceで分注する方法で使用する．また，酵素用保冷ポータブルラックや金属製ブロックも販売されているので，酵素入りチューブをこれらキャリアーに立てた状態でフリーザー内に保存しておき，キャリアーごとチューブを直接取り出して使用してもよい．

ⓐ 実際，同じ酵素であればメーカー間での差異はほとんどない．ここで重要なことは，酵素の量と値段である．もちろん安ければそれにこしたことはないが，大きなサイズほど単価が安いからといって，必要以上に大きなサイズを買ってしまうと，使いきれないうちに失活を起こしてしまうなど，無駄になることがある．だいたい半年から1年のうちに使いきれる量を購入する．

ⓑ 停電時はどうすればよいのだろうか？ われわれは，短時間の停電ならばそのままにするか，保冷材をいくつか入れるようにしている．1日以上の長期停電の場合には，他の研究室と同様，ドライアイスをフリーザーに入れる．この際にドライアイスを酵素のそばに置かないように注意してほしい．酵素が凍り，失活してしまうからである．ドライアイスは酵素類の場所からなるべく遠く離れた位置に置くようにする．

2 制限酵素処理

中太智義

2-1 制限酵素とその特性

1 制限酵素とは

制限酵素 (restriction enzyme) は二本鎖DNAの3〜8ヌクレオチドからなる特異的配列 (**認識配列**) を識別し，二本鎖DNAを切断する**エンドヌクレアーゼ** (endonuclease) の総称である．これら制限酵素は，DNAに対する"はさみ"としてサブクローニングにおいて使用されており，遺伝子工学に不可欠な酵素となっている．

制限酵素は広く細菌類に分布しており，本来ファージなどの感染に対する防御機構として存在している．制限酵素には，相同な認識配列を認識してDNAを修飾する**修飾酵素**（主に**メチル化酵素**）が対になっており，認識配列の特定のヌクレオチドの修飾（メチル化など）により，制限酵素が認識配列を切断できなくなる[a]．細菌は，ファージなどのウイルスが感染すると，制限酵素が外来性ウイルスDNAを切断して攻撃する一方，対になった修飾酵素は常に自身ゲノムのDNA配列を修飾して自身の制限酵素による切断から防御している．この防御機構を，"**制限 (restriction)**"という．

酵素活性に必要な成分の要求性と切断様式の違いから，制限酵素はⅠ〜Ⅲ型に分類される．これらのうち，修飾酵素活性を単一分子内にもたないことや，反応にMg^{2+}のみを必要とすること，そして最も重要な点である認識配列に対して正確な位置（認識配列内もしくはごく近傍）でDNAを切断するといった性質から，Ⅱ型の制限酵素がサブクローニングにはよく使用されている[b]．

制限酵素が"どんな配列"を認識し，"どこで，どのように"，"どんな条件下で"切断するのかを確認することが重要であり，それを理解したうえで適切に使用する．

2 認識配列

認識配列は通常4〜8ヌクレオチド程度であり，多くの認識配列は，**パリンドローム（回文）**構造になっている（**図1A**）．例えば，*Eco*RⅠ[c]はGAATTCを認識する．また，認識配列に多少"あいまい"さをもつ制限酵素もある（**図1B**）．さらに異なる制限酵素であっても，相同な認識配列を有している場合もある．これらの酵素らは，**イソシゾマー** (isoschizomer) とよばれる（**図1C**）．また，相同な認識配列を有していても，異なる切断形状をとるものもあるし（**ネオシゾマー**：neoschizomerの関係という，**図1C**），認識配列は異なるものの，切断された部位が同じ形状になる場合（**図1D**）など，制限酵素にはさまざまなバリエーションが存在する．ちなみに，ある鎖長のDNAがあったとして，認識配列が長いほど，$(1/4)^n$ （n＝認識配列の長さ）の計算式より，その認識配列がDNA中に存在する確率は低くなる．

[a] メチル化酵素もサブクローニングに利用することがある．**本章4-2**，**第7章5-2**参照．

[b] ちなみに，Ⅰ型は反応にATP，S-アデノシルメチオニン，Mg^{2+}を必要とし，認識配列と切断部位は距離的に大きく離れており，切断部位は一定でない（例：*Eco*B，*Eco*K）．Ⅲ型は反応にATP・Mg^{2+}を必要とし，認識部位と切断部位は異なるが，特定の部位を切断する（例：*Eco*PⅠ，*Hinf*Ⅲ）．ともに修飾酵素活性を同一分子内に保有する．

[c] 酵素の名前には意味がある．例えば*Eco*RⅠは，大腸菌RY13株 (*Escherichia coli*, RY13) のもつ薬剤耐性プラスミド (Resistance Transfer Factor) 上に存在する酵素で1番目に発見されたため，こう名づけられている（下線部に注目）．

A) 認識配列とは（EcoRⅠ, NotⅠの例）

EcoRⅠ
切断
5'-NNNGAATTCNNN-3'
3'-NNNCTTAAGNNN-5'
認識配列（6塩基対）

NotⅠ
切断
5'-NNNGCGGCCGCNNN-3'
3'-NNNCGCCGGCGNNN-5'
認識配列（8塩基対）

"N"はどの塩基でもよい

B) 多少あいまいな認識配列（AvaⅠ, CpoⅠの例）

AvaⅠ
切断
5'-NNNCPyCGPuGNNN-3'
3'-NNNGPuGCPyCNNN-5'

ピリミジン(Py)とプリン(Pu)の塩基対であればよい
（ピリミジン：C or T）
（プリン　　：G or A）

CpoⅠ
切断
5'-NNNCGG A/T CCGNNN-3'
3'-NNNGCC T/A GGCNNN-5'

AもしくはTであればよい

C) イソシゾマー

Sau3AⅠ ←イソシゾマーの関係→ MboⅠ

Sau3AⅠ
切断
5'-NNNGATCNNN-3'
3'-NNNCTAGNNN-5'

MboⅠ
切断
5'-NNNGATCNNN-3'
3'-NNNCTAGNNN-5'

…ネオシゾマーの…関係

DpnⅠ
切断
5'-NNNGATCNNN-3'
3'-NNNCTAGNNN-5'

D) 生じた一本鎖の配列が同じになる酵素

SalⅠ
切断
5'-NNNGTCGACNNN-3'
3'-NNNCAGCTGNNN-5'

XhoⅠ
切断
5'-NNNCTCGAGNNN-3'
3'-NNNGAGCTCNNN-5'

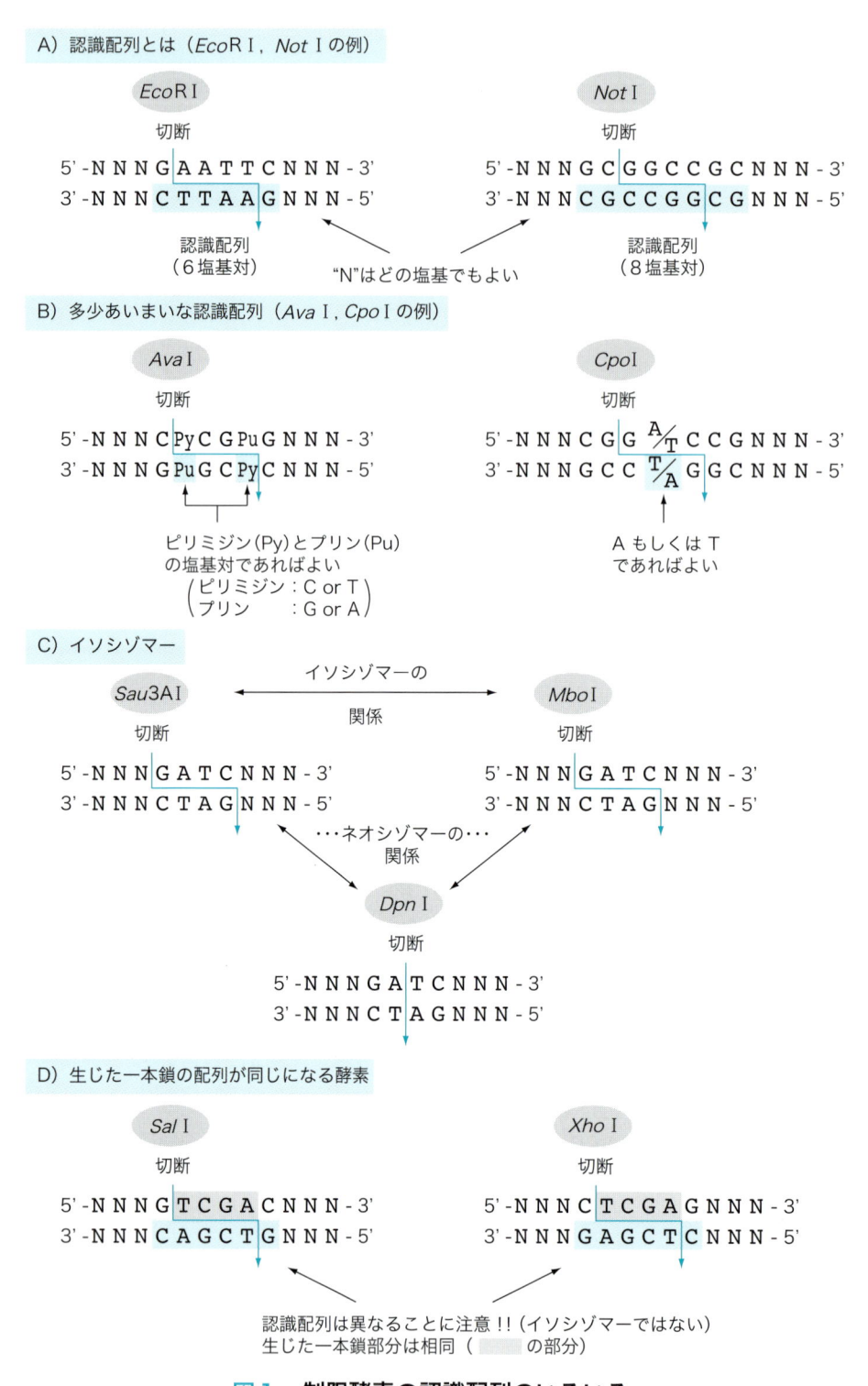

認識配列は異なることに注意!!（イソシゾマーではない）
生じた一本鎖部分は相同（　　　の部分）

図1　制限酵素の認識配列のいろいろ

3 断片末端の構造

　制限酵素により切断されたDNAは，**5'突出末端・平滑末端・3'突出末端**の3種類に分けることができる（**図2**）．切断されたDNAの5'末端は**リン酸基**が，3'末端は**水酸化基**が露出した状態になっている．これら末端形状は，ほかの酵素を使用する際にも，その効率に影響を与えることがあるので，注意が必要である．例えば，**ライゲーション反応**を行う

際[a]，突出末端は**付着性**あるいは**粘着性末端**（cohesive end, sticky end）とよばれ，平滑末端（blunt end, flush end）と比較して，その効率は格段によく，さらに突出末端のDNA長が長いほど効率がよい．通常，同一の制限酵素で切断したDNA断片ならば，水素結合により互いに結合（付着・粘着）できる．また例外として，異なる制限酵素で切断したDNA断片どうしでも，突出した一本鎖の塩基が相補的であれば再びつなぎあわせられる（図1D）．前述のイソシゾマーであれば再結合できるが，ネオシゾマーの場合は再結合できないことに注意が必要である．このような場合は，後の操作の効率などを考えて適切なものを選択する（図1C）．

[a] 第7章4参照.

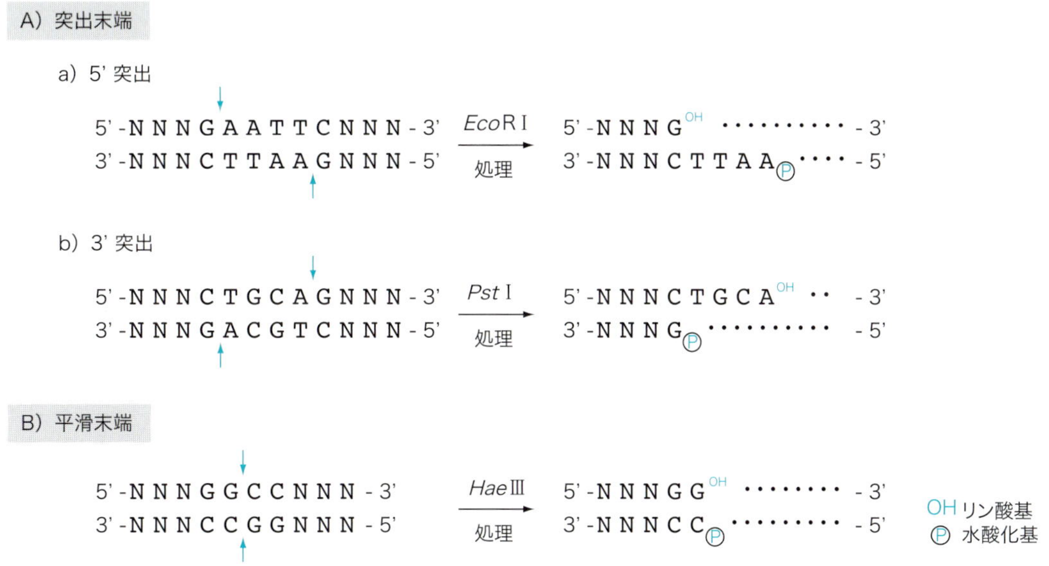

A）突出末端

a）5' 突出

```
5'-NNNGAATTCNNN-3'      EcoRI     5'-NNNG^OH ……… -3'
3'-NNNCTTAAGNNN-5'      処理       3'-NNNCTTAA_P …… -5'
```

b）3' 突出

```
5'-NNNCTGCAGNNN-3'      PstI      5'-NNNCTGCA^OH … -3'
3'-NNNGACGTCNNN-5'      処理       3'-NNNG_P ……… -5'
```

B）平滑末端

```
5'-NNNGGCCNNN-3'        HaeIII    5'-NNNGG^OH ……… -3'
3'-NNNCCGGNNN-5'        処理       3'-NNNCC_P ……… -5'
```

OH リン酸基
Ⓟ 水酸化基

図2 断片の構造

4 反応条件

通常，メーカーから制限酵素を購入すると，バッファーが添付されてくる．**添付バッファー**は通常10倍濃度であり，反応系に対してこれを1/10量加えれば，制限酵素が最適な条件下で反応（DNAを切断）するようになっている．メーカーにより異なるが，約5種類のバッファーが用意されており，これらでほぼすべての制限酵素に対応できる[b]．異なる制限酵素に対してある特定のバッファーを使用する理由は，主に**塩濃度**に依存して制限酵素の活性が決定されるからであり，添付バッファー中の注意すべき相違点は塩濃度である（タカラバイオ社の例を示す，表1）．実際に実験を行う際は，単純に指定された添付バッファーを使用するのではなく，そのバッファー成分に目を通しておく必要があり，そのことを知っていることが実験系の簡略化になることがある[c]．

次に，**反応温度**についても最適な条件がメーカーより指定されていることがある．ほとんどの制限酵素は37℃で最大の活性を示すが，なかにはそれ以外の温度で働く酵素もあるので注意が必要である（表2）．

[b] 制限酵素の反応系に対して，指定された10×バッファーのみを加えればよいわけではない．そのほか，1/10量の0.1% BSAや0.1% Triton X-100などを加えなければならない場合もあり，注意が必要である．それらも，購入した際に添付されてくる．また，これらの簡略化したバッファーシステムでは対応できない制限酵素もあり，そのような制限酵素には専用のバッファー（basal buffer）が添付されてくる．

[c] 詳しくは**本章2-2②**を参照．

表1　バッファーの組成

	10×L	10×M	10×H	10×K
Tris-HCl	100 mM (pH 7.5)	100 mM (pH 7.5)	100 mM (pH 7.5)	100 mM (pH 8.5)
MgCl₂	100 mM	100 mM	100 mM	100 mM
DTT	10 mM	10 mM	10 mM	10 mM
NaCl	–	500 mM	1000 mM	–
KCl	–	–	–	100 mM

	10×T
Tris-acetate	330 mM (pH 7.9)
Mg-acetate	100 mM
DTT	5 mM
K-acetate	660 mM

ここの違いに注目！！

この他，必要に応じて安定化剤としての1/10量の0.1% BSA, 0.1% TritonX-100を加えることもある

表2　さまざまな酵素の反応至適温度

温度（℃）	酵素名
30	*Bam*H I　*Bsp*1286 I　*Cla* I　*Cpo* I　*Fse* I　*Sma* I
45	*Bst* XII
50	*Bss*H II
55	*Spl* I
60	*Acc* III　*Bst* P I
65	*Tth* HB8 I　*Tth* 111 I

（下線の酵素は37℃でもOK）

2-2　制限酵素反応の実際

1　基本的な反応

ここではpBluescript II SK⁺の*Eco*R I による切断を例に基本的な制限酵素反応を行ってみる．

準備するもの

アガロース電気泳動を行うための試薬と装置一式[a]および以下の器具，試薬

[a] 第8章参照．

◆1　器具
- 37℃恒温槽（もしくは37℃エアーインキュベーター）

◆2　試薬
- pBluescript II SK⁺
- 超純水
- *Eco*R I [b]
- 添付10×Hバッファー
    500 mM Tris-HCl（pH 7.5）
    100 mM MgCl₂
    10 mM Dithiothreitol
    1,000 mM NaCl

[b] タカラバイオ社の製品を使用．

プロトコール　⏲ 2.5時間

❶ 試薬を以下の順番に混ぜる ⓒ

超純水	40 μL
DNA（SK⁺）ⓓ	4 μL（2 μg相当）ⓔ
10×添付バッファー	5 μL
*Eco*R I	1 μL（8 unit相当）ⓕⓖ
total	50 μL

⬇

❷ ピペッティングで穏やかに混ぜる ⓗ

⬇

❸ 37℃，1時間 ⓘ インキュベート

⬇

❹ 反応液から一部（1～4 μL）を抜き取り，アガロース電気泳動（第8章参照）により，DNAの切断を確認する（図3）

⬇

❺ 残りの反応液を次の操作に使用する

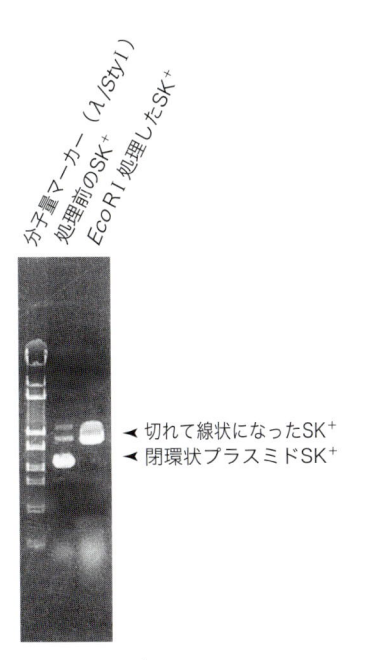

図3　SK⁺の*Eco*R I 処理

（分子量マーカー（λ/StyI），処理前のSK⁺，*Eco*R I 処理したSK⁺）
◀ 切れて線状になったSK⁺
◀ 閉環状プラスミドSK⁺

ⓒ 制限酵素に限らず酵素は高価なので，途中で失敗してもよいように，最後に加える．決して暖めないように！また，なるべく節約して使うこと．

ⓓ 以降，pBluescript II SK⁺をSK⁺と略す．

ⓔ 反応系に加えられるDNAは，最大200 μg/mLまで可能であるが，経験的に50 μg/mL以下の濃度で切断すると切れ残りが少ないように思われる．切れ残りが望ましくないベクターの調整（第7章3参照）などの制限酵素処理の際には，薄めの濃度で処理することをおすすめする．

ⓕ 酵素の活性はunit（単位）で定義されている．制限酵素の場合，1 μgの基質DNAを1時間で完全に切断できる量を1 unitとしている．これを目安にして反応系に加える酵素量を決定するのだが，DNAの構造や精製度によっては条件通りに切れないことがある．したがって時間は長めに，そして酵素量は少し多めにする方が，失敗の可能性は減る．

ⓖ 反応系に加えられる酵素は，全体の1/10容量までである（本章2-2❸，74ページ参照）．

ⓗ 凍結・および失活防止のため，制限酵素に限らず，市販の酵素溶液にはグリセロールが添加してある．したがって，酵素液を最後に加えただけではチューブの底に沈んでしまう．そこで混ぜなければならないのだが，ピペッティングにより穏やかに混ぜるようにする．ボルテックスなどによる乱暴な懸濁は，酵素の失活を招くので行わない．

ⓘ 反応時間は実験による．簡易的なインサートチェックなど（第7章-7参照）であれば短時間でもかまわないが，切れ残りを極力避けたいようなときは，時間を長めに設定する．しかしながら，恒温水槽で長時間反応させると，外気とチューブ内の温度差により反応液中の水分がフタへ結露し，反応の組成が変化してスター活性の原因となることがある（本章2-2❸参照）．したがって長時間の場合はエアーインキュベーターなどで反応させるようにする．ただし短時間（1時間以下）のときは，エアーインキュベーターは，実際にチューブの温度が設定温度に達するまでに時間がかかってしまうので避ける．ヒートリッド装備タイプのPCR用のサーマルサイクラーで反応させてもよい．

第6章　核酸の酵素処理

第6章-2　制限酵素処理　◆　111

2 異なる制限酵素で切断する場合

以下の3通りの条件が考えられる．
1) 異なる酵素が同じバッファー条件でよいとき[a]
   → 酵素を同時に加えればよい
2) 異なる酵素が異なるバッファー条件のとき
   → 1つめの酵素で処理後，DNAを精製した後に[b]，2つめの酵素で処理する
3) 異なるバッファー条件でも，低塩濃度と高塩濃度バッファーの組合わせのとき
   → 低塩濃度の条件下の酵素で処理後，そのまま高塩濃度バッファーを直接加え，反応系を大きくして2つめの酵素で処理する

pBluescript SK$^+$の*Apa* I・*Eco*R I による切断を例にして，3) のパターンの実際の実験を示す．

準備するもの

アガロース電気泳動を行うための試薬と装置一式[c]および以下の器具，試薬

◆1 器具
- 65℃と37℃恒温槽（もしくは37℃エアーインキュベーター）

◆2 試薬
- pBluescript SK$^+$
- 超純水
- *Eco*R I [d]
- *Apa* I [d]
- 添付10×Lバッファー
    500 mM Tris-HCl（pH 7.5）
    100 mM MgCl$_2$
    10 mM Dithiothreitol
- 添付10×Hバッファー
    500 mM Tris-HCl（pH 7.5）
    100 mM MgCl$_2$
    10 mM Dithiothreitol
    1,000 mM NaCl

プロトコール 4時間

❶ 反応1（低塩濃度条件）
超純水	15 μL
DNA（SK$^+$）	2 μL（1 μg相当）
添付10×Lバッファー	2 μL
Apa I	1 μL（8 unit相当）
total	20 μL

---

[a] 酵素によっては添付バッファーでなくても，十分な活性を示すことがある（そのデータはカタログに載っている）．例えば，タカラバイオ社の*Hind* III酵素には，10×Mバッファーが添付されてくるが，10×Kバッファーでも十分な活性（Mバッファーを使用したときの2倍の活性）を発揮する．異なる酵素を組合わせて使う際は，別のバッファーでも使えるか確認してみるとよく，ともすれば実験の簡略化につながる．2種類の制限酵素で切断する場合には，タカラバイオ社のhttp://catalog.takara-bio.co.jp/product/basic_info.asp?catcd=B1000359&subcatcd=B1000360&unitid=U100003257や，NEB社のhttp://www.neb.com/nebecomm/DoubleDigestCalculator.asp?などを用いて調べると簡単に二種類の酵素の同時切断に最適なバッファーを探すことができる．

[b] 筆者はQiagen社のQIAquick PCR purification kitなどを用いている．

[c] 第8章参照．

[d] タカラバイオ社のものを使用．

❷ 37℃，1時間インキュベート[e]

❸ 65℃，10分処理し，酵素を失活させる

❹ 反応2（高塩濃度条件）
  超純水　　　　　　　　　24 μL
  反応1液　　　　　　　　 20 μL
  添付10×Hバッファー　　　 5 μL
  EcoRⅠ　　　　　　　　　 1 μL（8 unit相当）
  total　　　　　　　　　　50 μL

❺ 37℃，1時間インキュベート[e]

❻ 反応液から一部（1～4μL）を抜き取り，アガロース電気泳動（第8章参照）により，DNAの切断を確認する（図4）

❼ 残りの反応液を次の操作に使用する

[e] オーバーナイトのときは，エアーインキュベーターを使用．

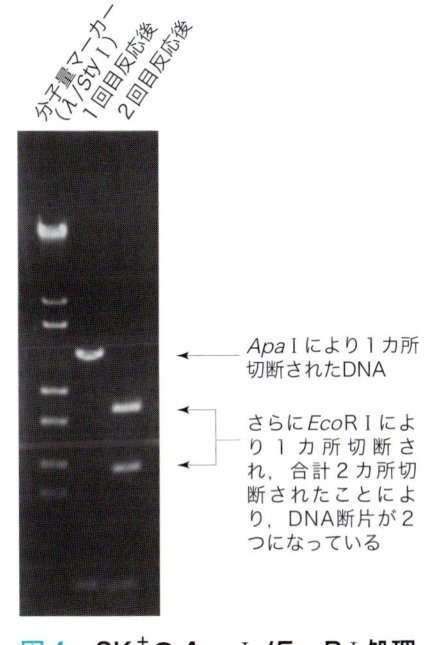

ApaⅠにより1カ所切断されたDNA

さらにEcoRⅠにより1カ所切断され，合計2カ所切断されたことにより，DNA断片が2つになっている

図4　SK⁺のApaⅠ/EcoRⅠ処理

3 その他の注意点

1）DNAの純度

一般的に純度の高い（タンパク質やRNAの混入が少ない）DNAの方が，制限酵素が効率よく働きやすい．これは制限酵素に限らず，サブクローニングに使用する多くの酵素にいえることである．予想したとおり効率よくDNAが切れない場合は，**フェノール抽出・エタノール沈殿**などを行い，DNAの純度を上げてみるとよい．

2）DNAのメチル化

制限酵素は，ペアになっている修飾酵素（**メチル化酵素**）により，認識配列中の特定のヌクレオチドがメチル化されると，切断できなくなることは前述した（**本章2-1**参照）．一方，汎用するほとんどの宿主大腸菌株は，固有のメチル化酵素をもっている．それが**dam メチラーゼ**と**dcm メチラーゼ**である．damメチラーゼは，5'GATC3'のアデニン（A）をメチル化し，dcmメチラーゼは，5'CCAGG3'と5'CCTGG3'のシトシン（C）をメチル化する．これらメチル化の生じる配列が制限酵素の認識配列内に含まれると，その制限酵素は認識配列を切断できなくなることがある．表3にdamメチラーゼとdcmメチラーゼにより影響を受ける制限酵素を示す．こういった場合，メチラーゼ欠損株（dcm⁻かdam⁻）を宿主大腸菌〔SCS110（アジレント・テクノロジー社），HST04（タカラバイオ社）など〕として調整したプラスミドを用いるか，メチラーゼにより影響を受けない酵素を使用する．例えばMboⅠとSau3AⅠはイソシゾマーの関係（**本章2-1** ②，図1C参照）だが，damメチラーゼによりMboⅠのみが影響を受けるので，このような場合にはSau3AⅠを使用するようにする（表3）．

表3 メチラーゼにより影響を受ける制限酵素

*dam*メチラーゼの影響を受ける制限酵素

酵素名	認識配列とメチル化部位	影響を受ける確率
Acc I	T↓CCGG^{6m}A	1/16
Cla I	AT↓CG^{6m}AT	1/4
Fba I	T↓GATC^{6m}A	1
Mbo I	↓G^{6m}ATC	1
Mbo II	GAAG^{6m}ANNNNNNN↓N↓	1/16
Mfl I	(A/G)↓G^{6m}ATC(T/C)	1
Nru I	TCG↓CG^{6m}A	1/16
*Tth*B8I	T↓CG^{6m}A	1/16
Xba I	T↓CTAG^{6m}A	1/16

*dam*メチラーゼサイトを含んでいても全く影響を受けない制限酵素

酵素名	認識配列	
Bam HI	G↓G^{6m}ATCC	0
Bgl I	A↓G^{6m}ATCT	0
Pvu I	CG^{6m}AT↓CG	0
Sau 3AI	↓G^{6m}ATC	0

*dcm*メチラーゼの影響を受ける制限酵素

酵素名	認識配列とメチル化部位	影響を受ける確率
Apa I	GGGCC↓^{5m}C	1/64
Ava II	G↓G(A/T)C^{5m}C	1/64
Bal I	TGG↓C^{5m}CA	1/16
Cfr 13I	G↓GNC^{5m}C	1/64
Eae I	(T/C)↓GGC C(A/G)	1/32
*Eco*O109I	(A/G)G↓GNC^{5m}C(T/C)	1/32
Sfi I	GGC^{5m}CNNNN↓NGGCC	1/64
Stu I	AGG↓C^{5m}CT	1/16
Van 91I	C^{5m}CANNNN↓NTGG	1/16
*Vpa*K11BI	G↓G(A/T)C^{5m}C	1/64

*dcm*メチラーゼサイトを含んでいても全く影響を受けない制限酵素

酵素名	認識配列	
Mva I	C^{5m}C↓(A/T)GG	0

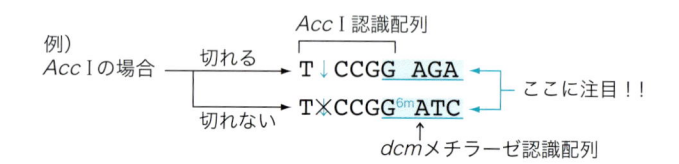

↓：切断部位
^{6m}A, ^{5m}C：メチル化される塩基

- 影響を受ける確率が1（100％）の酵素は，一般的な大腸菌由来のDNAは常に切断できない
- 影響を受ける確率が0より大きく1未満の酵素は，認識配列の後に続く配列，もしくはNの塩基配列によっては切断できなくなる

例）*Acc* Iの場合 → 切れる → T↓CCGG AGA　*Acc* I認識配列
　　　　　　　　　→ 切れない → T✕CCGG^{6m}ATC ← ここに注目！！
　　　　　　　　　　　　　　　　　　　　*dcm*メチラーゼ認識配列

3）スター活性（star activity）

　スター活性とは，制限酵素の認識配列特異性がゆるみ，似ている配列を切断してしまうことをいう．スター活性は，高濃度グリセロール・高pH・低および高イオン濃度や，2-メルカプトエタノール・DMSO・マンガンイオン存在下で起きてしまう．制限酵素は通常，50％グリセロールを含む溶液として，メーカーから販売されている．目安として反応系に対して，1/10以上の酵素溶液の添加は，高濃度グリセロール条件にならないようにするためにも，避けた方がよい．また，少量の反応系を長時間にわたって，恒温槽につけておくと，チューブ内と外気の温度差によりフタに水滴が結露してしまい，反応液の水分が蒸発して反応系の成分が濃縮され，スター活性が起きる危険性がある．したがって，長時間処理を行う際には，

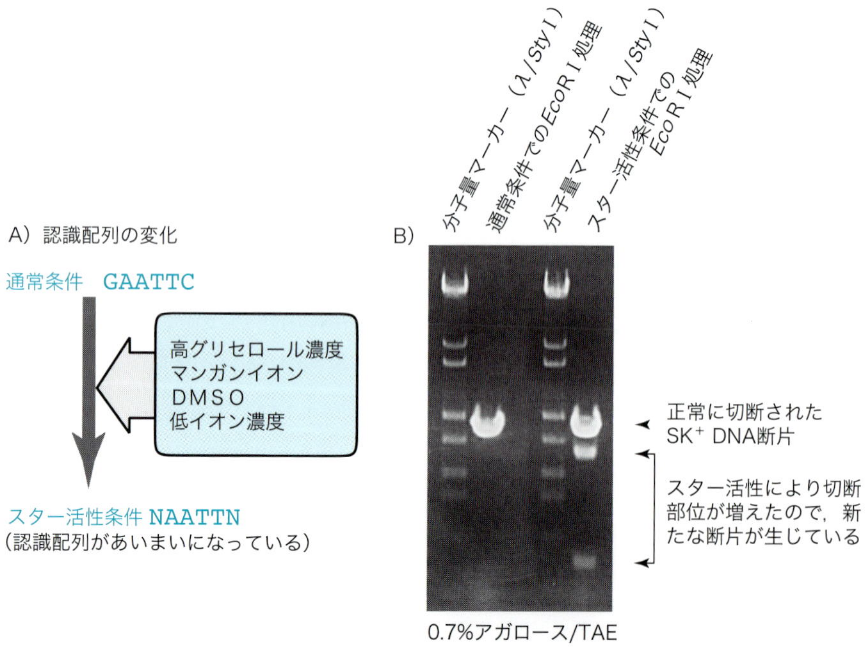

A) 認識配列の変化

通常条件　GAATTC
↓（高グリセロール濃度／マンガンイオン／DMSO／低イオン濃度）
スター活性条件　NAATTN
（認識配列があいまいになっている）

B) 分子量マーカー（λ/*Sty*I）／通常条件での*Eco*RI処理／分子量マーカー（λ/*Sty*I）／スター活性条件での*Eco*RI処理

0.7％アガロース/TAE

正常に切断されたSK$^+$ DNA断片
スター活性により切断部位が増えたので，新たな断片が生じている

図5　*Eco*R Iのスター活性
A) *Eco*R Iがスター活性を示す条件と認識配列の変化
B) *Eco*R Iのスター活性により，DNAの切断パターンに変化が出た例（KS$^+$を通常条件下およびスター活性条件下で処理したものをアガロースゲル電気泳動したもの）

エアーインキュベーターやヒートリッドタイプのPCR用サーマルサイクラーなどを利用し，結露が生じないようにすることも必要である．図5に*Eco*R I を例として，スター活性が起きる条件とそれによる影響を示す．

2-3 DNAをマッピングする

遺伝子をPCRによりクローニングしたり，スクリーニングにより取得した後，まず何をするのか．通常，得られたクローンの制限酵素切断部位を確認しておく．この操作を，「制限酵素地図をつくる=**マッピングする**」という．この操作をしておくと，内部で切断した部分長クローンをサブクローニングにより他のベクターに乗せ換えて，後にシークエンスをしたり欠失変異体を作製する際，どの制限酵素を使用すればどれくらいの長さの断片が切り出されるか把握でき，実験計画を立てやすくなるのである[a]．

どの酵素のマップをつくるかはその後の実験にもよるが，A）汎用（研究室常備）制限酵素，B）プラスミドベクターに組込まれている場合は**マルチクローニングサイト**（multi-cloning site：**MCS**，第5章1−2参照）にある制限酵素，のどちらかを行っておけばよい．以下にB）の例を示す．

KS⁻[b]/*Eco*R I 部位に組込まれた2.4 kbの遺伝子（X）のマッピング

準備するもの

アガロース電気泳動を行うための試薬と装置一式[c]および以下の器具，試薬

◆1 器具
・37℃恒温槽（もしくは37℃エアーインキュベーター）

◆2 試薬
・マッピングするプラスミドDNA
・超純水
・制限酵素と添付10×バッファー[d]
・添付10×BSA溶液

プロトコール　3時間

KS⁻のMCSにある以下に示した15種類の制限酵素により，それぞれ1 μL（0.4 μg相当）のDNAを20 μLの系で切断する．もちろん別々のチューブで行う．カッコ内は使用するバッファーを示す．

Apa I（L），*Bam*H I（K），*Bst*X I（H），*Cla* I（M），*Eco*R I（H），*Eco*RV（H），*Hin*dⅢ（M），*Kpn* I（L），*Pst* I（H），*Sac* I（L），*Sal* I（H），*Sma* I（T＋BSA），*Spe* I（M），*Xba* I（T＋BSA），*Xho* I（K）

[a] 近年はDNAシーケンス反応を簡便/安価に行うことができるので，マッピングを行うことはまれであり，全長DNA配列をシーケンス反応により決定し，制限酵素切断部位を同定することが一般的である．既知の遺伝子であれば，配列情報はデータベースにも登録されているので，それを基に制限酵素切断部位を知ることができる．

[b] 以降，pBluescriptⅡKS⁻をKS⁻と略す．

[c] 第8章参照．

[d] タカラバイオ社のものを使用．

❶ 試薬を混ぜる

超純水	16 μL ⓔ
DNA	1 μL（0.4 μg相当）
10×添付バッファー	2 μL
各酵素	1 μL
total	20 μL

ⓔ バッファー以外にBSAを2 μL加える場合は、超純水を14 μLにする．

❷ 37℃，1時間インキュベート ⓕ

ⓕ オーバーナイトのときは、エアーインキュベーターを使用．

❸ 反応液10 μLを，アガロース電気泳動する（図6）

❹ 電気泳動の結果より，切断部位数と生成した断片の長さを求める（表4）

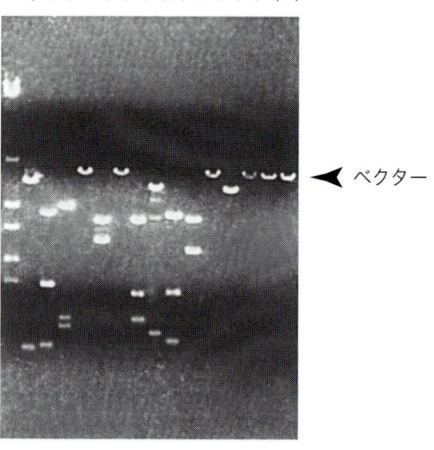

図6 X/SK⁻EcoRⅠsiteの各種制限酵素処理結果
左端のλStyⅠは分子量マーカー

表4 X/KS⁻EcoRⅠsiteの各種制限酵素処理による切断部位数と産生断片長

酵素	切断部位数	断片の長さ（kb）		
ApaI	2	4.8	0.6	
BamHI	3	3.5	1.3	0.6
BstXI	3	3.7	0.9	0.8
ClaI	1	5.4		
EcoRI	2	3.0	2.4	
EcoRV	1	5.4		
HindIII	3	3.4	1.2	0.9
KpnI	2	4.4	0.7	
PstI	3	3.5	1.3	0.6
SacI	2	3.4	2.0	
SalI	1	5.4		
SmaI	2	4.6	0.8	
SpeI	1	5.4		
XbaI	1	5.4		
XhoI	1	5.4		

❺ マッピングをする．以下のように考え，図を書きながら切断部位を同定する（図7）

A. 生成断片数：1（切断部位：1）
→MCSのみ切断．遺伝子Xには切断部位なし

B. 生成断片数：2（切断部位：2）
→MCSと遺伝子Xにそれぞれ切断部位が1カ所ずつ存在．断片の長さよりX内の切断部位を同定する

C. 生成断片数：3以上（切断部位：3以上）
→遺伝子Xに切断部位が2カ所以上存在．切断部位の同定は難しい．ただし，2種類の制限酵素を上手く組合わせれば（CとBのタイプの制限酵素の組合わせなど），同定することもできる

下線の引いてある酵素は，切断部位が確定できる酵素（つまり，2断片生成する酵素のこと）

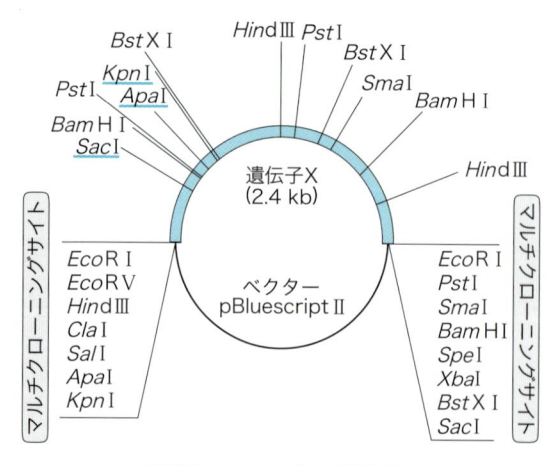

図7 マッピング結果

3 リガーゼ

中太智義

　DNAを切断する"はさみ"である制限酵素に対し，"のり"として使用され，DNAどうしもしくはRNAどうしをつなぎ合わせる（ライゲーション）酵素が，**リガーゼ（ligase）**である．サブクローニングでは，DNAどうしを結合させる**DNAリガーゼ**が使われる．一本鎖DNAどうし，一本鎖RNAどうしの連結にはRNAリガーゼを用いる．ここでは，サブクローニングに汎用されるDNAリガーゼについて説明する．

3-1　DNAリガーゼ

　DNAリガーゼは，二本鎖DNAの5'リン酸基末端と3'水酸基末端をつなぎ合わせ，**ホスホジエステル結合**の形成を触媒する酵素である．バクテリオファージT4由来DNAリガーゼ（T4 DNAリガーゼ）と大腸菌由来DNAリガーゼ（*E. coli* DNAリガーゼ）が市販されている．*E. coli* DNAリガーゼは平滑末端のリガーゼ効率が非常に低いので，主にT4 DNAリガーゼが汎用されている．

　T4 DNAリガーゼは，
1) ベクターへのインサートDNAの組込み
2) DNA断片へのリンカーおよびアダプターDNAの結合

に使用する[a]．

[a] 実際の反応については**第7章4**を参照．

3-2　T4 DNAリガーゼの性質

1) リン酸化5'末端

　DNAリガーゼは，二本鎖DNAの**5'リン酸基末端**と**3'水酸基末端**を連結する反応を触媒することは，前項で述べた．したがって，連結する二本鎖DNAの5'末端はリン酸化されている必要がある．しかし，連結する二本鎖DNAの片方の5'末端がリン酸化されていれば，そのDNA2分子を結合させることができるのである（**第7章3-2**参照）．ただし，この際にリン酸化されていない5'OH末端と3'OH末端間にはホスホジエステル結合は形成されないことに注意してほしい．

2) 連結する末端の形状

　連結するDNA末端が突出末端である場合は，その突出したDNA配列はアニーリングできるように相補的でなければならない．したがって同じ制限酵素で切断したDNAどうしか，切断後構造が同様の制限酵素で切断したDNAどうしである必要がある（**図8 B**）．平滑末端をもつDNAどうしであれば，これらのことを気にする必要はなく，常に連結可能である（**図8 A**）．

　また末端形状により，ライゲーション効率に差がある．突出末端は，DNAどうしがアニーリングすることによりリガーゼが作用する機会が増すので，平滑末端より効率がかなりよく，サブクローニングの際には平滑末端同士のライゲーションはできるだけ避けた方がよい．また，突出末端における一本鎖部分の核酸数が多いほど効率はよい．さらに突出末端間や平滑末端間でも末端塩基配列の違いにより効率が異なり，以下のような傾向がある．

　　突出末端：*Hind*III > *Pst*I > *Eco*RI > *Bam*HIII > *Sal*I
　　　　　　（*Hind*III siteは*Sal*I siteの10～40倍）
　　平滑末端：*Hae*III > *Alu*I > *Hinc*II > *Sma*I
　　　　　　（*Hae*III siteは*Sma*I siteの5～10倍）[b]

[b] タカラバイオ社のカタログを参照．

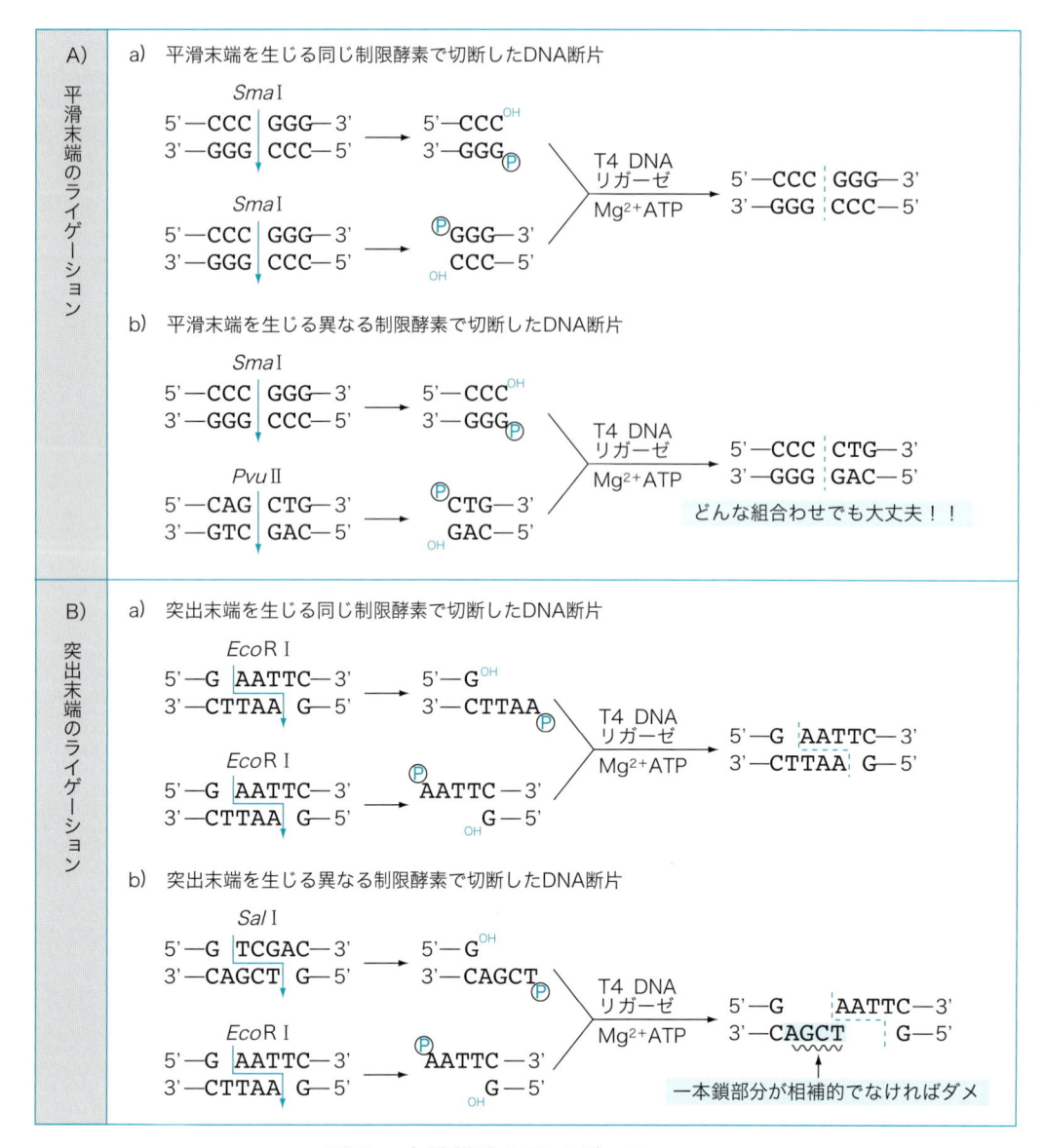

図8 末端構造とライゲーション

3-3 キットについて

　近年のリガーゼは活性が高く，自身で反応系を組んでも問題はない．筆者はNEB社のリガーゼを汎用している．しかし，メーカーより販売されている便利なキットを使ってもよいし，特殊なライゲーション（例えば非常に長いDNA同士のライゲーションなど）にはキットを使用した方がよい場合もある．ここではいくつかを紹介する．くわしい反応系についてはキット添付の取扱説明書を参考にしてほしい．

A) DNA Ligation Kit Ver 1（タカラバイオ社 #6021），Ver 2（タカラバイオ社 #6022），50回分

　このキットはライゲーションを行うためのバッファーやATP，リガーゼがすでに溶液に含まれており，それらを混ぜるだけでライゲーションを行える．すべてのライゲーション反応を30分以内で終了することが可能になっている．

B）Rapid DNA Ligation Kit（ロシュ・ダイアグノスティックス社 #1-635-379，40回分）

このキットにはバッファー2種類とリガーゼが含まれている．DNAのほかに必要な試薬はなく，混ぜるだけでライゲーションを行える．すべてのライゲーションが室温，5分という早さで可能となっている．

C）pGEM-T Easy Vector Systems（Promega社 #A1360）

PCR反応産物の3'末端には配列非依存的に，アデニン（A）の突出末端が形成されることを利用して，PCRにより増幅された産物を直接ベクターに組込むキットである．このキットには切断済みのベクターとリガーゼなどが含まれている．PCRによる遺伝子のクローニング後や，部分欠失クローンを作製したりするのに便利である．

D）DNA ligation kit LONG（タカラバイオ社）

非常に長いDNAのライゲーションに最適化されたキット．特にインサートDNAが長く（5 kb以上），かつベクターより長い場合に有効である．

4 DNA修飾酵素

中太智義

4-1 アルカリホスファターゼ（alkaline phosphatase）

すべてのリン酸モノエステル結合を加水分解する酵素である．リン酸ジエステルおよびトリエステル結合は分解しない．DNA，RNAおよびアミノ酸のリン酸基が基質となりうるが，サブクローニングにおいては，主にDNAの5'末端のリン酸基を除く（**脱リン酸化**する）ことに使用される（図9）．この酵素は名前にある通り，アルカリ条件下において至適活性を有している．現在，数種類の酵素が市販されているが，主に使用されているのは**BAP**（Bacterial alkaline phosphatase）と**CIAP**（Calf Intestine alkaline phosphatase）である．これらは，性質上ほぼ同じであるが，至適温度と熱に対する耐性が異なる．BAPは60～65℃で最大の活性をもち，CIAPは通常37℃で使用する．BAPは非常に安定性のある酵素であり，100℃でも失活しない．CIAPは65℃・30分でほぼ失活するが，条件によっては不十分な場合もある．したがって，アルカリホスファターゼを使用した後は，次のステップに影響を与えないためにも，適切な方法で除去する．筆者はある利点から，CIAPを汎用している．（第7章3-2参照）．

〈用途〉
- セルフライゲーションを防ぐためのベクターDNAフラグメントの脱リン酸化[a]
- 5'末端標識のための前処理[b]

[a] 第7章3参照．
[b] 下巻第2章2参照．

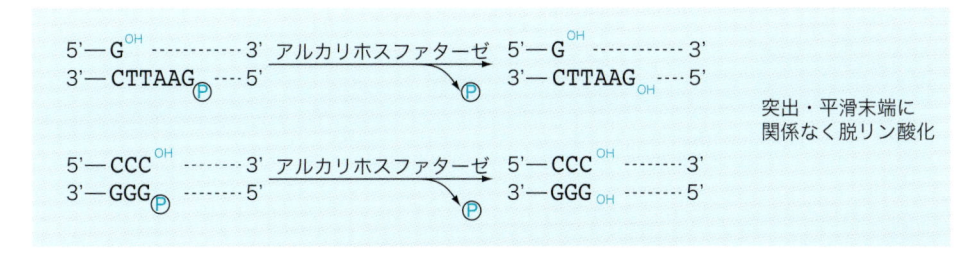

図9　DNA 5'末端の脱リン酸化

4-2 DNAメチラーゼ（DNA methylase）[a]

制限酵素は同様の配列を認識し，修飾する修飾酵素と対になっていることは以前に述べた．この修飾酵素の1つが**DNAメチラーゼ**である．DNAメチラーゼは認識配列を認識し，**A（アデニン）**もしくは**C（シトシン）**をメチル化（-CH₃）する．この結果，対になっている制限酵素は，相同の認識配列を切断できなくなる．またメチラーゼは，対になっている制限酵素（例えば*Eco*RIメチラーゼであれば*Eco*RI）だけではなく，その認識配列に続く配列によってはその他の制限酵素の切断にも影響を与えることがある．さらに認識配列中の特定の塩基がすでにメチル化されているとメチル化できないことがある．ここでは*Bam*HIメチラーゼ（M.*Bam*HI）を例にとり，認識配列と制限酵素との関係について要約してみる（図10）．

[a] 現在，いくつかの制限酵素と同様の認識配列をもつメチル化酵素が市販されている．

〈用途〉
・ベクターにDNAを組込む際に，リンカーを使いたいが，リンカーを切断する制限酵素の認識配列がインサートDNA内にもあったとき，メチル化によりあらかじめ組込みたいDNAの制限酵素部位をメチル化しておき，その後リンカーを連結し，制限酵素処理を行えば，

A）*Bam*HI メチラーゼの認識配列

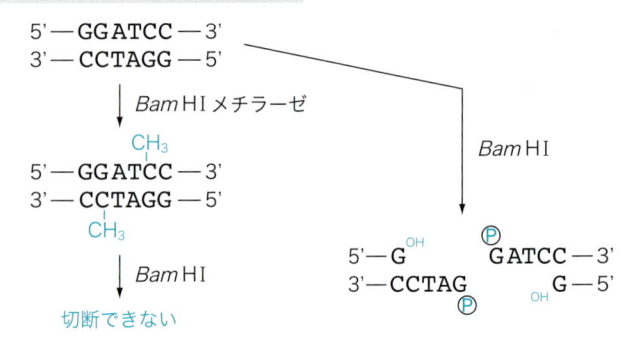

```
5'—GGATCC—3'
3'—CCTAGG—5'
    ↓ BamHIメチラーゼ
    CH₃
5'—GGATCC—3'
3'—CCTAGG—5'
    CH₃
    ↓ BamHI
  切断できない
```

*Bam*HI →
```
5'—G^OH      (P)GATCC—3'
3'—CCTAG(P)     ^OH G—5'
```

B）*Bam*HI メチラーゼに対するメチル化の影響

メチラーゼ処理前認識配列	*Bam*HIメチラーゼ処理の可否	処理後	制限酵素 *Bam*HIによる切断の可否
GGATCC（非メチル化）	○	GGAT⁴ᵐCC	×
GG⁶ᵐATCC（アデニンメチル化）※1	○	GG⁶ᵐAT⁴ᵐCC	×
GGATC⁵ᵐC（シトシンメチル化）※2	×	GGATC⁵ᵐC（メチル化されない）	○

※1：*dam*メチラーゼなどによる
※2：*dcm*メチラーゼなどによる
※1※2：いずれもこのメチル化DNAは，*Bam*HI制限酵素で切断可能であることに注意

⁶ᵐA　⁵ᵐC　⁴ᵐC：メチル化塩基

C）*Bam*HI メチラーゼの様々な制限酵素に与える影響

酵素名	認識配列	切断できない配列	影響を受ける確率
*Bam*HI	G↓GATCC	GGAT⁴ᵐCC	1
*Mfl*I	Pu↓GATCPy	GGAT⁴ᵐCC	1/2
*Mva*I	CC↓WGG	GGAT⁴ᵐCCWGG	1/256
*Nco*I	C↓CATGG	GGAT⁴ᵐCCATGG	1/256
*Sau*3AI	↓GACT	GGAT⁴ᵐCC	1/16

Pu（プリン塩基：G or A）
Py（ピリミジン塩基：C or T）
W（A or T）

⁴ᵐC：メチル化塩基
↓：切断部位

● 影響を受ける確率は，各制限酵素の切断部位がDNA上にあるとして，そのDNAを*Bam*HIメチラーゼ処理したときに，切断できなくなる確率を示す

図10　*Bam*HIと*Bam*HIメチラーゼ（M.*Bam*HI）

DNA内部では切断されずに全長をベクターに組込むことができる⒝．
・制限酵素によりDNAを切断したいが，複数ある切断部位のうち，ある特定の部位では切断したくないときなど．この場合，図10に示したようなBamHIメチラーゼとNcoIの相関関係などを利用する．NcoI部位の上流側にBamHI部位があるような場合だけBamHIメチラーゼによるメチル化によりNcoIによる切断は阻害されるが，その他の場合は阻害されない⒞．

⒝ 実際の反応については**第7章5-2参照**．

⒞ 実際の反応については割愛させていただく．反応系の組み方については，**第7章5-2参照**．

4-3　クレノーフラグメント（Klenow fragment）

大腸菌のDNAポリメラーゼⅠをDNA共存下でスブチリシン⒜処理すると，分子量34 kDa（アミノ末端側）と68 kDa（カルボキシル末端側）の2つのペプチド断片に分解される．この大断片が**クレノーフラグメント**である．DNAポリメラーゼⅠは，5'→3' DNAポリメラーゼ活性，5'→3'エキソヌクレアーゼ活性と3'→5'エキソヌクレアーゼ活性をもつが，クレノーフラグメントは5'→3'エキソヌクレアーゼ活性を欠いている（表5）．

市販されているクレノーフラグメントは，クローニングされたDNAポリメラーゼⅠ遺伝子をもとに，アミノ末端を欠いた組換えタンパク質として，発現・精製されたものである．サブクローニングにおいては，5'→3' DNAポリメラーゼ活性を利用した5'突出末端の平滑化に利用する．

〈用途〉
・二本鎖DNAの5'突出末端の平滑化⒝
・末端標識（**下巻第2章2参照**）
・ランダムプライマーによるDNA標識（**下巻第2章1参照**）
・オリゴヌクレオチドを用いた *in vitro* 変異体作製法
・サンガー法によるシークエンシング（**下巻第1章参照**）

⒜ 細菌由来のセリンプロテアーゼの一種．

⒝ 実際の反応については**第7章5-3参照**．

4-4　バクテリオファージT4 DNAポリメラーゼ（Bacteriophage T4 DNA polymerase）

ファージ由来のポリメラーゼで，性質はクレノーフラグメントとほぼ同じである（表5）．しかし，3'→5'エキソヌクレアーゼ活性はクレノーフラグメントに比べて200倍以上ある．そこで，サブクローニングにおいては，二本鎖DNAの3'突出末端を削ることにより，平滑化するために使用される．また，5'→3' DNAポリメラーゼ活性と3'→5'エキソヌクレアーゼ活性両方を利用し，3'突出と5'突出状態が混在している二本鎖DNAを平滑化するときにも利用できる．**T4 DNAポリメラーゼは強力な3'→5'エキソヌクレアーゼ活性をもつので，5'→3' DNAポリメラーゼ活性を利用する際は，エキソヌクレアーゼ活性を抑えるため低温・高濃度のdNTPの存在下で行う．**

〈用途〉
・二本鎖DNAの5'突出末端の平滑化⒜
・二本鎖DNAの3'突出末端の平滑化⒜
・末端標識（**下巻第2章2参照**）
・プライマー伸長法による転写開始点の解析

⒜ 実際の反応については**第7章5-3参照**．

表5　各種ポリメラーゼと活性

		大腸菌DNAポリメラーゼ	クレノーフラグメント	ファージT4ポリメラーゼ
5'→3' DNAポリメラーゼ活性		+	+	+
二本鎖DNA 5'→3'エキソヌクレアーゼ活性		+	−	−
二本鎖DNA 3'→5'エキソヌクレアーゼ活性		+	+	+
一本鎖DNA 3'→5'エキソヌクレアーゼ活性		+	+	+

4-5　バクテリオファージT4ポリヌクレオチドキナーゼ（Bacteriophage T4 polynucleotide kinase：T4 PNK）

ファージ由来のキナーゼでATPもしくはDNA5'末端リン酸基のリン酸を，非リン酸化DNA5'末端もしくはADPに移す反応を触媒する酵素である．主に，プローブの末端標識に使用されるが[a]，サブクローニングにおいてもたまに使用される．合成オリゴヌクレオチドはその5'末端はリン酸化されていない場合があり，それをリンカーとして用いる場合，ライゲーションに先立ち自身でリン酸基を付加しなければならず，その際にT4 PNKを使用する[b]．

[a] 実際の反応については**下巻第2章2**参照．

[b] 実際の反応については**第7章5-1，135ページ**参照．

5　ヌクレアーゼ

田村隆明

核酸を加水分解する酵素を一般にヌクレアーゼといい，多くのものがある．狭義にはDNA，RNAの両方を分解するものをヌクレアーゼ，DNAを分解するものをDNase，RNAを分解するものをRNaseというが，実際の酵素名称は必ずしも作用特異性を正確には反映していない．それぞれの酵素は二本鎖/一本鎖のどちらに作用するかという性質をもち，また切断後の末端形態も3'-OH/5'-Pか，3'-P/5'-OHかのいずれかの形式をとる．以下にDNAに関連して用いられる代表的なヌクレアーゼを説明し，反応条件を記す．制限DNase（制限酵素）はすでに記した．

表6　代表的なヌクレアーゼの特徴

	切断する核酸の種類	一本鎖核酸の切断	二本鎖核酸の切断	切断後の終末形態	その他の特徴
S1 ヌクレアーゼ	DNA/RNA	○	×	3'-OH/5'-P	二本鎖核酸の一本鎖部分にも作用できる
Mung Bean ヌクレアーゼ	DNA/RNA	○	×	3'-OH/5'-P	二本鎖核酸の一本鎖部分にも作用できる（末端の切り口がそろいやすい）
Bal31 ヌクレアーゼ	DNA	○	△	3'-OH/5'-P	一本鎖DNAを優先的に分解するが，二本鎖にも働く
DNase I	DNA	○	○	3'-OH/5'-P	Mg^{2+}存在下でDNAをランダムに切断

（次ページにつづく）

表6　（前ページよりつづき）

	切断する 核酸の種類	一本鎖核酸 の切断	二本鎖核酸 の切断	切断後の 終末形態	その他の特徴
エキソⅢヌクレアーゼ	DNA	×	○	3'-OH/5'-P	5'→3' エキソヌクレアーゼ
ラムダエキソヌクレアーゼ	DNA	×	○	3'-OH/5'-P	3'→5' エキソヌクレアーゼ
マイクロコッカルヌクレアーゼ	DNA/RNA	○	○	3'-P/5'-OH	ATやAUに富む領域を優先的に消化する
RNase H	RNA	×	○	3'-OH/5'-P	DNA:RNAヘテロハイブリッド中のRNA部分を消化する

5-1　S1ヌクレアーゼ

コウジカビ（*A.oryzae*）から精製された二本鎖核酸の一本鎖部分にも作用できる一本鎖特異的ヌクレアーゼで，DNA，RNAを5'-Pのモノ/オリゴヌクレオチドに分解する．一本鎖部分の消化，DNA末端の平滑化，S1マッピングに使用する．

反応液　　　　　　　　　　（最終濃度）
酢酸ナトリウム（pH 4.6）　（30 mM）
NaCl　　　　　　　　　　　（289 mM）
ZnSO$_4$　　　　　　　　　　（1 mM）

5-2　Mung Beanヌクレアーゼ

緑豆（Mung bean）から精製された一本鎖特異的ヌクレアーゼ．DNA，RNAを5'-Pのモノ/オリゴヌクレオチドに分解する．S1ヌクレアーゼと類似の性質をもち，同じ目的で使用されるが，S1ヌクレアーゼより末端の切り口がそろいやすい．

反応液
酢酸ナトリウム（pH 4.5）　（30 mM）
NaCl　　　　　　　　　　　（50 mM）
ZnSO$_4$　　　　　　　　　　（1 mM）
グリセロール　　　　　　　（5％）

5-3　Bal31ヌクレアーゼ

海洋性細菌が菌体外に分泌する5'-Pモノヌクレオチドを生じるエキソ型DNase[a]．一本鎖DNAを優先的に分解するが，二本鎖にも働く．5'→3'，3'→5'の両方にDNAを削る．DNA欠失体作成に使用される．

反応液
Tris-HCl（pH 8.0）　（20 mM）
NaCl　　　　　　　　（60 mM）
CaCl$_2$　　　　　　　（12 mM）
MgCl$_2$　　　　　　　（12 mM）
EDTA　　　　　　　　（0.2 mM）

[a] エキソヌクレアーゼは核酸を端からモノヌクレオチド単位で切断する．エンドヌクレアーゼは核酸（一本鎖あるいは二本鎖）の内部のリン酸ジエステル結合を加水分解し，オリゴヌクレオチドを生じる．

5-4　DNase I（デオキシリボヌクレアーゼ I）

一本鎖（Mn^{2+}存在下），二本鎖DNA（Mg^{2+}存在下）をランダムに切断するエンドヌクレアーゼで，5'-Pのオリゴヌクレオチドを生成する．DNAの除去のほか，DNaseフットプリント解析，DNAポリメラーゼⅠとともにニックトランスレーションに使用される．

反応液（二本鎖DNAに作用させる場合）
Tris-HCl（pH 7.5）	（50 mM）
$MgSO_4$	（10 mM）
DTT	（1 mM）

5-5　エキソⅢヌクレアーゼ

二本鎖DNAに作用し，3'→5'に働くエキソヌクレアーゼ．反応により，一本鎖DNAと5'-Pモノヌクレオチドが生成する．DNA欠失体作成，DNA末端での一本鎖部分の生成，DNA結合タンパク質の結合位置の解析などに使われる．

反応液
Tris-HCl（pH 8.0）	（50 mM）
$MgSO_4$	（5 mM）
2-メルカプトエタノール	（10 mM）

5-6　ラムダエキソヌクレアーゼ

ラムダファージ感染菌から生成される5'→3'エキソヌクレアーゼで，二本鎖DNAに作用し，一本鎖DNAと5'-Pモノヌクレオチドを生じる．DNA末端からの3'エキソヌクレアーゼ活性が強く，ニックやギャップからは反応を開始しない．DNAの一方からの分解による一本鎖部分の作成に利用される．

反応液
グリシン-KOH（pH 9.4）	（67 mM）
$MgCl_2$	（2.5 mM）
BSA	（50 mg/mL）

5-7　マイクロコッカルヌクレアーゼ

ブドウ球菌の分泌物から精製される核酸分解酵素で，一本鎖，二本鎖ともに作用する．ATやAUに富む領域を優先的に消化し，3'-P末端のモノ/オリゴヌクレオチドを生成する．クロマチンを処理してヌクレオソームを調製したり，ヌクレオソーム状態を解析するために用いられる．

反応液
Tris-HCl（pH 8.0）	（20 mM）
NaCl	（5 mM）
$CaCl_2$	（2.5 mM）

5-8 RNase H

DNA：RNAヘテロハイブリッド中のRNA部分をエンド形式で消化し，一本鎖DNAと5'-Pオリゴヌクレオチドを生成する．逆転写反応後の鋳型RNA分解に使用される．

反応液
Tris-HCl（pH 7.8）	（20 mM）
KCl	（50 mM）
$MgCl_2$	（10 mM）
DTT	（1 mM）

6 DNA合成酵素

田村隆明

DNAを合成する酵素は多数ある．重要なものはすでに記したが，それらは主に短鎖DNA鎖の合成や切除といった末端の修復に使われる．ここでは長いDNA鎖を合成する酵素について述べる（注：PCR用酵素は**第10章**に譲る）．以下にそれらの簡単な性質と反応条件を記す．

6-1 末端デオキシヌクレオチド転移酵素

Terminal deoxynucleotidyl transferase（TdT）．鋳型を必要としない特殊なDNA合成酵素．一本鎖，二本鎖DNAの3'-OH末端にデオキシヌクレオチドを重合する．DNAの3'末端の標識や，Okayama-Berg法におけるホモポリマー付加反応に利用される．

反応液　　　　　　　　（最終濃度）
Tris-HCl（pH 7.9）	（20 mM）
酢酸カリウム	（50 mM）
酢酸マグネシウム	（10 mM）
DTT	（1 mM）
BSA	（0.1 mg/mL）

6-2 逆転写酵素

RNAを鋳型にDNA（cDNA）を合成する酵素で，一般にレトロウイルス（AMVかM-MuLV）由来のものが使用される．RNase H活性をもつため，長いcDNAを合成するためにはRNase H阻害剤を加えたり，RNase H活性を欠く変異酵素が使われる．弱いながらDNA依存DNA合成酵素活性がある．酵素反応条件は由来により多少異なる．cDNA合成を通してcDNAライブラリー作成，RT-PCR，プライマー伸長反応，RNAシークエンシングなどに利用される．

参考文献

1) Sambrook, J. et al.：Molecular Cloning. A Laboratory Manual, 2nd Ed., Cold Spring Harbor Laboratory Press, 1989
2) 「分子細胞生物学事典」（村松正實 編），東京化学同人，1997
3) 「TaKaRaバイオ総合カタログ2009年用」，TaKaRa Biomedicals, 2009

第7章

DNA断片のサブクローニング
目的のDNAを手に入れる

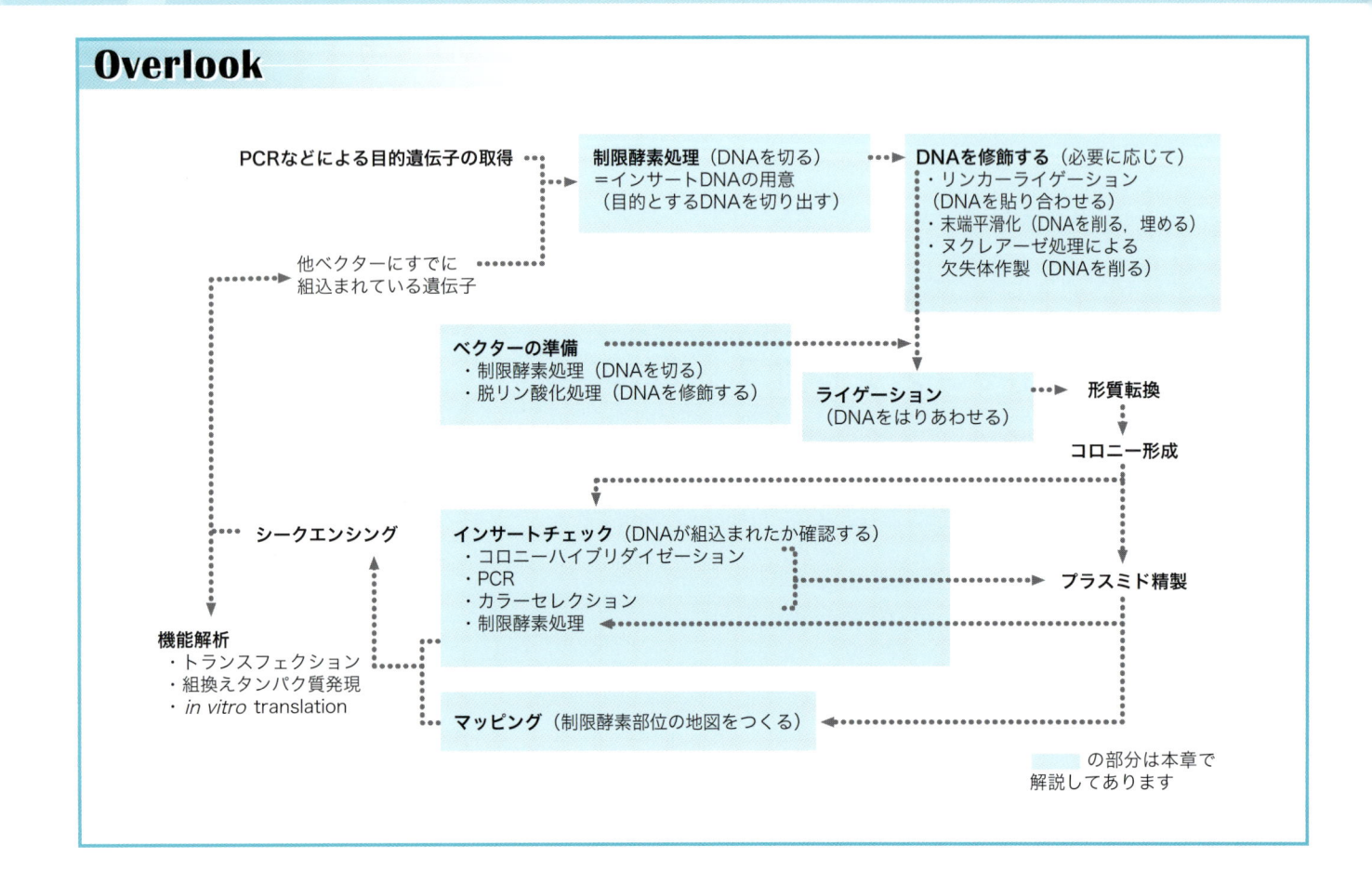

Overlook

```
PCRなどによる目的遺伝子の取得 ──→ 制限酵素処理（DNAを切る）  ┈→ DNAを修飾する（必要に応じて）
                                ＝インサートDNAの用意              ・リンカーライゲーション
                                 （目的とするDNAを切り出す）          （DNAを貼り合わせる）
                                                                ・末端平滑化（DNAを削る，埋める）
  他ベクターにすでに                                                 ・ヌクレアーゼ処理による
  組込まれている遺伝子                                                欠失体作製（DNAを削る）

                         ベクターの準備
                          ・制限酵素処理（DNAを切る）
                          ・脱リン酸化処理（DNAを修飾する）    ──→  ライゲーション        ┈→  形質転換
                                                                 （DNAをはりあわせる）
                                                                                        コロニー形成

        シークエンシング              インサートチェック（DNAが組込まれたか確認する）
                                    ・コロニーハイブリダイゼーション
                                    ・PCR                                              プラスミド精製
                                    ・カラーセレクション
   機能解析                           ・制限酵素処理
    ・トランスフェクション
    ・組換えタンパク質発現
    ・in vitro translation          マッピング（制限酵素部位の地図をつくる）
```

　　　　　　　　　　　　　　　　　　　　　　　　　　　　　　　　　　の部分は本章で解説してあります

1　サブクローニングの流れ

中太智義

　サブクローニングとは，ベクターからベクターへ目的のDNAを乗せ換える過程の総称である．通常，PCRなどにより単離した遺伝子（クローン）は，単純なDNA断片であったり，機能解析には適さないベクター（プラスミドDNA）に組込まれている場合が多い．したがってこれを，希望する目的（培養細胞へのトランスフェクション，組換えタンパク質の発現，試験管内転写/翻訳など）に適したベクターに（プラスミドDNA）に乗せ換えなければならない．

　図1にサブクローニング全体の流れを示す．これらは以下のような過程に分類できる．

A) インサートDNAの用意（プラスミドベクターからのインサートDNAの切り出しや，PCR断片の末端部の制限酵素処理）
B) 実験目的に適したベクターの準備
C) インサートDNAの修飾・改変（必要ない場合もある）
D) インサートDNAとベクターのライゲーション
E) 適切な宿主大腸菌へのトランスフォーメーション
F) インサートチェック（ベクターへ望んだ通りインサートが組込まれたかを確認する）

となる．以上のことを順を追って説明する．

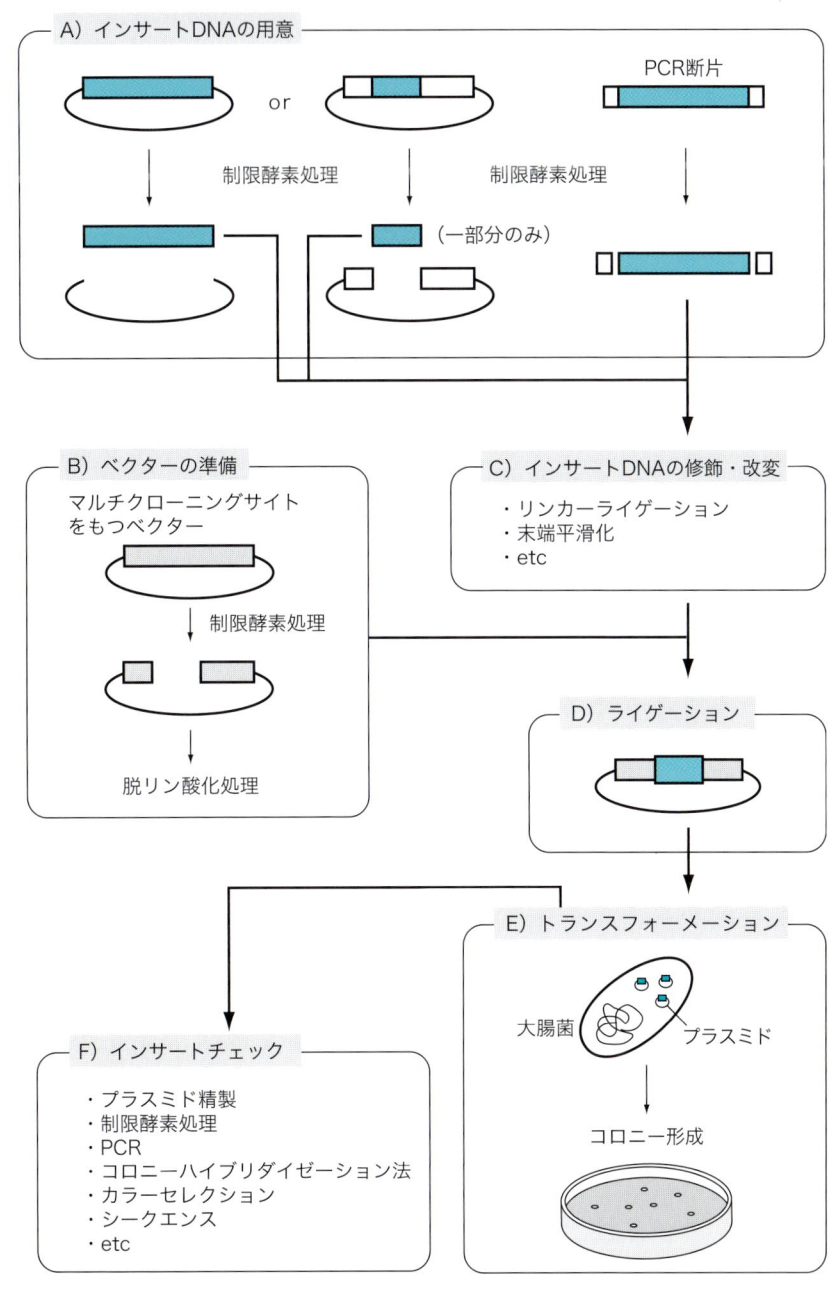

図1　サブクローニングの流れ

2 インサートDNAの用意

中太智義

　まず，乗せ換える目的のDNA断片（後のインサートDNA）を調製する．ほとんどの場合が，PCRで増幅した断片か，別のプラスミドベクターに組込まれているDNA断片を用いる．PCRにより調製する場合は**第10章**を参照．別のベクターから組換える際にはいくつかのパターンが考えられる．全長DNAを乗せ換えるのであれば，現在組込まれている制限酵素部位（もしくは現在組込まれている部位の外側にあるマルチクローニングサイトに存在する制限酵素部位）で切断すればよい（**図2 A**）．しかし多くの場合，一部のDNA断片（DNAの欠失体）だけを次のベクターに乗せ換えたい場合がほとんどである（**図2 B**）．例えば，現在のDNAが遺伝子全体（非翻訳領域＋タンパク質コード領域）であるならばタンパク質コード領域のみを切り出したかったり，そのタンパク質の一部分の機能解析をするためにさらに絞り込まれた領域だったり，さらには全長が長すぎて一度にシークエンスにより塩基配列が読めないとき，などである．DNAの欠失体を得たいときは，以下に示す方法のいずれかを選択する．

A）適当な制限酵素部位が存在すれば，制限酵素で切り出す（**図2 B-a**）
B）PCRで増幅する（**図2 B-b**）[a]
C）DNAをヌクレアーゼで削り，欠質体をつくる（**図2 B-c**）

　図2 Aもしくは**図2 B-a**の場合であれば，制限酵素の項（**第6章**）を参考にし，制限酵素により切断する[b]．その後，アガロース電気泳動を行い，DNA断片を分離し，適当な方法で精製する[c]．**図2 B-b**の場合であれば，PCRにより両端に制限酵素部位を付加し，制限酵素処理後，DNA断片を回収する[d]．**図2 B-c**のDNAを削る場合の方法は，**本章5-4**に示す．

　通常，インサートの用意はベクターの準備と平行して行い，時間を短縮して効率よく実験を進める．

[a] 第10章参照．

[b] 目的のDNAの両端を切断して切り出すための制限酵素は必ずしも同じでなくてもよく，2種類以上の制限酵素で切り出してもよい．

[c] 第8章6参照

[d] 第10章を参照

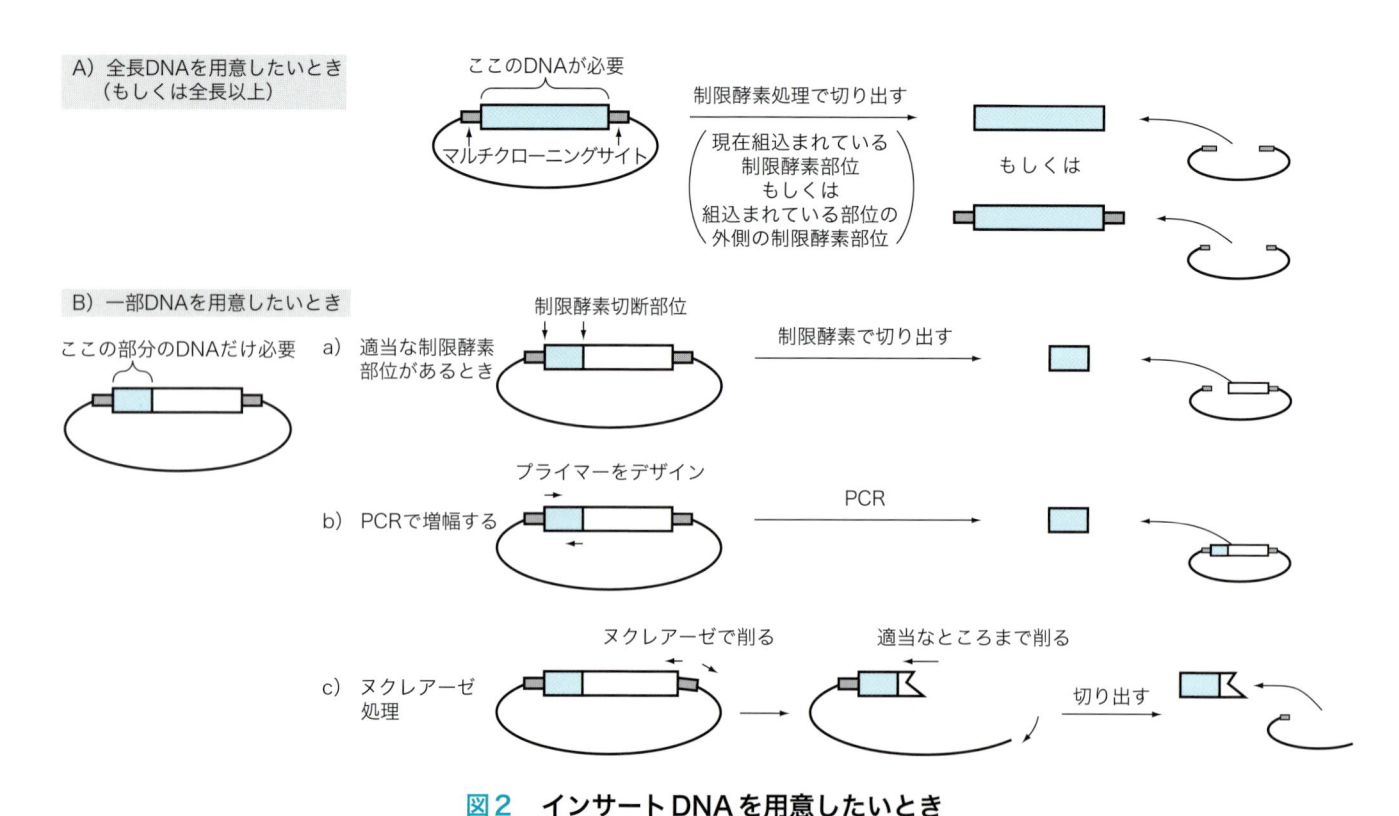

図2　インサートDNAを用意したいとき

One point

コドンのズレには要注意！

　インサートDNAを組換えタンパク質発現用ベクターや培養細胞内発現用ベクターなどに乗せ換える際は，特にインサートの調製に注意を払うようにする．つまり，これらの発現用ベクターのマルチクローニングサイトは，転写開始点とその後に続く翻訳開始コドン〔アデニン-チミン-グアニン（ATG）〕，その下流の特定のタグ配列（HisタグやGSTタグ）のコドンのさらに下流にある場合がほとんどで，インサートDNAのコドンをベクターのタグ配列のコドンに合わせて連結しなくてはならない．適切な連結を行わないと，自分の調べたい遺伝子産物（タンパク質）ができない．

One point

元のベクターの分離は確実に

　あるベクター（仮にAとする）からインサートDNA（仮にBとする）を制限酵素処理により調整し，サブクローニングにより別のベクター（Cとする）に組換えた際，ライゲーション・トランスフォーメーション後に出現したほとんどの大腸菌コロニーが，CやC＋Bではなく，AもしくはA＋Bを有している場合がある．これはAとBのサイズが近接しているときに発生する．下図を見てみよう．Bを回収するために，NdeI/BamHIで制限酵素処理を行い，アガロース電気泳動を行った．下図のレーン1のように，Bをアガロースゲルから回収する際に，元のベクターAが混入しそうである．そんなとき上記の現象が生じる．そんなときは，Bは切断せず，Aをさらに切断するような制限酵素，下図でいうところのPvuIなどで処理しすることをおすすめする．すると，レーン2に示されるように，距離的にBと断片化したAが離れ，Aの混入を避けることができ，結果的にサブクローニングの効率を上げることができるのである．

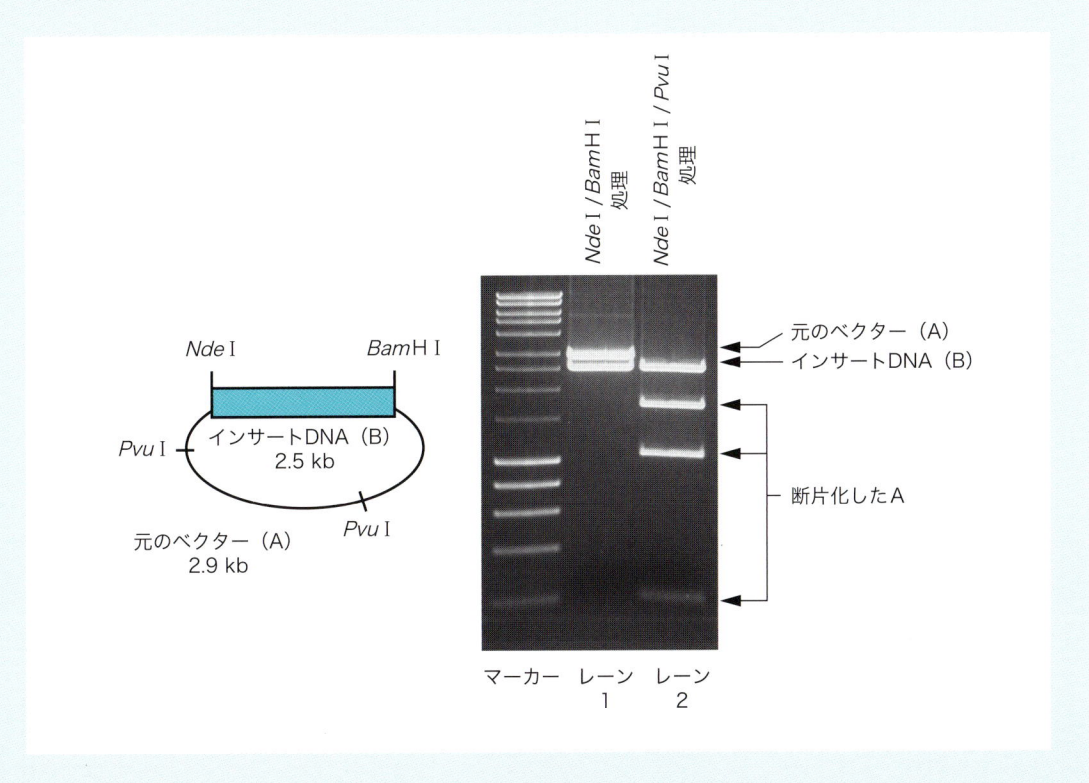

3 ベクターの準備

中太智義

3-1 制限酵素の選択とベクターの末端形状

インサートDNAを組込むためのベクターも，制限酵素を用いて切断する．この際，末端の形状・突出部位の塩基配列に注意を払い，ベクターとインサートDNAが連結されるようにする．連結可能ないくつかのパターンが考えられる．

1) ベクター・インサートDNAともに突出末端を形成する同じ制限酵素で切断する場合（図3 A）
   →この方法であれば間違いなく両者を連結できる．ただし向きは決定されない

2) ベクター・インサートDNAを突出末端を形成する異なる制限酵素で切断するが，一本鎖の部分は相補的になる場合（図3 Aに同じ．「一本差の部分が相同になる場合」の例については，**第6章** 図1 Dや**第6章** 図8 B-b 参照）
   →この方法でも連結可能．しかし，やはり向きは決定できない

3) ベクター・インサートDNAを平滑末端を形成する同じ酵素，もしくは異なる酵素で切断する場合（図3 B）
   →連結可能．ただし，リガーゼの性質上，ライゲーション効率は低くなる．向きは決定できない

4) ベクター・インサートDNAともに，同様の組合わせの2種類の制限酵素で切断する場合．つまり両端の形状が異なる場合[a]（図3 C）
   →連結可能．しかも向きも決定される．目的とするベクターによってはインサートDNAの向きが重要であるので，この方法を用いれば確実な向きで連結できる．また，ライゲーション反応の際，インサートを含まないベクターの自己結合（セルフライゲーション）が起こりにくいため，効率よくインサートDNAを挿入できる．

[a] 図3 Cに示した例は両端が突出末端だが，片側が平滑末端を形成するような制限酵素で切断されてもよい．また少々複雑であるが，2) の場合のように，相補的な一本鎖を形成する制限酵素で末端を形成してもよい．

3-2 脱リン酸化処理

制限酵素で切断しただけのベクターを用いてインサートDNAとライゲーションを行うと，ベクターの末端どうしが同一分子内で再結合（**セルフライゲーション**）してしまう．そこで，**第6章3**で述べたように，リガーゼはDNAどうしの連結にDNA 5'末端のリン酸化が不可欠であるが，連結されるDNA 2分子のうち片方の5'末端がリン酸化されていれば連結可能である性質を利用する．つまり，ベクターのDNA末端を**アルカリホスファターゼ**により**脱リン酸化**しておくのである．こうすれば，ベクターのセルフライゲーションは妨げられ，インサートDNAが挿入された場合にのみベクターは環状になりうる（図4）．二本鎖のうち片方はホスホジエステル結合が形成されず，「すきま（ニック）」ができたままの状態になるが，このプラスミドをトランスフォーメーションにより大腸菌に入れると，大腸菌が有する修復機構により，「DNAが損傷している」と認識され，このニックは修復される．これによりインサートDNAが組込まれたベクターは大腸菌内で完全な二本鎖環状DNAとなり，複製され自己増幅を行うことが可能になる．

A） 両端が同様の突出末端の場合

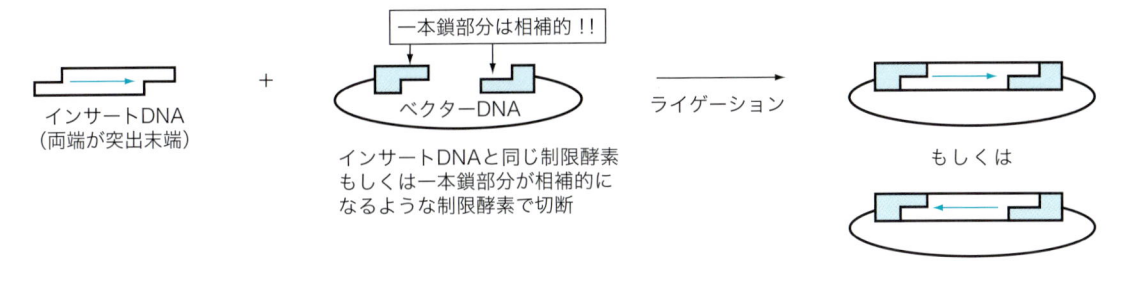

図3　ベクターとインサートDNAの末端形状について

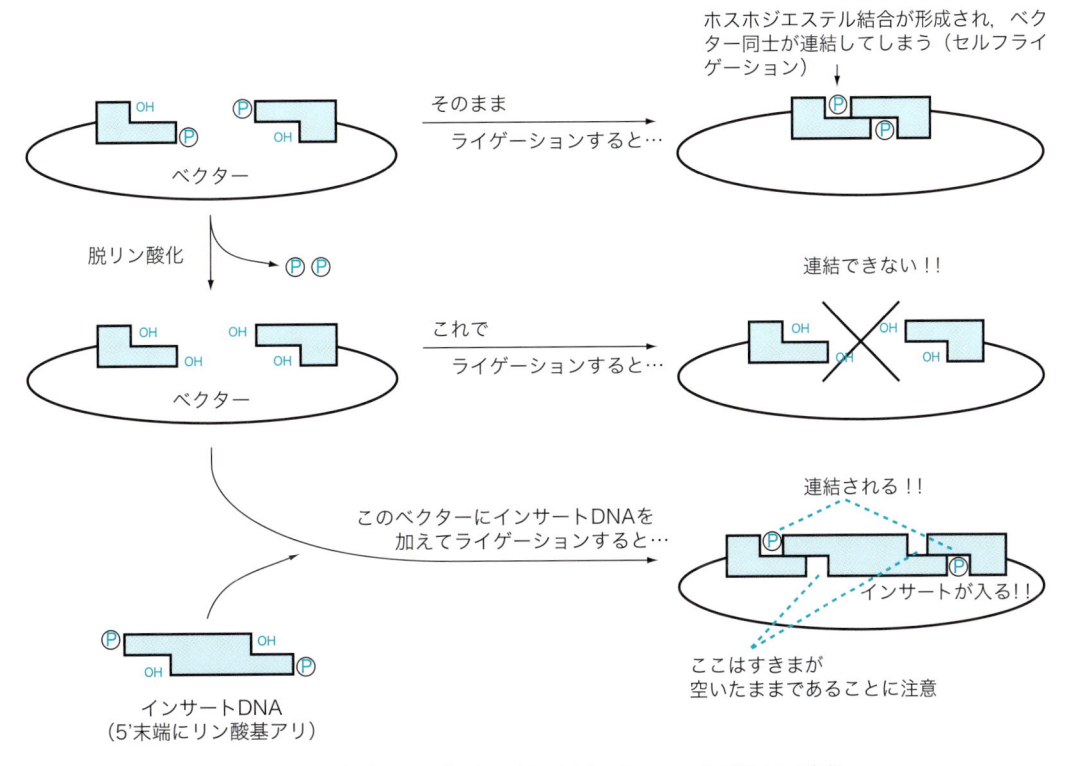

B） 両端が平滑末端の場合

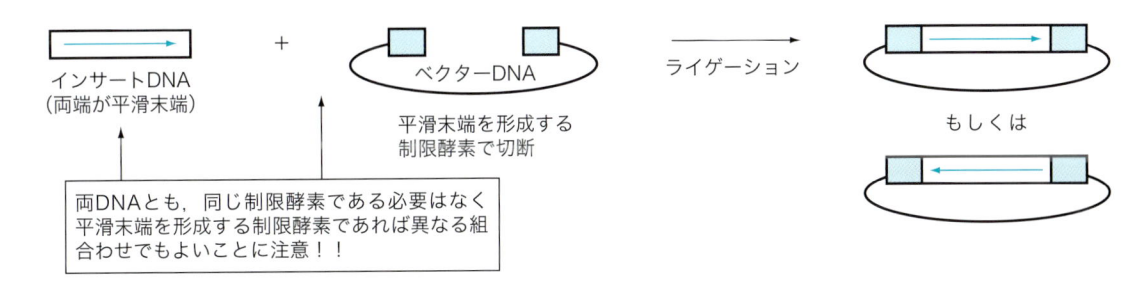

C） 両端が異なる形状の末端の場合

図4　ベクターのセルフライゲーションと脱リン酸化

第7章-3　ベクターの準備

One point　ベクターの脱リン酸化は常に行った方がよい

　図3Cに示したようなベクターとインサートDNAの連結の場合には，セルフライゲーションは不可能なため，ベクターの脱リン酸化は行わなくてもいいようにみえるが，念のため脱リン酸化処理をしておくことをおすすめする．これはやはりセルフライゲーションを防ぐためなのである．

　制限酵素処理は通常完全ではなく，切れ残りが生じるものである．図3Cに使用するベクターを調製したと想定してみよう．2種類の制限酵素で切断した場合，切れ残り（全く切断されない環状ベクター）と切断されたベクターはアガロース電気泳動で分離できる．注意すべきは，2種類の制限酵素切断部位が近接している場合（例えばpBlueScript IIのマルチクローニングサイト内の異なる2種類の制限酵素切断部位など），切断されたベクターサンプルのなかには，大部分の2カ所で切断されたベクターに加え，1カ所切断ベクターがごく少量混在していることである．このベクター調製の過程で脱リン酸化処理を行っていないと，このマイナーな1カ所切断ベクターがセルフライゲーションを起こし，インサートDNAを有するベクターの出現頻度を低下させてしまうのである．したがって図3Cのような場合にも脱リン酸化処理を行うことをおすすめする．

3-3　ベクター調製の実際

準備するもの

制限酵素処理に必要なもの一式[a]および以下の器具，試薬

◆1　器具
- 37℃恒温槽（もしくは37℃エアーインキュベーター）
- 微量遠心分離機

◆2　試薬
- ベクターDNA
- 超純水
- CIAP（Calf intestine alkaline phosphatase）[b]
- 添付10×CIAPバッファー
- QIAquick® PCR purification kit（QIAGEN）
- QIAquick® gel extraction kit（QIAGEN）

プロトコール　4時間

A）制限酵素処理

❶ 目的のベクター2μgを50μLの系で，制限酵素を用いて切断しておく[c]

B）QIAquick® PCR purification kitなどを用いたDNA断片の精製[d]

---

[a] 第6章2-2参照．

[b] タカラバイオ社のものを使用．

[c] 第6章2-2参照．

[d] 制限酵素の反応バッファーには脱リン酸化に必要なマグネシウムイオンが含まれているので，ほとんどの脱リン酸化酵素はそのままの条件で機能することが可能であり，時間を節約したいときは直接制限酵素の反応液に脱リン酸化酵素を加えてもよい．筆者はCIAPを好んで使用している．理由はほとんどの制限酵素バッファー条件で反応が可能なので制限酵素処理後に直接添加ができるからと，至適反応温度が37℃であることから制限酵素を反応させつつ脱リン酸化処理を行えるからである．1μLのCIAPを直接50μLの制限酵素反応系に加えており，ほとんどの場合で問題はない．

C) CIAP処理（脱リン酸化）[d]

❶ B) で精製したDNAを超純水を加え計44 μLにし，以下の試薬を加える

10×CIAPバッファー	5 μL
BAP	1 μL　（0.3〜0.5 unit）
total	50 μL

❷ 37℃で1〜2時間インキュベート[e]

D) アガロース電気泳動とベクターの精製

❶ 切断したDNA断片を電気泳動する[f]

❷ アガロースゲルからQIAquick® gel extraction kit（QIAGEN）などを用いて，DNA断片を精製する

[e] オーバーナイトのときは，エアーインキュベーターを使用．

[f] 第8章参照．

One point：インサートを確実に挿入したいときは

インサートDNAが入りにくいことが予想される場合（例えばインサートDNAが長い，ベクターDNAが10 kb以上と大きい，インサートDNAの末端が平滑末端など）などは，ベクターのセルフライゲーションやベクターの切れ残りに悩まされることが多い．そのような際は，1回目の制限酵素/CIAP処理後，もう1サイクルくり返した後，電気泳動を行い，DNA断片を精製すると，トランスフォーメーション後，インサートDNAなしのベクターはほとんど出現しなくなる．

4 ライゲーション

中太智義

ベクターとインサートDNAの用意ができたら，ライゲーションを行う．

準備するもの

◆ 試薬

・超純水
・脱リン酸化済みのベクターDNA
・インサートDNA
・T4 DNAリガーゼ（NEB社）
・T4 DNAリガーゼ buffer（10×）（NEB社）
　　50 mM Tris-HCl
　　10 mM $MgCl_2$
　　1 mM ATP
　　10 mM Dithiothreitol

プロトコル ⏲ 30分

❶ 以下の試薬を混合する

ベクターDNA	x ng ⓐⓑ
インサートDNA	y ng ⓑⓒ
T4 DNAリガーゼ buffer（10×）	0.5 μL
T4 DNAリガーゼ	0.5 μL ⓓ

超純水で計5 μLにする

↓

❷ 室温で10分間以上放置する ⓔ

↓

❸ 反応液を大腸菌へのトランスフォーメーションに用いる

One point

セルフライゲーションの有無の判別

　ライゲーション反応をセットする際，**ネガティブコントロール反応**（ベクターだけ）も調製することをおすすめする．

　ライゲーション反応の後，形質転換を行って単一プラスミドを有する単一大腸菌由来のコロニーを形成させる（**本章6参照**）が，そのときにネガティブコントロールからコロニーが形成された場合，それはベクターのみによりセルフライゲーションが生じていることを意味する．このコロニー数と，本反応（ベクター＋インサート）でのコロニー数を比較することにより，本反応内におけるセルフライゲーションとインサートDNAを含むプラスミドを有するコロニーの割合を判断できる．

　例えばネガティブコントロールでコロニーが1つもでていなければ本反応におけるセルフライゲーションはほぼ皆無であると考えられ，本反応のほぼすべてのコロニーがインサートDNAを含むプラスミドと判断できる．また，本反応によるコロニー数がネガティブコントロールの1.5倍ほどであれば，セルフライゲーションの確率が2/3ほどあることになり，サブクローニング効率はさほど高くないことが示唆されるのである．

ⓐ 通常，5 μLの系に対して12.5〜25 ngのベクターを用意する．筆者はケチって，12.5 ng使用している．余ったベクターは−20℃で保存可能．汎用する脱リン酸化済みベクターはコレクションしておくと，将来のサブクローニングの際に手間を省くことができるので，筆者はいつも多めに作成しておくことにしている．

ⓑ 通常アガロースゲルより精製したDNA断片は濃度が低いため，大量のサンプル（>50 μL）を使用するタイプの分光光度計で測定することは困難である（**第2章6参照**）．NanoDrop®（NanoDrop社）などの少量サンプル（2 μL）を測定可能な分光光度計が利用可能であればそれで濃度を測定する．もしくは，濃度が既知のDNAをスタンダードに用いたアガロース電気泳動を行い，濃度を測定する．しかし，電気泳動による濃度測定は不正確であり，吸光度により測定した濃度をもとにしたライゲーション反応の方が，結果は良好である．

ⓒ ベクターに対してモル比で3倍量のインサートDNAを用意する（1〜5倍量まで可変．ただし平滑末端時は3倍量以下に抑える）．例えば50 ngベクターDNA（3 kb）に対して，1 kbのインサートDNAは，

$$3\,(kb) : 1\,(kb) = 50\,(ng) : x\,ng$$
$$x = 17\,ng\ (これでベクターに対して等モル量)$$
$$x \times 3\,(倍モル量) = 約50\,ng$$

の計算式より，約50 ng用意する．また，系に加えるDNA量は全体で100 ngを大きく越えないようにする．

ⓓ 制限酵素と同様に，T4 DNAリガーゼ溶液も注意して扱う．
- 酵素が失活するので決して暖めない．
- 乱暴な懸濁は失活を招くので，酵素添加後はボルテックスを行わない．
- グリセロールが添加してあり，系に加えただけでは十分に混ざらないので，ピペッティングにより穏やかに混ぜる．

ⓔ 説明書には16℃で反応と記述してあるが，筆者の場合，両端の少なくとも片側が突出末端である場合は，10分室温の反応時間でほとんど問題ない．技術的に不安がある場合，両端が平滑末端などでライゲーション効率が低いことが予想される場合などは，反応時間を延長（30分〜2時間，室温）したり，16℃での反応したりなど，実験系を調節した方がよいと思われる．

5 インサートDNAの修飾・改変

中太智義

目的とするDNAをベクターに組込むとき，制限酵素処理と脱リン酸化処理のみで目的とする全長DNA（もしくは部分長DNA断片）とベクターが用意できれば，前項までの方法のみで問題なくライゲーションを完了することができる．しかしながら多くの場合，これらのようなベクターとインサートDNA両方に都合のよい制限酵素の切断部位は存在しないことが多い．考えられる例を図5に示す．そこで必要な方法が，インサートDNA（もしくはベクター）の**修飾と改変**である[a]．これらを順を追って説明する．

[a] もちろんこれらの修飾と改変は，ベクターDNAに行ってもよい．

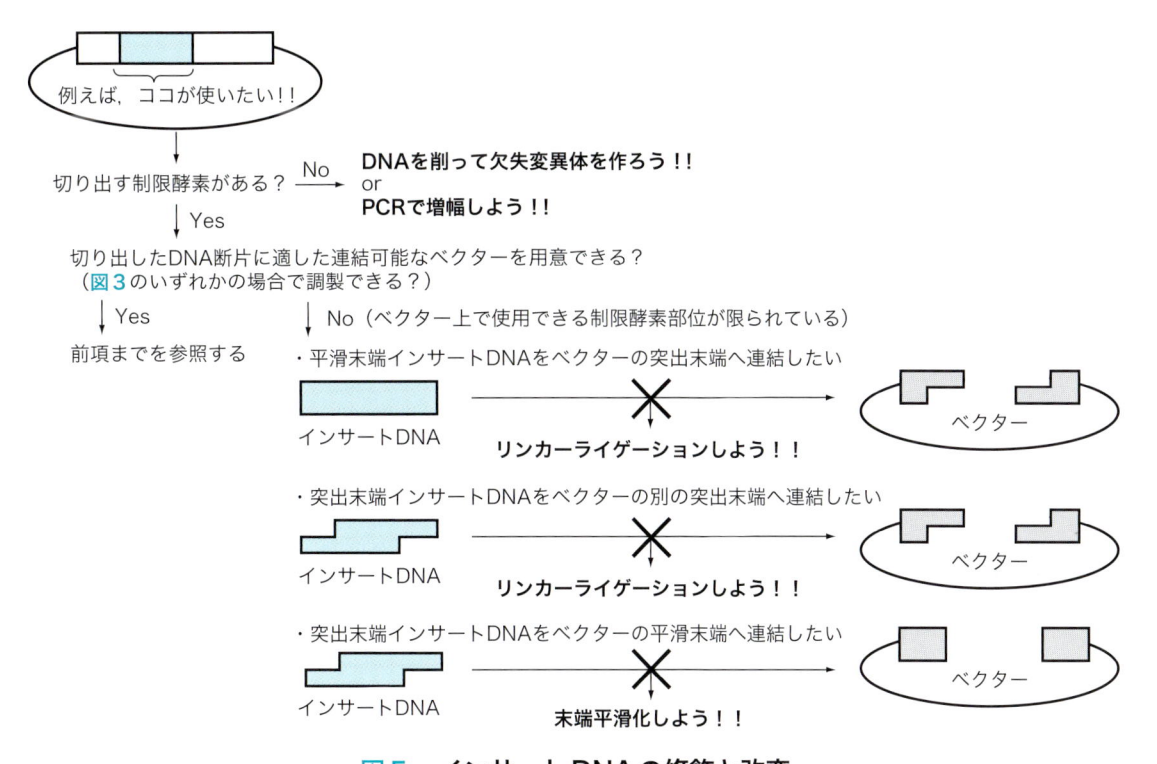

図5 インサートDNAの修飾と改変

5-1 リンカーライゲーション

平滑末端のインサートDNAをベクターの突出末端へ連結させるとき，またはベクターとインサートDNAで異なる突出末端を連結させるときに用いる方法である[a]．この場合，**リンカーDNA**（linker DNA）とよばれる合成オリゴヌクレオチドから作製される，数十塩基対の二本鎖DNAを用いる．リンカーDNAは制限酵素の認識配列をもち，インサートDNAの平滑末端または突出末端へリンカーをライゲーションした後に，その制限酵素で処理することにより，インサートDNAの末端を希望する突出末端に変えることができるのである（図6）．現在，さまざまな制限酵素部位をもつリンカーが市販されているので，自分の目的に適したものを選ぶ[b]．また，自分でデザインしたオリゴヌクレオチドを，自身でリン酸化，アニーリングさせ，それをリンカーとして用いてもよい．

リンカーを連結するDNAは，平滑末端を形成するような制限酵素処

[a] リンカーライゲーションは，単にインサートDNAを突出末端化するためだけではなく，タンパク質発現ベクターの翻訳開始コドンの下流にインサートDNAを挿入する際，自身の調べたい遺伝子のコドンとベクターのフレームをあわせるときにも使用できる．129ページのOne point参照．

[b] 現在は5'末端がリン酸化されているリンカーが市販されており，非リン酸化リンカーを使用しなければならない場合は稀である．非リン酸化リンカーを使用する際については，以下に解説するT4ポリヌクレオチドキナーゼによるリン酸化反応を参考にして自身でリン酸化すること．

理をしたものか，突出末端を平滑末端化処理したもの[c]，または特定の制限酵素で処理した突出末端を用意する．以下に平滑末端へのリンカーライゲーションの例を示す[d]．

[c] **本章5-3**参照．

[d] 突出末端へのリンカーライゲーションは139ページのOne pointに示す．

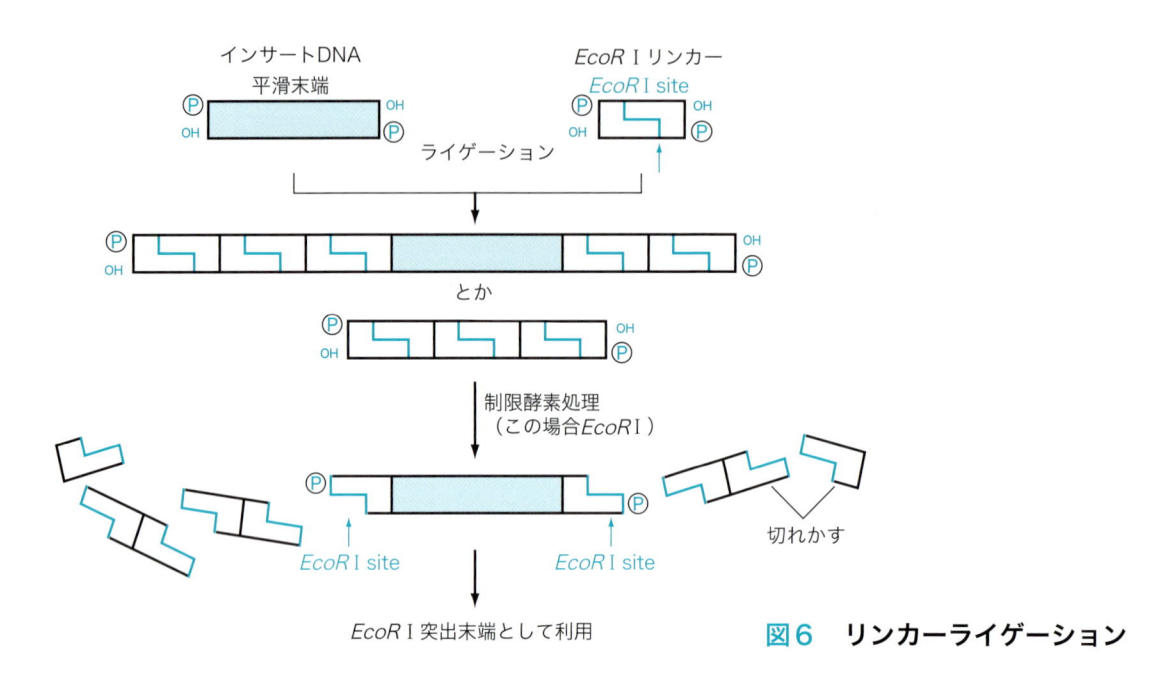

図6 リンカーライゲーション

1）リンカーの作製

ここでは自身でデザインしたオリゴヌクレオチドを用いた，リンカー作製法を示す．

準備するもの

ポリアクリルアミド電気泳動の器具と試薬一式[e]および以下の器具，試薬

[e] **第9章**参照．

◆1　器具
- 95℃恒温槽もしくはヒートブロック
- 37℃恒温槽
- 微量遠心分離機

◆2　試薬
- 超純水
- オリゴヌクレオチド（10～30 merで相補鎖を形成できるようにデザインする）[f]
- T4ポリヌクレオチドキナーゼ（T4 PNK）[g]
- 添付バッファー
    - 500 mM Tris-HCl（pH 8.0）
    - 100 mM $MgCl_2$
    - 50 mM DTT
- 10 mM ATP
- 100％ n-ブタノール
- フェノール/クロロホルム

[f] 現在，オリゴヌクレオチドを合成メーカーに注文する際に，安価に5'末端のリン酸化を指定することができるので，その際はリン酸化のステップは省いて，B)のアニーリングのステップから行う．

[g] タカラバイオ社のものを使用．

- 3 M 酢酸ナトリウム
- 100％エタノール（−20℃），70％エタノール（−20℃）
- 0.5 M EDTA
- TEN（TE + 100 mM NaCl）

プロトコール　　⏱ 8時間

A）合成オリゴヌクレオチド5'末端のリン酸化

❶ リン酸化したいオリゴヌクレオチドをリン酸化するため，以下の試薬を混ぜる[h]

オリゴヌクレオチド	500 pmol分（5 μL）
10×T4 PNKバッファー	2 μL
10 mM ATP	2 μL（最終濃度1 mM）
T4 PNK[i]	5 unit分（0.5 μL）
超純水で計 20 μLにする	

↓

❷ 37℃で30分間，インキュベート

↓

❸ 1 μLの0.5 M EDTAを加え，反応を止める

↓

❹ 超純水を80 μL足し，フェノール/クロロホルム抽出を行う

↓

❺ 1/10量の3 M 酢酸ナトリウムを加え，混ぜた後，2.5倍量の100％エタノール（−20℃）を加えて混ぜる[j]

↓

❻ 定法通り，エタノール沈殿・リンスを行い，乾燥させる[k]

↓

❼ 10 μLの超純水に溶かす

B）アニーリング

❶ 等量（200～500 pmol）のオリゴヌクレオチドを混ぜ，TENで計50 μLにする

↓

❷ 軽く混ぜた後，95℃で5分間インキュベートする

↓

❸ その後，エッペンチューブを静置し，恒温槽，もしくはヒートブロックごと徐々に室温まで冷やす[l]

C）ポリアクリルアミドゲル電気泳動[m]

❶ ポリアクリルアミドゲルで反応液を泳動する[n]

↓

❷ エチジウムブロマイドで染色した後，目的のDNA（アニールしたリンカー）を切り出す

---

[h] 必ずしも両鎖のオリゴヌクレオチドをリン酸化する必要はない．例えば，作製するリンカーがパリンドローム配列ではないとき，一方のオリゴヌクレオチドのみリン酸化しておけば，ある特定の向きでリンカーDNAをインサートDNAに連結することができる．ただしこの際，リンカーどうしのポリマーは形成されず，ダイマー止まりであることに注意．

[i] 制限酵素と同様に，T4 PNK溶液も注意して扱う．
- 酵素が失活するので決して暖めない．
- 乱暴な懸濁は失活を招くので，酵素添加後はボルテックスを行わない．
- グリセロールが添加してあり，系に加えただけでは十分に混ざらないので，ピペッティングにより穏やかに混ぜる．

[j] 短いDNA断片のエタノール沈殿にはキャリアーを加えることが望ましい．第2章7-1のOne point参照．

[k] 第2章7参照．

[l] on iceなどで急冷すると，アニールしないので絶対に行わない．

[m] 一部のサンプルの電気泳動を行い，一本鎖や異常にアニールしたオリゴヌクレオチドがほとんど存在していなければ，直接アニールしたオリゴヌクレオチドをライゲーションに用いてもよい．

[n] 第9章参照．ゲルの固さはリンカーの大きさにより適切なものを作製して使用する．

D）DNAの回収

❶ ゲルを潰し，DNAを溶出して，ブタノール濃縮まで行う (o)

⬇

❷ 200 μL以下まで濃縮できたら，A）と同様にエタノール沈殿する (p)

⬇

❸ 10〜20 μLの超純水に溶かし，吸光光度計などで濃度を測定する

(o) 第2章7-3参照．

(p) 短いDNA断片のエタノール沈殿には**キャリアー**を加えることが望ましい．**第2章7-1**のOne point参照

2）リンカーのライゲーション

リンカーと平滑末端DNAの用意ができたら，ライゲーションを行う．

準備するもの

◆　試薬

- 超純水
- 平滑末端DNA
- リンカーDNA
- T4 DNAリガーゼ（NEB社）
- T4 DNAリガーゼ buffer（10×）（NEB社）
    - 50 mM Tris-HCl
    - 10 mM MgCl$_2$
    - 1 mM ATP
    - 10 mM Dithiothreitol

プロトコール　　🕐 60分

❶ 以下の試薬を混合する

平滑末端DNA	x ng
リンカーDNA	y ng (q)
T4 DNAリガーゼ buffer（10×）	0.5 μL
T4 DNAリガーゼ	0.5 μL

超純水で計 5 μLにする

⬇

❷ 室温で30分間以上放置する (r)

⬇

❸ 反応液を制限酵素で処理し，突出末端をつくる (s)

(q) リンカーライゲーションの場合は，インサートDNAに対して，10〜20倍のモル比のリンカーを加える．

(r) 効率が悪いときなどは，16℃でインキュベーションしたり，時間を延長したりしてみる．

(s) 反応液をエタノール沈殿した後，もしくは直接制限酵素処理する．制限酵素処理については**第6章**参照．処理後は必ず切れ端を除去する．方法は，電気泳動後のゲルからの回収などにより行う．

One point

突出末端へのリンカーラーゲーション

突出末端へのリンカーラーゲーションは基本的に平滑末端へのリンカーライゲーションと同様に行うが，注意点はオリゴヌクレオチドのデザインである．インサートDNAの*Bam*HI末端への*Eco*RIリンカーの結合を例にとって考えてみよう（下図）．インサートDNAの末端は*Bam*HIにより切断され，一本鎖の5'-GATC-3'がむき出しになっている状態である．リンカーDNAは，これに相補的な一本鎖の5'-GATC-3'が突出するようにデザインすることを忘れないようにしよう（下図A）．また，オリゴヌクレオチドのデザインによっては，サブクローニング後に再び*Bam*HIで切断できるかできないかを決めることができる．将来的に再び*Bam*HIで切り出す可能性があるときはⓐの位置を「G-C」に（下図B），逆に*Bam*HIで切られることを望まない場合は「G-C以外（例えばA-T）」にしておく（下図C）とよい．

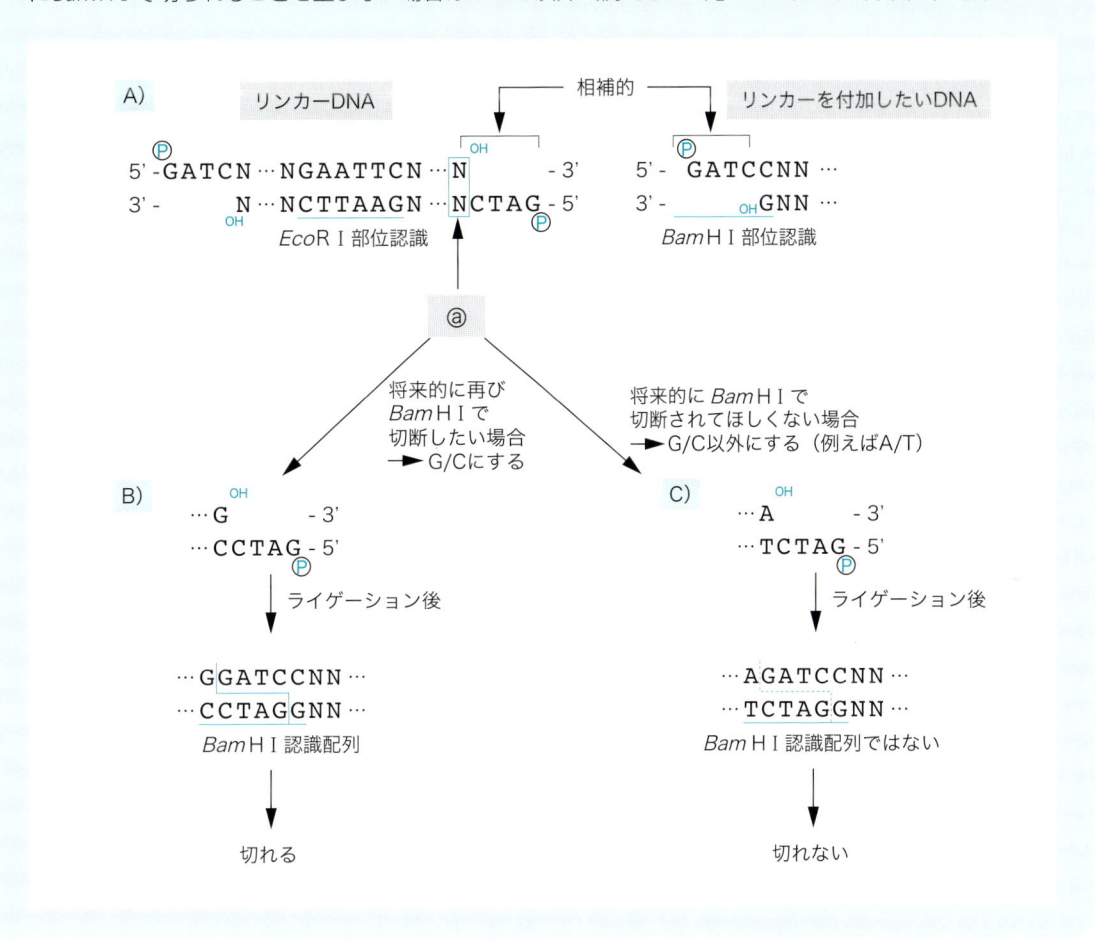

A)　リンカーDNA　　　　相補的　　　リンカーを付加したいDNA

```
 ℗                              OH              ℗
5'-GATCN …NGAATTCN   N  -3'   5'- GATCCNN …
3'-     N …NCTTAAGN  NCTAG-5' 3'-     OH GNN …
            OH              ℗
         EcoRI部位認識              BamHI部位認識
```

ⓐ

将来的に再び*Bam*HIで切断したい場合 → G/Cにする

将来的に*Bam*HIで切断されてほしくない場合 → G/C以外にする（例えばA/T）

```
B)    OH                      C)    OH
   …G    -3'                    …A    -3'
   …CCTAG-5'                    …TCTAG-5'
        ℗                            ℗
```

↓ ライゲーション後　　　　↓ ライゲーション後

```
…GGATCCNN…                    …AGATCCNN…
…CCTAGGNN…                    …TCTAGGNN…
BamHI認識配列                  BamHI認識配列ではない
```

↓　　　　　　　　　　　　↓
切れる　　　　　　　　　　切れない

5-2　メチル化DNAを用いたリンカーライゲーション

もしリンカーを切断する制限酵素部位が目的とするDNA内部にも存在していると，**本章5-1のプロトコールの最後の制限酵素処理を行った際に，DNA自身も切断されてしまう**．これを回避するために，あらかじめリンカーを連結するDNAに存在する切断部位をメチル化酵素（**第6章4-2参照**）でメチル化しておく．こうすることにより，DNAを切断から保護するのである（**図7**）．

ここでは*Bam*HIメチラーゼによる*Bam*HI部位のメチル化を説明する．

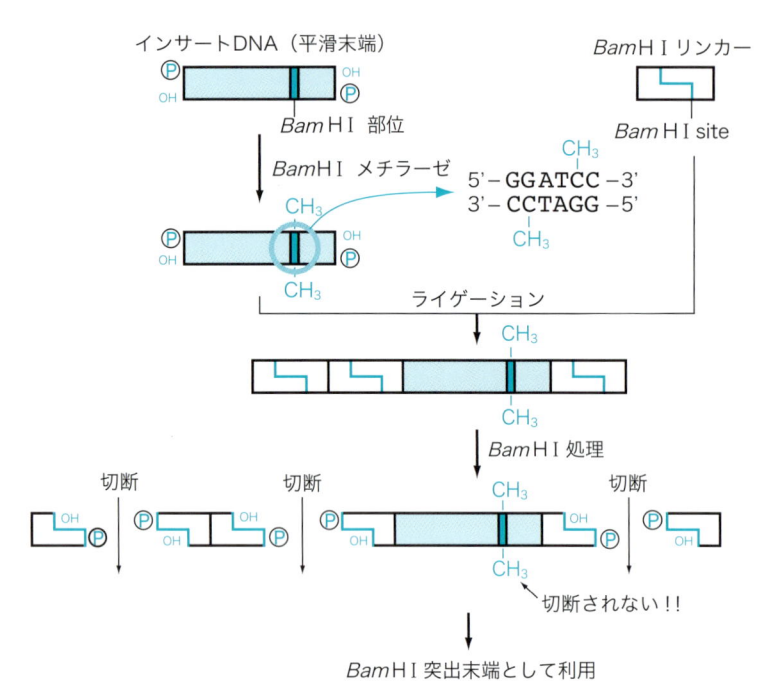

図7 **メチル化を用いたリンカーライゲーション**

準備するもの

ポリアクリルアミド電気泳動の器具と試薬一式[a]および以下の器具，試薬

[a] 第9章参照．

◆ 器具
- 37℃恒温槽
- 微量遠心分離機
- ボルテックス
- 遠心濃縮機

◆ 試薬
- DNA（インサートDNAなど）
- 超純水
- BamHⅠメチラーゼ[b]
- 添付10×BamHⅠメチラーゼバッファー
    50 mM Tris-HCl
    5 mM Dithiothreitol
    10 mM EDTA
- 添付32 mM S-アデノシルメチオニン（メチル基供給体）
- QIAquick® PCR purification kit（QIAGEN社）

[b] NEB社のものを使用．

プロトコール

⏱ 1時間

❶ 次の試薬を混合する

```
DNA                          0.5〜2 μg
10×添付バッファー              2 μL
2.5 mM S-アデノシルメチオニン ⓒ  0.64 μL
BamHI メチラーゼ ⓓ            10 unit /1 μgDNA
超純水で計 20 μL にする
```

❷ 37℃で15分，インキュベートする

❸ QIAquick® PCR purification kit などを用いて DNA 断片の精製を行う

❹ この DNA を BamHI リンカーとのライゲーションに用いる ⓔ

5-3 突出末端の平滑化

平滑末端をもつベクターやリンカーに突出末端のインサートDNAをつなげたいときや，BAL 31 ヌクレアーゼ処理後 ⓐ などは，突出末端を**平滑化**する必要がある．突出末端には2種類あり，それぞれに対して適切な酵素で処理する ⓑ．

- 5' 突出末端（図8 A）
  クレノーフラグメント ⓒ の 5'→3'DNAポリメラーゼ活性を利用する ⓓ
- 3' 突出末端（図8 B）
  T4 DNAポリメラーゼ ⓔ の強力な 3'→5' エキソヌクレアーゼ活性（クレノーフラグメントの数百倍）を利用する
- 上2つの混在状態（図8 C）
  T4 DNAポリメラーゼの 3'→5' エキソヌクレアーゼ活性と 5'→3' DNAポリメラーゼ活性を利用する

ⓒ 高濃度 32 mM S-アデノシルメチオニンが添付されてくるので，一部を希釈して 2.5 mM の濃度に調整して使用する．S-アデノシルメチオニンは不安定なので，希釈したものは使用後に廃棄する．

ⓓ 制限酵素と同様に，メチラーゼ溶液も注意して扱う．
- 酵素が失活するので決して暖めない．
- 乱暴な懸濁は失活を招くので，酵素添加後はボルテックスを行わない．
- グリセロールが添加してあり，系に加えただけでは十分に混ざらないので，ピペッティングにより穏やかに混ぜる．

ⓔ 本章 5 - 1 参照．

ⓐ 本章 5 - 4 参照．

ⓑ 現在，2種類の突出末端にを平滑化できるさまざまなキットが販売されており，それらを使用してもよい．Quick Blunting Kit（NEB社）には，酵素（T4 DNAポリメラーゼ），バッファー，ヌクレオチドがセットになっており，簡便に末端平滑化を行える．

ⓒ 第6章 4 - 3 参照．

ⓓ 5' 突出末端の平滑化にも，T4 DNAポリメラーゼの 5'→3'DNAポリメラーゼ活性を使用してもよいが，二本鎖DNAの 3'→5' エキソヌクレアーゼ活性が強く，扱いが少々難しい．したがって 5' 突出末端の平滑化には，クレノーフラグメントを使用することが望ましい．

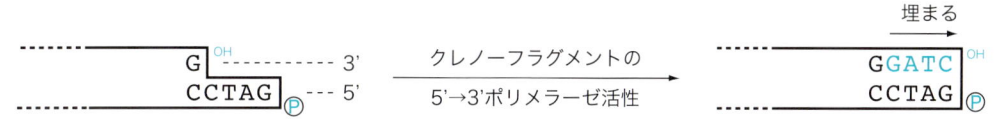

ⓔ 第6章 4 - 4 参照．

A) 5' 突出末端

B) 3' 突出末端

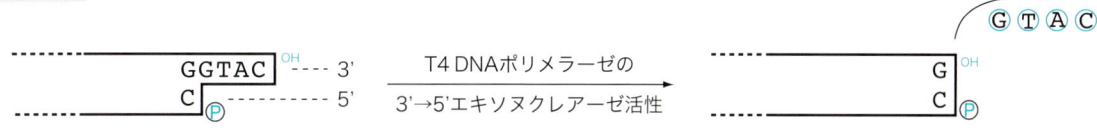

C) 5'・3' 突出末端の混在

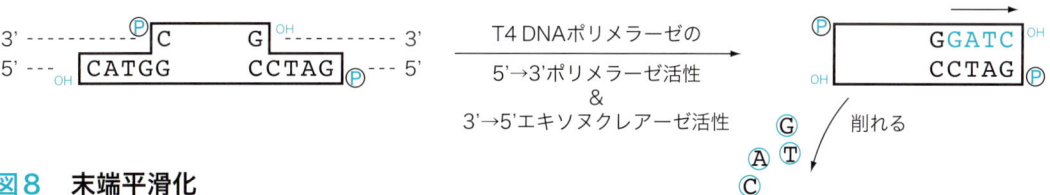

図8 末端平滑化

1）クレノーフラグメントによる5'突出末端の平滑化

準備するもの

◆1　器具
- 37℃恒温槽

◆2　試薬
- 超純水
- 平滑化したいDNA（インサートDNAなど）
- クレノーフラグメント[a]
- 添付10×クレノーフラグメントバッファー
    100 mM Tris-HCl（pH 7.5）
    70 mM $MgCl_2$
    1 mM DTT
- 0.5 mM dNTP（dATP, dGTP, dCTP, dTTPそれぞれ0.5 mMの混合液）

[a] タカラバイオ社のものを使用.

プロトコール　　1時間以内

❶ 以下の試薬を混ぜる

切断済みDNA断片	0.1～4 μg [b]
10×バッファー	2 μL
0.5 mM dNTP mix	1 μL
クレノーフラグメント[c]	1～5 unit
超純水で計20 μLにする	

❷ 37℃で15～30分，インキュベートする

❸ QIAquick® PCR purification kitなどを用いてDNA断片の精製を行い，次の反応に使用する

[b] 制限酵素処理後の反応液には，クレノーフラグメントの反応に必要なマグネシウムイオンが含まれているので，直接クレノーフラグメントとdNTP混合液を加えて末端平滑化を行ってもよい．

[c] 制限酵素と同様に，クレノーフラグメント溶液も注意して扱う．
- 酵素が失活するので決して暖めない．
- 乱暴な懸濁は失活を招くので，酵素添加後はボルテックスを行わない．
- グリセロールが添加してあり，系に加えただけでは十分に混ざらないので，ピペッティングにより穏やかに混ぜる．

2）T4 DNAポリメラーゼによる3'突出末端または3'突出と5'突出混在DNAの平滑化

準備するもの

◆1　器具
- 12℃，75℃恒温槽

◆2　試薬
- 超純水
- 平滑化したいDNA（インサートDNAなど）
- T4 DNAポリメラーゼ[d]
- 添付10×T4 DNAポリメラーゼバッファー
    100 mM Tris-HCl（pH 7.5）
    70 mM $MgCl_2$
    1 mM DTT
- 2 mM dNTP（dATP, dGTP, dCTP, dTTPそれぞれ2 mMの混合液）

[d] タカラバイオ社のものを使用.

> **プロトコール**　⏱ 1時間以内

❶ 以下の試薬を混ぜる

DNA	0.1〜4 μg [e]
10×バッファー	2 μL
2 mM dNTP mix	1 μL（最終濃度0.2 mM）[f]
T4 DNAポリメラーゼ [g]	1〜5 unit

超純水で計 20 μL にする

↓

❷ 12℃で15分，インキュベートする [h]

↓

❸ QIAquick® PCR purification kit などを用いてDNA断片の精製を行い，次の反応に使用する

5-4　DNAを削る

　DNAを削ることも，インサートDNAの修飾・改変の一種と考えることができる．インサートDNAの一部分を使用したいが適当な制限酵素部位がないときに有効な方法である [a]．

1）BAL 31 ヌクレアーゼ（BAL 31 Nuclease）

　欠失体を作製するには，3'→5'および5'→3'エキソヌクレアーゼ活性を有する，BAL 31 ヌクレアーゼを利用する．本来一本鎖DNAに対して特異的なエンドヌクレアーゼ [b] であるが，一本鎖DNAがなく，二本鎖DNAの末端が存在するときは両端を末端から同時に分解する活性を示す（トリミング活性）．

　BAL 31 ヌクレアーゼによるデリーションは，欠失の長さが100〜1,000 bp以上の場合に適している [c]．この酵素によって生じた末端の平滑率は10%程度と低く，3'および5'突出末端が混在する状態になっている．したがって，削った後はT4 DNAポリメラーゼなどによる平滑化を行う．

　本番のデリーションを行う前に，あらかじめ削れ度合いを確認しておくことをすすめる．というのも，配列などによっては削られにくいからである．例えば，GCに富んだ領域などは削られにくい．さらに，末端の形状によっても分解の速度に差が出ることが知られており，*Sma*Ⅰサイト（CCCGGG）などは削られにくい．調節は，反応温度を変化させることによって行う．通常30℃で反応を行うが，削り具合を早くするために37℃にしたり，遅くするために20℃に温度を下げたりして調節する（1/3に下がる）．長い時間作用させることにより，欠失の長さを延ばすことはなるべく避ける．なぜならば，時間を延ばすと，それだけ欠失の長さにばらつきが生じることとなり，最終的に目的とする長さの欠失体を得にくくなるからである．次に実際の反応を示す．

2）反応の実際

　欠失体作製の実際の手順を図9に示す．得られた欠失体は，新たなベクターに移し，インサートチェック [d] やシークエンスなどの解析をする．

---

[e] 制限酵素処理後の反応液には，T4 DNAポリメラーゼの反応に必要なマグネシウムイオンが含まれているので，直接T4 DNAポリメラーゼとdNTP混合液を加えて末端平滑化を行ってもよい．

[f] 一本鎖DNA3'→5'エキソヌクレアーゼ活性を利用する際も，dNTPを反応系に加えなければならない．なぜならば，dNTPがない条件では，T4 DNAポリメラーゼは二本鎖DNA3'→5'エキソヌクレアーゼ活性を強く発揮することとなり，一本鎖DNA3'→5'エキソヌクレアーゼ活性により3'突出末端を削って平滑末端を形成した後も，さらにDNAの二本鎖領域を分解してしまうからである．dNTPが存在する条件下（かつ低温．注釈 [h] 参照）では，二本鎖DNA3'→5'エキソヌクレアーゼ活性と5'→3'DNAポリメラーゼ活性が平衡状態となり，二本鎖領域の分解は見た目上阻害されるのである．

[g] 制限酵素と同様に，T4 DNAポリメラーゼ溶液も注意して扱う．
・酵素が失活するので決して暖めない．
・乱暴な懸濁は失活を招くので，酵素添加後はボルテックスを行わない．
・グリセロールが添加してあり，系に加えただけでは十分に混ざらないので，ピペッティングにより穏やかに混ぜる．

[h] 通常の条件（37℃など）では，二本鎖DNA 3'→5'エキソヌクレアーゼ活性は5'→3'DNAポリメラーゼ活性の3倍の活性をもつが，11〜12℃では平衡状態となる．したがって，低温で処理することにより，二本鎖部分の分解を避けることができる．

---

[a] 詳しい用途については本章2も参照されたし．現在はPCRによる欠失体の作成が主流である．

[b] エキソヌクレアーゼ（exonuclease）：核酸を外側（exo-）から削るように分解する核酸分解酵素（nuclease）．
エンドヌクレアーゼ（endonuclease）：核酸を内側（endo-）で切断する核酸分解酵素（nuclease）．

[c] 100 bp以下のデリーションには，二本鎖DNA3'→5'エキソヌクレアーゼ活性を有するエキソヌクレアーゼⅢ（ExonucleaseⅢ）と一本鎖DNAエンドヌクレアーゼ活性を有するS1ヌクレアーゼ（S1 Nuclease）を併せて使用するとよい．

[d] 本章7参照．

目的とする欠失体を確認した後に，最終的に欠失体を再び切り出し，機能解析用ベクターへの乗せ換えなどに使用する．

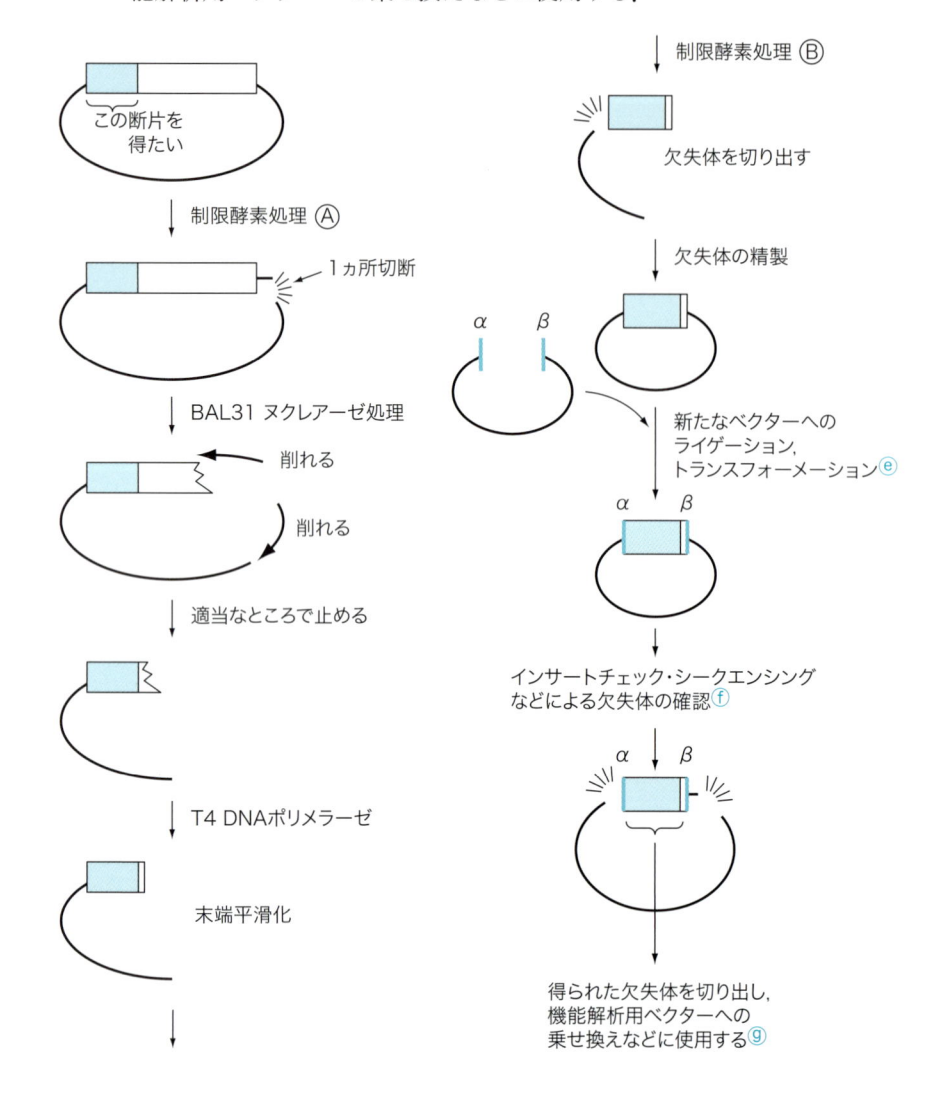

図9　欠失体作製の手順

ⓔ ここで使用するベクターは，欠失体作製の手順のうち2番目に使用した制限酵素（図中でⒷと示したステップで使用した制限酵素）と，平滑末端を形成する制限酵素で切断したものを用意しておく．もちろん2番目に使用した制限酵素が平滑末端を形成するものであれば，ベクターは平滑末端を形成する制限酵素1種類で切断したものでもよい．

ⓕ 実際，BAL31ヌクレアーゼ処理により作製した欠失体のDNAの長さは，規則正しく一律に削れるのではなく，まちまちである．したがって，いきなり機能解析用ベクターに乗せ換えるのではなく，他のベクターに組込んで適切な方法で欠失体を確認した後に，再び切り出して機能解析用ベクターに乗せ換える方が確実である．

ⓖ 新たなベクターの図中でβと示した部位のインサートDNA（欠失体DNA）側は，T4 DNAポリメラーゼにより強制的に平滑末端にしてある．したがって再び切り出す際に，ベクターのβ側を切断した制限酵素では切断できないことに注意．

準備するもの

アガロースゲル電気泳動に必要な試薬器具一式ⓐおよび以下の器具，試薬

◆1　器具

制限酵素処理およびT4 DNAポリメラーゼ処理に必要な器具一式ⓑ
・30℃恒温槽
・微量遠心分離機
・遠心濃縮機

◆2　試薬

・超純水
・欠失体を作製したいDNA（インサートを含むプラスミドなど）
・制限酵素処理に必要な試薬一式ⓒ
・BAL 31ヌクレアーゼ

ⓐ 第8章参照．

ⓑ 本章5-3参照．

ⓒ 第6章2-2参照．

- 5×BAL 31 ヌクレアーゼバッファー（酵素に添付）
    - 100 mM Tris-HCl（pH 8.0）
    - 3 M NaCl
    - 60 mM $CaCl_2$
    - 60 mM $MgCl_2$
    - 5 mM EDTA
- T4 DNA ポリメラーゼ処理に必要な試薬一式[d]
- QIAquick® PCR purification kit（QIAGEN社）

[d] 本章5-3参照.

プロトコール　　⏱ 6時間

A) 制限酵素処理による二本鎖DNA末端の作製

❶ 目的のDNAが組込んであるベクターの1カ所を適切な制限酵素で切断する（図9の制限酵素処理Ⓐ）[e]

⬇

❷ QIAquick® PCR purification kit などを用いてDNA断片の精製を行い、次の反応に使用する

B) BAL 31 ヌクレアーゼ処理

❶ 以下の試薬を混合する

DNA	3 μg（前ステップのDNA溶液より）
5×バッファー	20 μL
BAL 31 ヌクレアーゼ[f]	5 μL
超純水で計100 μLにする	

⬇

❷ 30℃で適当な時間インキュベートする[g][h]

⬇

❸ QIAquick® PCR purification kit などを用いてDNA断片の精製を行い、次の反応に使用する

C) T4 DNA ポリメラーゼによる末端平滑化[i]

❶ 以下の試薬を混ぜる

DNA	15 μL（前ステップのDNA）
10×バッファー	2 μL
0.5 mM dNTP mix	1 μL
T4 DNA ポリメラーゼ	1～5 unit
超純水で計20 μLにする	

⬇

❷ 12℃で15分、インキュベートする

⬇

❸ QIAquick® PCR purification kit などを用いてDNA断片の精製を行い、次の反応に使用する

D) その後

❶ 適当な制限酵素で目的の欠失体DNAを切り出し（図9の制限酵素処理Ⓑ）、電気泳動後、適当な方法でDNAを回収する

[e] BAL31 ヌクレアーゼを作用させるDNAは、セシウム濃度勾配法（第5章参照）などにより精製した、高純度・閉環状プラスミドを使用する. なぜならば不純物が多いと酵素活性が阻害され削れ具合にばらつきが出る. また、ニックがプラスミドに存在すると（開環状プラスミド）、一本鎖DNAエンドヌクレアーゼ活性により内部から分解され、やはり削れ具合にばらつきが出るからである.

[f] 制限酵素と同様に、BAL31 ヌクレアーゼ溶液も注意して扱う.
- 酵素が失活するので決して暖めない.
- 乱暴な懸濁は失活を招くので、酵素添加後はボルテックスを行わない.
- グリセロールが添加してあり、系に加えただけでは十分に混ざらないので、ピペッティングにより穏やかに混ぜる.

[g] 前述のように、削れ具合はDNAにより異なる. あらかじめ確認し、自身に適した条件を決めておく.

[h] 削れ具合を確認する予備実験や、さまざまな長さの欠失体を段階的に得たい場合は、一定時間ごとに反応液の一部を順次回収するようにする. 例えば、5分おきに100 μLの反応液から20 μLずつ回収すれば、計25分・5段階の産物が作製できる. 回収した一部溶液は、あらかじめ分注しておいたQIAquick® PCR purification kit のPBI buffer と混ぜ、反応を停止しておく. 精製は後でまとめて行ってもよい.

[i] T4 DNA ポリメラーゼの詳細については、第6章4-4, 本章5-3参照.

❷ このDNAを用いて，ベクターとのライゲーション・大腸菌への形質転換を行う ⓙ

❸ インサートチェックやシークエンス解析後，適切な欠失体を機能解析ベクターなどに乗せ換える

ⓙ ここで使用するベクターは，欠失体作製の手順のうち2番目に使用した制限酵素〔D〕の❶で使用した制限酵素と，平滑末端を形成する制限酵素で切断したものを用意しておく．もちろん2番目に使用した制限酵素が平滑末端を形成するものであれば，ベクターは平滑末端を形成する制限酵素1種類で切断したものでもよい．

6 トランスフォーメーション（形質転換する）

中太智義

プラスミドとインサートDNAのライゲーション反応を終えた後は，これらをコンピテントセル（**第5章5参照**）に入れ（形質転換/トランスフォーメーション），ベクターの有する抗生物質耐性遺伝子に従って適切な抗生物質を含むLBプレートに塗り広げ，単一プラスミドを有する単一大腸菌由来のコロニーを形成させる．

方法は1）塩化カルシウム法，2）エレクトロポレーション法の2つがある．ここでは，簡単に手順とポイントを示し，詳しい方法については，**第5章5**を参照されたい．

1）塩化カルシウム法

コンピテントセルに対して1/5〜1/10となるよう，ライゲーション反応液を加える．それ以上の反応液を加えたいときは，エタノール沈殿などで濃縮する．どれくらいのコロニーが出るか予想がつかないときは，SOC培地を加えた後の大腸菌懸濁液の1/10量と遠心濃縮をした後の全量（全体の9/10）をプレートにまくなどする．筆者はライゲーション反応液の2.5〜5 μLを使用し，10倍量のコンピテントセルに形質転換を行っている ⓐ．

2）エレクトロポレーション法

ライゲーション反応液には塩などのイオンが大量に含まれているので，そのままではエレクトロポレーション法に用いることはできない ⓑ．少量を形質転換に用いる場合は大丈夫かもしれないが，エタノール沈殿などを行って反応液中のイオンを除いておく方が無難である．

ⓐ 筆者はZ-Competent™ *E. coli* Transformation Kit & Buffer Set（ZYMO RESEARCH社）で作成したコンピテントセルを用いている．このキットは簡便に高タイターのコンピテントセルを作成できる点だけでなく，作成したコンピテントセルのトランスフォーメーションは，氷上での接触/熱処理/急冷却/SOC培地を加えてのインキュベートなどの処理を行わずに可能で，ライゲーション産物と混ぜてプレートにまくだけという，非常に簡便かつ短時間で行えるという利点があり，愛用している．

ⓑ 一定の抵抗値・電圧下で，ある量の電流を流すことで，この方法によるトランスフォーメーションが成功する．イオンが過剰に存在すると，電流が一気に流れすぎ（火花が散る），トランスフォーメーションに失敗する．詳しくは**第5章5**参照．

7 インサートDNAのチェック

ライゲーション産物を用いて形質転換された大腸菌は，すべてがきちんとインサートDNAの入ったプラスミドをもっているわけではない．セルフライゲーションをしたプラスミドだったり，インサートが複数であったり，インサートやベクターDNAを調製する際に予想外の変異や欠失が起きてしまっていたり，向きが逆に入ってしまっている，など，目的としていない場合が多い．そこで，適切にインサートDNAが組込まれたプラスミドをもつ大腸菌を選択しなければならない．その操作を**インサートチェック**とよび，以下のいくつかの方法が考えられる．

1) プラスミドを精製し，制限酵素処理やシークエンスなどにより，インサートを確認
2) カラーセレクション（ブルー・ホワイトアッセイ）で判定する
3) PCRを行う

以上を順を追って説明する．

7-1 プラスミドの精製と制限酵素処理によるインサートチェック

中太智義

プラスミドを精製（プレップ）した後，インサートDNAの全長もしくは部分長をベクターから切り出すような制限酵素処理をして，切り出されたDNAの長さを確認することにより，ベクターにインサートが組込まれたかを確認する方法である．制限酵素の組合わせによっては，向きも確認できる．他の方法（本章7-2，本章7-3）により確認した後も，この方法で再びチェックすることが望ましい．最も確実で，特別な準備のいらない簡便な方法であるが，一度に大量のクローンをプレップすることは仕事量的・物理的に難しい．また電気泳動上のDNA断片の長さの差だけでインサートDNAがベクターに入ったかを判断するので，めぼしいクローンが得られたら，シークエンスなどで最終確認することが望ましい．

準備するもの

・マスタープレート用プレート
・大腸菌の培養とプレップに必要な試薬と器具 ⓐ
・アガロースゲル電気泳動に必要な試薬と器具 ⓑ
・制限酵素処理に必要な試薬と器具 ⓒ

プロトコール

🕐 5時間

❶ 実験を行う前日に，次の日にプレップを行う分の大腸菌コロニーを選んで，マスタープレート ⓓ を作り，同時に2 mLの液体培地に植菌しておく ⓐⓔ
　⬇
❷ プレップを行う ⓐⓕ
　⬇
❸ 適当量のDNAを制限酵素処理する ⓒⓖ
　⬇
❹ アガロース電気泳動を行う ⓑ
　⬇
❺ 結果を解析する（図10）

ⓐ 第3章，第5章2参照．
ⓑ 第8章参照．
ⓒ 第6章2参照．
ⓓ 第3章5-2 ⑤ 参照．
ⓔ ライゲーション反応時にネガティブコントロール（本章4，One point参照）を行ったのであれば，それと本反応のコロニー数を比較し，何本植菌するかを決める．例えばネガティブコントロールでコロニーが1つも出ていなければ本反応におけるセルフライゲーションはほぼ皆無であるので，1～2本ほど植菌すれば十分である．また本反応のコロニー数がネガティブコントロールの1.5倍ほどであれば，本反応におけるセルフライゲーションの確率が2/3ほどあるので，最低でも3本，余裕があれば5本ほど植菌する．また，インサートDNAのベクターに挿入される向きが不確定で，かつ片方の向きのみが正解な場合，インサートをもつプラスミドのうち1/2が失敗であるので，植菌数はさらに2倍にした方がよい．
ⓕ プレップは通常アルカリプレップ法で行う．インサートチェックのためのプラスミドの純度はさほど高くなくてもよい（制限酵素で切断され，電気泳動できる純度であればよい）．
ⓖ インサートDNAがベクターDNAに対して十分に大きければ，制限酵素処理をしなくても，電気泳動上でインサートを含むプラスミドとそうでないプラスミドを分別できる．

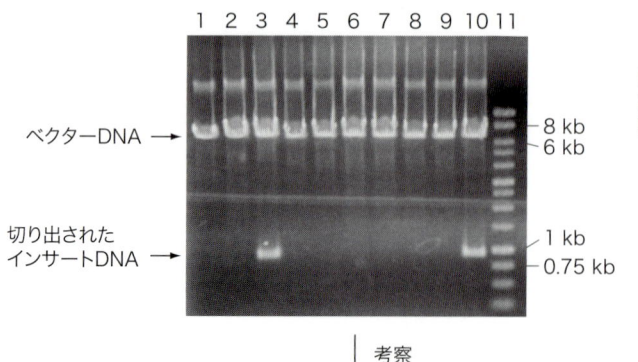

レーン1 ：ライゲーションに使用した，切断済みベクター
レーン2〜10：プレップ後，制限酵素処理した各クローン
レーン11 ：サイズマーカー

考察
レーン3と10のクローンがインサートDNAをもつプラスミド

図10 インサートチェックのための制限酵素処理後の電気泳動
7 kbのベクターに1 kbのインサートDNAを組込んで形質転換を行った後，9個のコロニーをプレップし，制限酵素処理したものを泳動

7-2　カラーセレクション
中太智義

カラーセレクションは，大腸菌のラクトースの分解に関与する遺伝子群を含む**オペロン**（ラクトースオペロン：lacオペロン）を利用したシステムである．順を追って説明する．

ラクトースを分解し，グルコースとガラクトースの産生に関与する遺伝子の1つにβ-ガラクトシダーゼがあり，それらは大腸菌のゲノム上でオペロンに関与する遺伝子〔*lac* I（i）–*lac* P（p）–*lac* O（o）〕の下流に位置している．野生型大腸菌にラクトースを加えると，このラクトースの代謝により誘導物質（インデューサー）となり*lac* Iより発現した*lac*リプレッサーに結合し，結果的にリプレッサーが*lac* O（オペレーター）から外れ，*lac* P（プロモーター）からの転写が始まってβ-ガラクトシダーゼが発現するようになる（図11A）．

β-ガラクトシダーゼタンパク質はN末端側（α断片）とC末端側（ω断片）に分けることができる．カラーセレクションが可能な宿主大腸菌では，野生型β-ガラクトシダーゼを欠損し（β-ガラクトシダーゼ不活性：*lacZ*$^-$），このω断片のみが発現するようになっている．また，この大腸菌では*lac*リプレッサーを過剰に発現するように改変が加えてある．この宿主にα断片を発現するプラスミドを導入すると，2つの断片は複合体を形成し，機能的にβ-ガラクトシダーゼ活性型となる（*lacZ*$^+$）（これをα相補性という）．この導入するプラスミドにはさらに改変が加えてあり，α断片をコードする遺伝子の途中にマルチクローニングサイト（MCS）が，α断片をコードする遺伝子の上流に*lac* P（p）–*lac* O（o）を配してある．このプラスミドを宿主大腸菌に導入すると，過剰発現した*lac*リプレッサーが*lac* Oに結合して，通常は*lac* Pからのα断片の発現は阻害される．しかし，インデューサーとして機能しうるIPTGを培地に加えると，*lac*リプレッサーがオペレーターから外れ，α断片が発現し，α相補性により*lacZ*$^+$となる．このとき，培地にβ-ガラクトシダーゼの基質となりうるX-galを加えておくと，この基質は分解されて青色に発色するので，コロニーは青く染まる（図11B-a）．一方，このプラスミドのMCSにインサートDNAが組込まれていると，α断片の全長が発現しなくなり，IPTGを加えても*lacZ*$^-$となり，コロニーは白くなる（図11B-b）．このシステムにより，インサートDNAが組込まれたかどうかをコロニーの色で判別することができる．これをカラーセレクション（ブルー・ホワイトアッセイ）という．ベクターはプラスミドのほか，ファージDNAの場合もある．

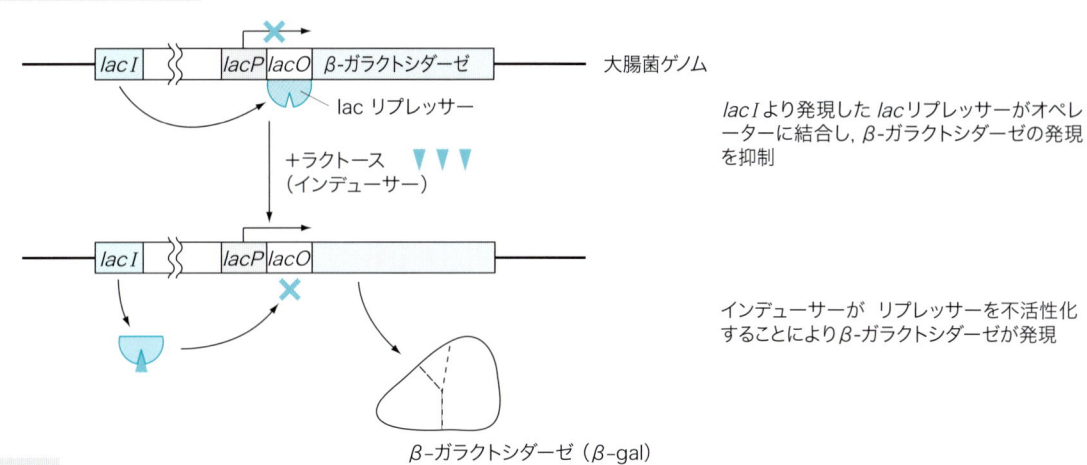

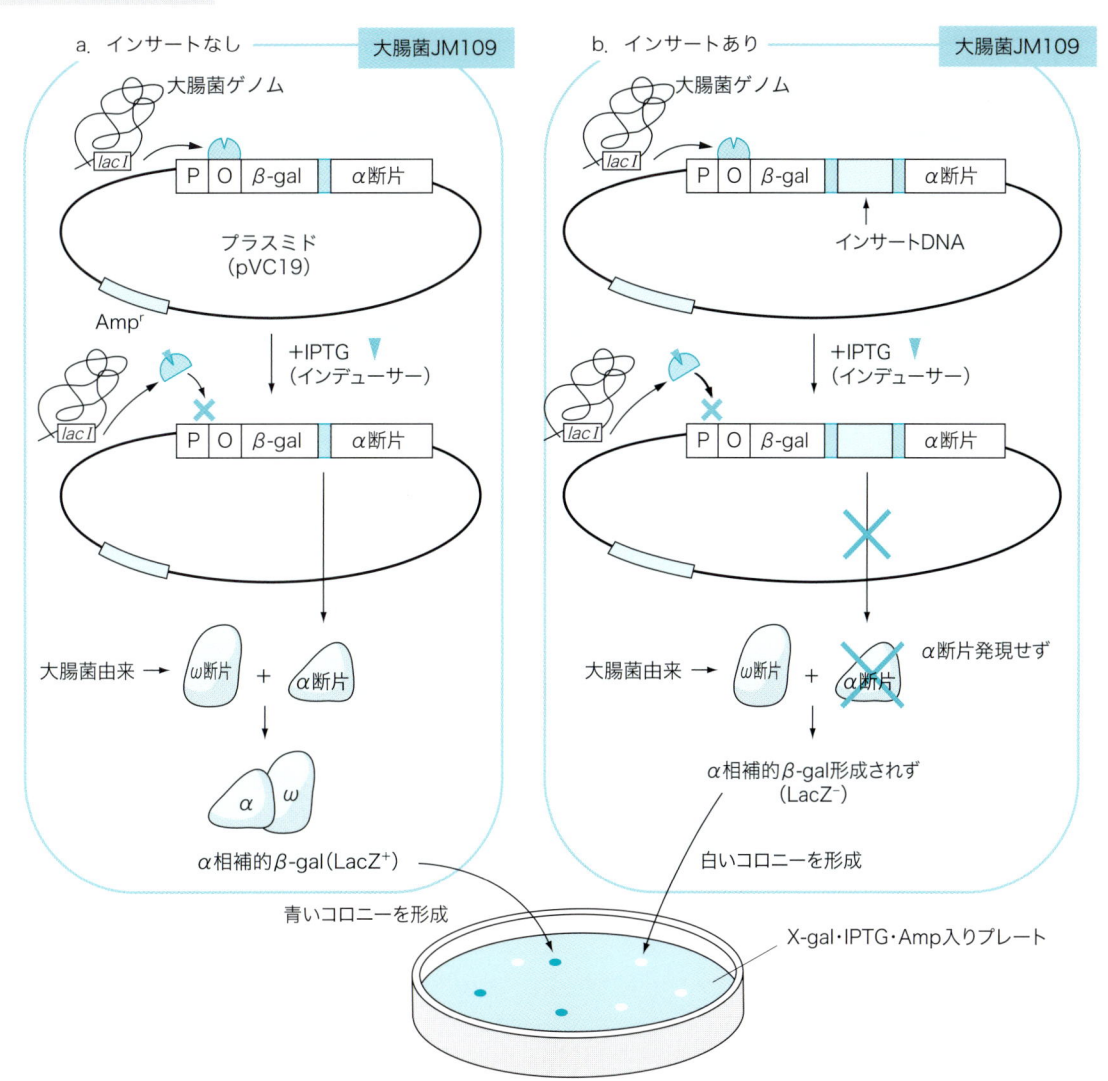

図11 ラクトースオペロンとカラーセレクションの原理

One point　カラーセレクションの注意点

必ずしも青いコロニーがすべてインサートを含まないわけではない．インサートDNAの長さが短く，インサートDNAのコドンがβ-ガラクトシダーゼのものと一致すると，発現した遺伝子が，融合タンパク質として翻訳され，弱いながらβ-gal活性をもつことがあるのである．青白いコロニーなどは疑ってみた方がよい場合がある．

カラーセレクションに必要な材料・試薬

①汎用されるα相補性可能な宿主大腸菌（β-ガラクトシダーゼ（−），ω断片発現，lac I 発現株）
- JM109：pUC系プラスミドやM13ファージベクターの宿主
- XL1-blue：λZAP Ⅱファージベクターなどの宿主

②カラーセレクションに用いられるプラスミドベクター
- pUC18, pUC19（大きさ；2,686 bp）：α断片をコードする遺伝子の途中にMCSがある．pUC18とpUC19ではMCSの向きが逆向きになっている．アンピシリン耐性遺伝子をもつ
- pBluescript Ⅱ（大きさ；2,961 bp）：α断片をコードする遺伝子の途中にMCSがある．*LacZ* プロモーターから見てマルチクローニングサイトの向きが，KS（*Kpn* Ⅰ→*Sac* Ⅰ）とSK（*Sac* Ⅰ→*Kpn* Ⅰ）の2種類ある．さらに，ファージDNAポリメラーゼの複製起点となる「f1 origin」の向きにより，＋と−の2種類があり，ファージの感染により＋はLacZのセンス鎖の一本鎖DNAが，−はアンチセンス鎖の一本鎖DNAがつくられる．アンピシリン耐性遺伝子をもつ

③試薬
- X-gal（5-Bromo-4-chloro-3-indolyl-β-D-galactoside）：β-ガラクトシダーゼにより分解され青色に発色する．20 mg/mLになるようにN,N-ジメチルホルムアミドに溶解して4℃にて遮光保存する．カラーセレクションを行う際は，形質転換後に大腸菌をまくプレートに，この保存用液の1/500を加えたもので作製する
- IPTG（Isopropyl-1-thio-β-D-galactoside）：*lac* リプレッサーに結合し，*LacZ* プロモーター〔*lac P*（p）〕からの *LacZ* の転写を誘導するオペロンにおける誘導体として機能する．代謝によって分解されないので，ラクトースの代わりに使用する．100 mMになるように超純水に溶解して濾過滅菌後，4℃で保存する．カラーセレクションを行う際は，形質転換後に大腸菌を播くプレートに，この保存用液の1/1,000を加えたものを作製する

上記2試薬を含んだプレートは，あまり長く保存しないようにする．ともに分解などにより，上手くカラーセレクションが行えないおそれがある．したがって，少量のプレートを作るようにする．もしくは，適当量を使用直前にプレートに塗って，セレクションを行ってもよい．

7-3　PCRによるチェック

青木　務

プラスミドにDNA断片をサブクローニングした後，得られたコロニーからプラスミドを抽出せずに，PCR法を用いて簡単に成否をチェックすることができる．制限酵素を用いたチェックに比べて経済性で劣るため常に推奨できる方法ではないが，大腸菌の培養やプラスミド調製を省くことができるため一刻を争う実験での時間短縮や省力の面で効果がある．

PCRに用いるプライマーは，プラスミドベクターのクローニングサイトの両端の配列を用

いるのが簡単である（図12A）．ただし，この場合には目的遺伝子以外の断片がサブクローニングされてしまった場合にも，（断片の大きさが同じならば）見分けがつかないことがある．確実を期すならば，目的断片の中の配列とクローニングサイトのプライマーとの間で増幅を行う方がよい．この場合，クローニングサイトのプライマーは2種あるので1サンプルあたり2反応行わなければならないが，サブクローニングされた方向も知ることができる（図12B）．なお，ここではサンプルの調製法のみ解説することとし，PCR法の具体的な操作については**第10章**を参照していただきたい．

A) ベクターのクローニングサイトのプライマーでPCRを行う場合

B) ベクターのプライマーとサブクローニングした遺伝子内のプライマーでPCRを行う場合

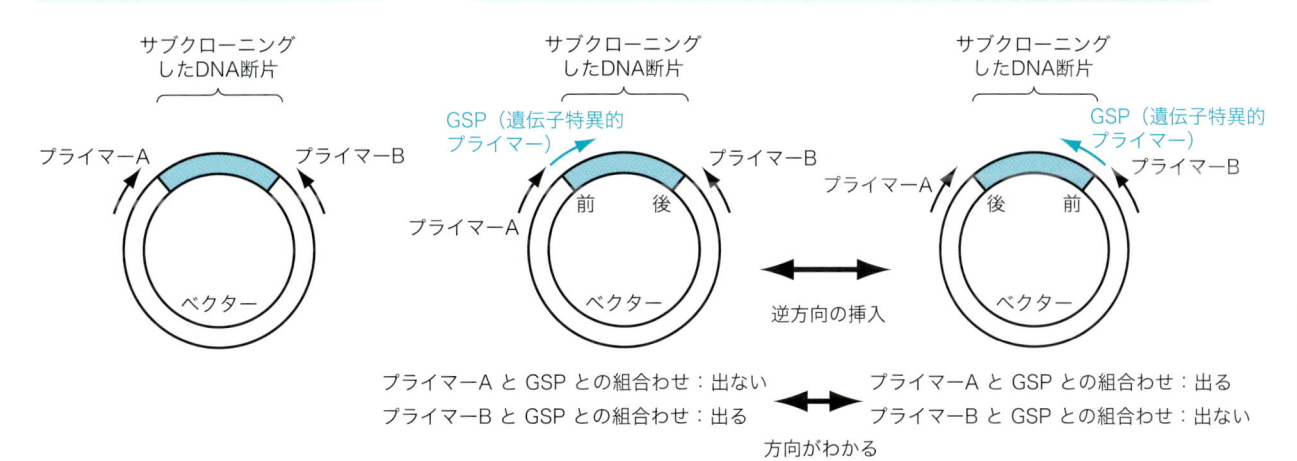

プライマーA と GSP との組合わせ：出ない
プライマーB と GSP との組合わせ：出る

⇔ 逆方向の挿入 ⇔

プライマーA と GSP との組合わせ：出る
プライマーB と GSP との組合わせ：出ない

方向がわかる

・サブクローニングされた断片の大きさはわかる

・サブクローニングされた断片が目的の遺伝子であることが確認できる
・断片のベクターに対する方向がわかる

図12　コロニーからのPCRで用いるプライマーの組合わせ

準備するもの

◆機器
・オートクレーブした爪楊枝
・LAプレート
・菌体加熱用の1.5 mLチューブ
・PCR用チューブ
・1.5 mLチューブを98℃に加熱する装置（ウォーターバスなど）
・PCR装置
・その他PCR反応に必要な試薬，機器（**第10章**を参照）

プロトコール

⏱ コロニー処理：30分，PCR：3時間

❶ LAプレート1枚を用意し，裏面を区切ってクローンの番号をふっておき，マスタープレートとする[a]

[a] 付録（219ページ）のグリッド台紙をコピーしてプレートの裏に貼ると便利である．

❷ 調べるコロニーの数のチューブを用意し，番号をふってから50～100 µL程度の滅菌超純水を分注しておく

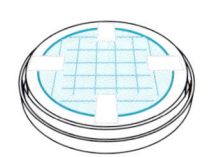

❸ オートクレーブ滅菌した爪楊枝でコロニーを突く

⬇

❹ チューブに爪楊枝を入れて大腸菌を懸濁する

⬇

❺ チューブのフタを閉めたら，マスタープレートのクローン番号の位置を同じ爪楊枝でひっかく

⬇

❻ すべてのクローンが終了したら，マスタープレートはコロニーが生えるまで37℃におく

⬇

❼ チューブは98℃で3分間加熱した後，室温，14,000 rpmで遠心する

⬇

❽ 上清の数μLをPCR反応のテンプレートとして用いる．PCR用の酵素溶液はサンプル数分をまとめて調製した方が効率的である

参考文献

1) Ausubel, F. M. et al. : Current Protocols In Molecular Biology, John Wiley & Sons, Inc., 1999
2)「ラボマニュアル遺伝子工学 第3版」（村松正實 編），丸善，1996

第8章

アガロースゲル電気泳動
大きなDNA断片の分離

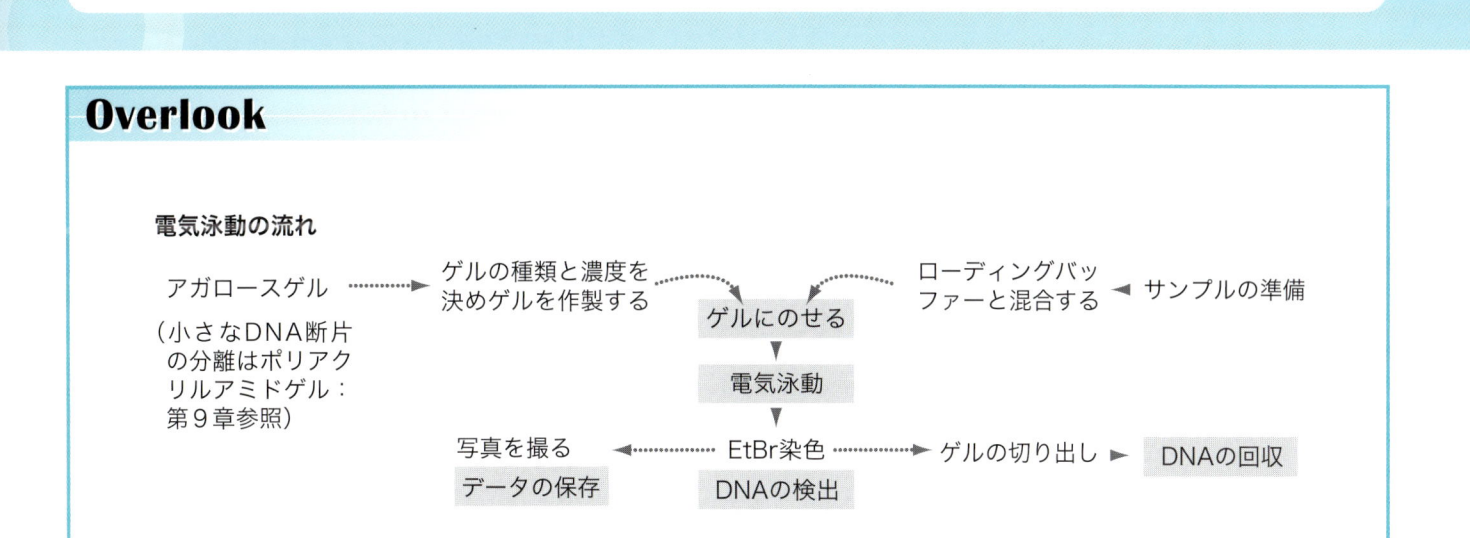

Overlook

電気泳動の流れ

アガロースゲル → ゲルの種類と濃度を決めゲルを作製する → ゲルにのせる ← ローディングバッファーと混合する ← サンプルの準備

（小さなDNA断片の分離はポリアクリルアミドゲル：第9章参照）

ゲルにのせる → 電気泳動 → EtBr染色 → ゲルの切り出し → DNAの回収

写真を撮る ← EtBr染色
データの保存　　DNAの検出

1　電気泳動の原理と種類

田村隆明

1）電気泳動とは？

　電気泳動法はDNAやRNAの分析や精製などを目的として，遺伝子工学実験において非常によく用いられる基本的な技術である．アガロースやポリアクリルアミドなどのゲルに電圧をかけると，その中の荷電している分子がゲルの網の目をくぐって移動する．このとき，分子の構造，大きさに違いがあると移動速度に差が生じる．この移動速度の差を利用して分子を分離するのが電気泳動による核酸の分離である．

　DNAを構成するヌクレオチドは塩基とリン酸基が分離して荷電しているが，二本鎖DNAの場合，各塩基の電荷は相補鎖間の水素結合によって打ち消されている．このため分子全体ではリン酸基の荷電のみであり，その荷電量はヌクレオチド数（DNAの大きさ）に比例する．また二本鎖DNAは鎖状構造をとっているため，立体構造は泳動速度に影響を与えない．つまり泳動速度の差は構造の違いに関係なく，大きさの違いによってのみ生じることになる．DNAの分子は，大きいものほど網の目につかえやすいため移動が遅くなり，小さいものほどゲルの網の目の隙間を早く移動する．こうして，DNAの大きさのみに依存した泳動パターンが得られる．タンパク質はアミノ酸組成の違いにより，pHに依存した荷電状態（「＋＋」〜「＋」〜「±」〜「−」〜「−−」）をとるが，核酸は強く負に荷電しているため，電気泳動では必ず陽極へ向って移動する．

　これに対し，二重らせん構造をとらないRNAや一本鎖DNAでは，塩基の荷電が相補鎖によって打ち消されることがない．さらにヘアピンループなど，分子内の水素結合により複雑な立

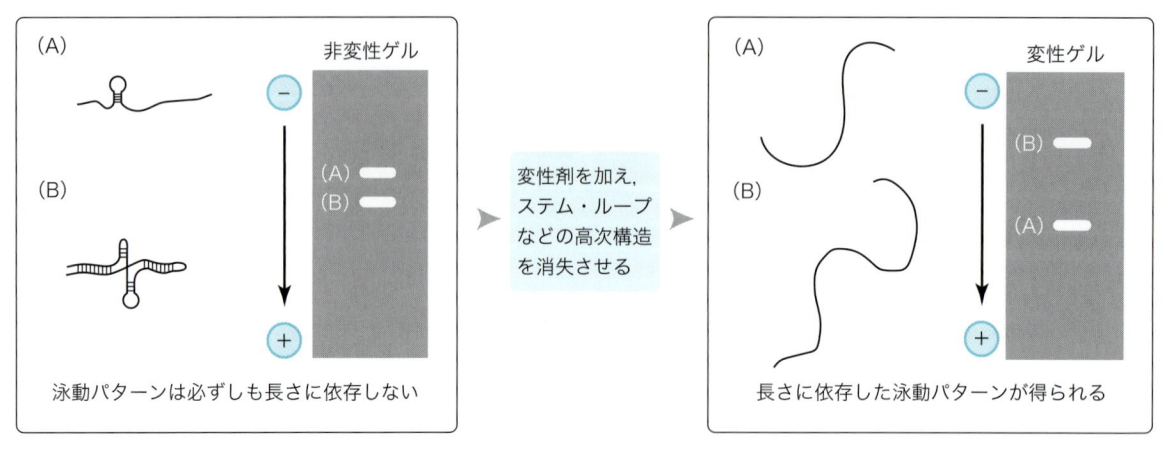

図1　一本鎖核酸の高次構造と電気泳動

体構造を形成し，これらが泳動度に影響を与える．このため，これらの核酸を分子の長さに依存して正確に分離するためには，ゲルとバッファーに尿素やホルムアルデヒドのような核酸変性剤を加え，核酸が分子内で二次構造をつくらないようにしてから電気泳動する必要がある（図1）．

2）電気泳動でできること

電気泳動により，分子の長さだけでなく二次構造の違いによっても核酸を分離することができる．第5章のような方法で精製したプラスミドの多くは閉環状DNA（form Ⅰ）の構造をしているが，開環状（form Ⅱ）や直鎖状（form Ⅲ）の構造をとるものも一部混在している（図2）．このように二次構造が違えばそれぞれ移動度も変わるが，プラスミドを制限酵素で1カ所切断すればすべてform Ⅲの形になるので，DNAを分子量に応じてきれいに分離することができる．

通常のアガロース電気泳動では数十kbp以上のDNAを分離することはできないが，電場の方向を断続的（パルスとして）に変換するとDNA分子は伸び縮みをくり返しながらゲルの網目の中を移動する．このとき，大きなDNAほど方向転換に時間がかかり，相対的に移動度が

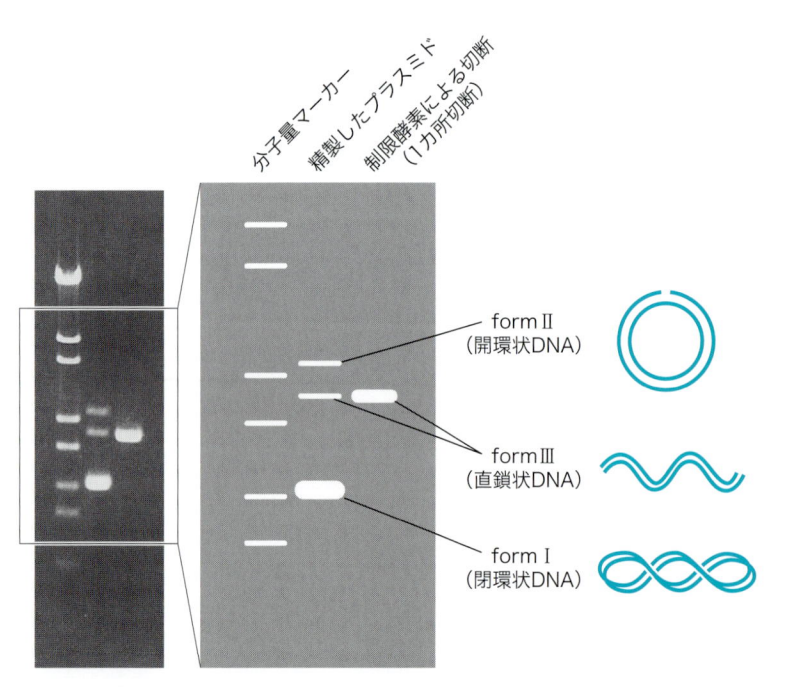

図2　DNAの二次構造による移動度の違い

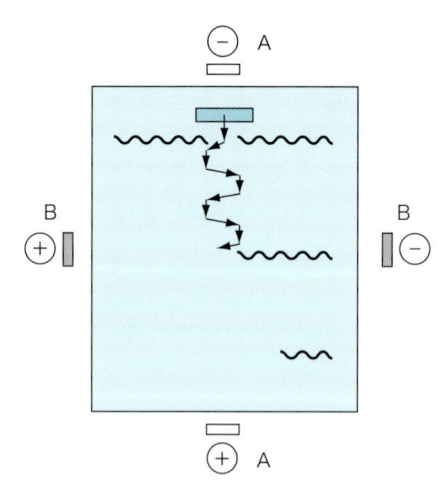

図3　パルスフィールド電気泳動による巨大DNAの分離

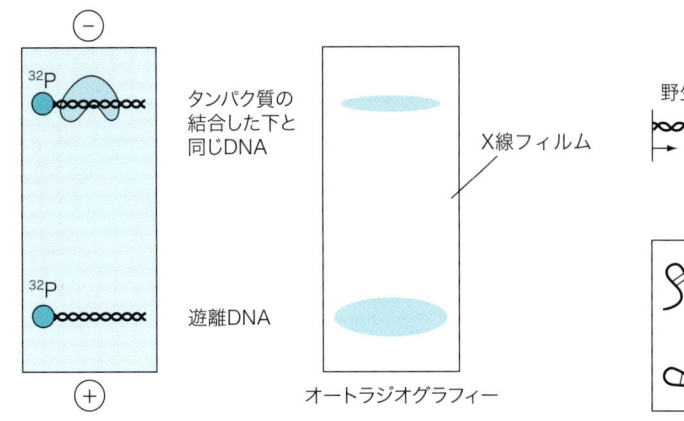

図4 ゲルシフトアッセイ（EMSA）

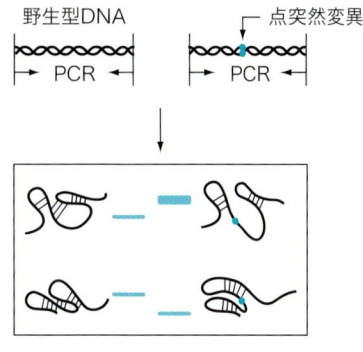

図5 SSPC（PCR-SSPCの例）

遅くなる．このようにして巨大なゲノムDNAや染色体を分離する方法が**パルスフィールド電気泳動**（図3）である．

電気泳動によりDNAとタンパク質との結合を検出することもできる．DNAとタンパク質が結合すると，形成された複合体の移動度が遊離のDNAよりも遅くなるため，ポリアクリルアミドゲル（巨大複合体の場合にはアガロースゲルを用いる）を用いて電気泳動を行うと，複合体が分離できる（**ゲルシフトアッセイ**，Electro-Mobility Shift Assay：**EMSA**ともいう）（図4）．

一本鎖DNAの二次構造を分析するには**SSCP法**（Single Strand Conformation Polymorphism）を用いる．一本鎖に変性させたDNAを非変性条件に戻すと，ヘアピンループなどの分子内高次構造を形成する．この構造の違いは非変性条件のポリアクリルアミドゲルの電気泳動で移動度の差として検出される（図5）．

本項ではアガロースを支持体として用い，DNAを分子量によって分離する一般的な電気泳動の方法を中心に述べる．また，ポリアクリルアミドゲル電気泳動については**第9章**で述べる．

3）アガロースゲル電気泳動とポリアクリルアミドゲル電気泳動

サイズが5〜20 kb程度のDNAを分離する場合，アガロースゲル電気泳動を行う．分離能のよさや簡便さから，最も一般的なDNAの分離法となっている．より小さなDNA断片の分離にはポリアクリルアミドゲルを用いる（表1参照）．

表1　電気泳動による核酸の解析

目的	分子の大きさで分離する				
方法	1〜2,000 bp	二本鎖DNA 0.1〜数十kbp	数Mbp（ゲノムなど）	一本鎖DNA	RNA
支持体	ポリアクリルアミド	アガロース	アガロース	ポリアクリルアミドまたはアガロース	アガロース
変性剤の有無	なし	なし	なし	変性	変性
電流の流し方	普通	普通	変則的[a]	普通	普通

目的	構造の違いで分離する		
方法	一本鎖DNA[b]	二本鎖DNA	DNAとタンパク質の複合体[c]
支持体	ポリアクリルアミド	アガロース	ポリアクリルアミド
変性剤の有無	なし	なし	なし
電流の流し方	普通	普通	普通

[a] パルスフィールド電気泳動
[b] SSCP（Single Strand Conformation Polymorphism）法
[c] ゲルシフトアッセイ

2 アガロースを選択する

田村隆明

アガロースは寒天の主成分で，沸騰水近くの温度で溶解し，冷ますとゲル化する性質をもつ．ゲル化したアガロースは網目状構造をもち，核酸などの高分子物質を保持分離するのに優れている．各メーカーからそれぞれの精製度，強度，ゲル化温度をもつアガロースが発売されており，目的に合ったものを使用する．DNAの一般的電気泳動にはアガロースS（和光純薬工業社），アガロースHI4（タカラバイオ社）などを用いるが，分離しようとするDNAのサイズと適正なアガロース濃度との関係は表2のようになっている．アガロースを溶かしてDNAを回収することがあらかじめわかってる場合は，低融点アガロース〔アガロースLO3（タカラバイオ社）やアガロースLM-3（コスモ・バイオ社）〕を用いることもある．200 bp以下の短いDNA断片を分離しようとする場合はNuSive®GTG®アガロース（FMC社）を用いる．ゲルからDNA断片を切り出し，精製して使用とする場合は，高価だが純度の高いFMC社のSeakem®GTG®アガロースを推奨する．

表2　DNAのサイズと分離に有効なゲルの濃度

アガロースゲルの濃度（%W/V）	分離できるDNAのサイズ（kbp）	計り取るアガロース(g)/500 mL TAE
0.3	5 〜 60	1.5
0.6	1 〜 20	3.0
0.7	0.8 〜 10	3.5
0.9	0.5 〜 7	4.5
1.2	0.4 〜 6	6.0
1.5	0.2 〜 3	7.5
2.0	0.1 〜 2	10.0

3 試薬の調製

田村隆明

電気泳動用のバッファーとしてはTBEバッファーかTAEバッファーのいずれかを用いるが，アガロースゲル電気泳動では後者の方が一般的である．これはTAEバッファーは長時間通電すると劣化しやすく，TBEバッファーは緩衝能が高いものの，DNAをゲルから切り出して使用しようとする場合，問題が生じやすいという理由による．それぞれ濃いストック溶液を作っておき，使用するときに希釈する．通常の短時間の泳動であれば数回は連続して使用できるが，TAEバッファーの場合は念のためpH試験紙などでチェックした方がよい（特にゲルタンクが陽極と陰極に分かれているタイプの装置の場合）．

電気泳動しようとする試料にはローディングバッファーを試料に対して約20％の割合で混合する．ローディングバッファーには試料をゲルに作られた試料注入用の穴（ウェル）に沈みやすくするように，比重が高いグリセロールやショ糖が加えられている．さらに電気泳動時間の目安になるような負に荷電した特異的な色をもつ色素（トラッキングダイ）としてBPB（ブロモフェノールブルー：濃い青色）やXC（キシレンシアノールFF：青緑色）が加えられる[a]．以下にその調製法を示す．

[a] BPBより低分子側の核酸はバンドが広がってしまい，上手く分離ができない．BPBを加えて分離限界の目安とするのが一般的である．XCは，より高分子の核酸の位置を知るため，あるいはBPBが陽極側へ流れきった後も泳動を継続する場合の目安として用いる．

1）電気泳動に用いられるバッファー類

50×TAE（Tris-acetate-EDTA）
Tris base	242 g
酢酸（acetic acid）	57.1 mL
EDTA・2Na（2H$_2$O）（同仁化学研究所）	18.6 g

超純水で1 Lにする．室温で保存

10×TBE (Tris-borate-EDTA) ⓑ	
Tris base	108 g
ホウ酸（boric acid）	55 g
EDTA・2Na（2H$_2$O）	3.7 g

超純水で1Lにする．室温で保存

ⓑ 室温でしばらく保存していると，沈殿が出てくることがあるが，通常はそのまま使用して問題ない．あまり沈殿が多くなったら作り直す．

6×ローディングバッファー		（最終濃度）
ブロモフェノールブルー（BPB：和光純薬工業社）	25 mg	（0.25%）
キシレンシアノールFF（XC：和光純薬工業社）	25 mg	0.25%）
グリセロール（和光純薬工業社）	3 mL	（30%）
0.5 M EDTA（pH 8.0）	100 μL	（5 mM）

超純水で10 mLにする．4℃で保存

エチジウムブロマイド（EtBr）溶液（10 mg/mLストック）		
エチジウムブロマイド（和光純薬工業社）	500 mg	（10 mg/mL）

超純水で50 mLにする．遮光，4℃で保存ⓒ

ⓒ エチジウムブロマイドは発癌性があり危険なためプラスチック（あるいはゴム）製の使い捨て手袋をして取扱う（第2章6③参照）．

2）サイズマーカー

電気泳動によりDNAの長さを推定するため，既知の長さのDNA断片の混合物を同時に泳動して**サイズマーカー**（あるいは分子量マーカー）として用いる（**図6**）（**付録5参照**）．各種のものが市販されているが，

以下にDNAを制限酵素で処理して自作する方法を紹介する．

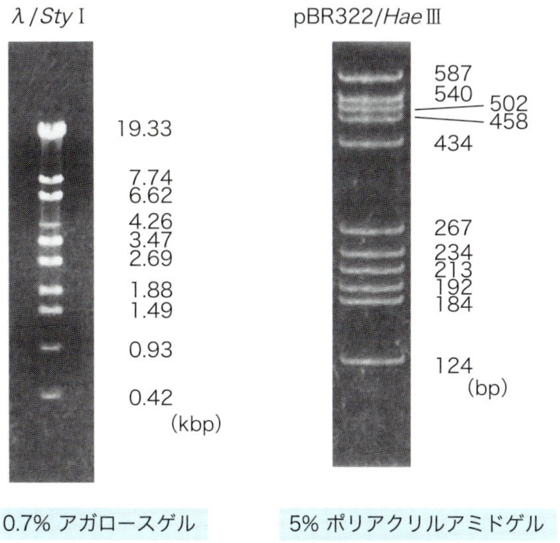

λ/StyⅠマーカー		
λ DNA（ニッポンジーン社）	＿μL	（15 μg相当分）
10×Hバッファー（〃）	24 μL	
StyⅠ（30 unit：〃）	3 μL	

超純水で240 μLにする

❶ 37℃で4時間〜一晩インキュベートし，DNAを消化する

❷ 6×ローディングバッファーを60 μL加える（計300 μL）．4℃で保存し，1回につき5 μL使用する

pBR322/HaeⅢマーカー		
pBR322（第5章2のアルカリプレップ・ラージスケール法に従って調製）	＿μL	（30 μg相当分）
Mバッファー（ニッポンジーン社）	8 μL	
HaeⅢ（8 unit：〃）	5 μL	

超純水で80 μLにする

❶ 37℃で4〜5時間インキュベートし，DNAを消化する

❷ TE（第2章5②を参照）を225 μL，6×ローディングバッファーを75 μL加える（計380 μL）．4℃で保存し，1回につき2 μL使用する

λ/StyⅠ
19.33
7.74
6.62
4.26
3.47
2.69
1.88
1.49
0.93
0.42
(kbp)
0.7% アガロースゲル

pBR322/HaeⅢ
587
540
502
458
434
267
234
213
192
184
124
(bp)
5% ポリアクリルアミドゲル

図6 電気泳動に用いるサイズマーカーの例

4 電気泳動の実際

田村隆明

1 通常ゲルの場合

準備するもの

◆1 機械・器具
- ゲル成形トレイ[a]（日本エイドー社）
- コーム[b]（くし）（日本エイドー社）
- テープ[c]
- サブマリン電気泳動装置（日本エイドー社, #NB-1010）

◆2 試薬（本章3参照）
- アガロース：TAEまたはTBE（TAEが一般的）に溶かして用いる
- 電気泳動バッファー（アガロースを溶かしたものと同じにする）
- ローディングバッファー

[a] 6 cm×9 cmのゲルで12レーンのコームの場合，バッファーの液量は5～10 mLが適量．

[b] 6 cm×9 cmのゲルトレイには，12レーンのコームが一般的．1レーンの幅が広い4レーンや3レーンのコームなどもある．

[c] テープ：オートクレーブテープ，ビニールテープなど．幅が2 cm程度（トレイの厚さと同じ幅）であればよい．

プロトコール　約90分

❶ アガロースを計量して（表2）耐熱広口ビンに入れ，バッファー（TAEまたはTBE）を加え，オートクレーブ（121℃，1分間）または電子レンジ（5～10分間）でゲルを完全に溶かす[d]

❷ その間に，ゲル成形トレイにテープを貼り，コームをセットして水平台に用意しておく

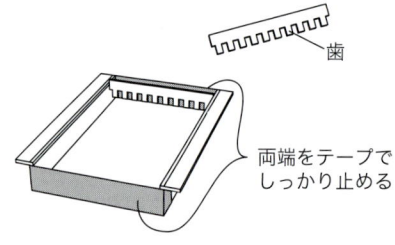

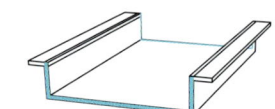

幅2 cmくらいのテープが■部分に密着するようにとめる．しっかりとめないと，ゲルを流し込んだときにそこから漏れてしまう

歯

両端をテープでしっかり止める

❸ ゲルが50～60℃（手で触れられる程度）になったら，ゲル成形トレイに流し込む[e]

コーム

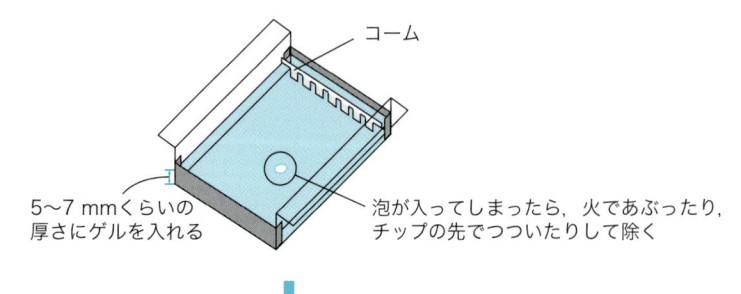

5～7 mmくらいの厚さにゲルを入れる

泡が入ってしまったら，火であぶったり，チップの先でつついたりして除く

❹ ゲルが固まったら，テープは外し，コームを差したままサブマリン電気泳動装置にセットする[f][g]

[d] 一度溶かしたアガロースでも，もう一度加熱して溶かせば使用できる．溶解・沸騰した直後にフタを開けると水分が蒸発してしまう．これをくり返すとゲルの濃度が濃くなってしまうので，沸騰したアガロースは室温ないし流水中に放置し，手で触れるくらいまで冷ましてからフタを開ける．

[e] ゲルがきちんと固まったのを確認してからバッファーに浸し，そっとコームを抜くようにする．固まる前に動かしたりコームを抜いたりすると，ウェルがつぶれてしまう．乾燥さえしなければ，4℃で1～2週間，常温で数日は保存できる．

[f] 低融点アガロースは，ゲルが固まるのに3～10倍くらいの時間がかかる．

[g] 泳動は陰極（黒）から陽極（赤）へすること!! ベテランでもついうっかりミスしてしまうことがある

❺ 泳動バッファーをゲルが完全に浸る程度まで満たし，コームを注意深く抜く

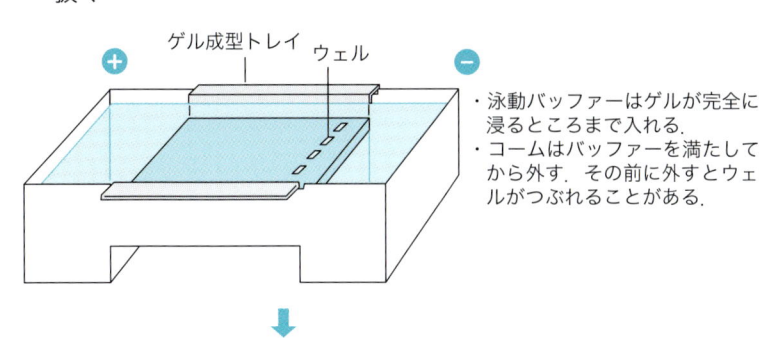

・泳動バッファーはゲルが完全に浸るところまで入れる．
・コームはバッファーを満たしてから外す．その前に外すとウェルがつぶれることがある．

❻ 電極にコードを取りつける．泳動の上流側を陰極【−】（黒）に，下流側を陽極【＋】（赤）にする

❼ 泳動するDNA試料(h)をローディングバッファーと混ぜる（試料：ローディングバッファー＝５：１となるように混ぜる）(i)(j)．その後ウェルの中に静かに試料を入れる

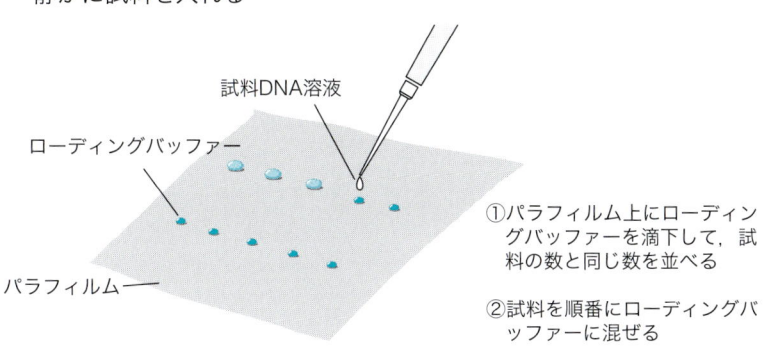

①パラフィルム上にローディングバッファーを滴下して，試料の数と同じ数を並べる
②試料を順番にローディングバッファーに混ぜる

❽ 定電圧で泳動する（6 cm×9 cm，0.7％アガロースゲルの場合，80～100 Vで1時間くらいが一般的）(k)．BPB（早く流れる方）が7～8割程度移動したところで泳動を止める(l)

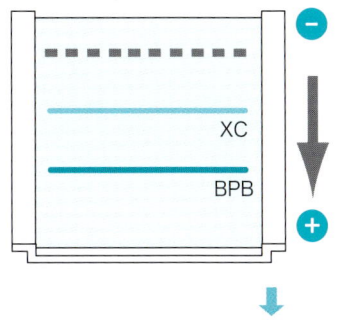

❾ エチジウムブロマイド溶液に浸す(m)

(h) エタノール沈殿後のDNAを泳動するときは，十分にエタノールを蒸発させておく．エタノールが残っているとアプライするときに試料が拡散してしまう．またエタノール沈殿後の試料に大量の塩類が存在してると，試料の塩濃度が濃くなり，泳動が乱れる．

(i) 電気泳動する試料溶液の塩濃度は，泳動バッファーの塩濃度よりも低くする．150 mM以上の塩が入っている場合は要注意（例：*Sal* I 消化したDNAをそのまま泳動する場合）．

(j) DNA試料とローディングバッファーを混合する際，チューブ内で混ぜてもよいが，パラフィルム上で混ぜる方法もある（左図）．

(k) 泳動の電圧，時間は，ゲルの濃度や分離したいDNA断片の大きさなどによって異なる．高電圧で泳動すると，DNA断片の分離が悪く，低電圧すぎるとDNA断片が拡散してしまう．大きさのあまり違わないDNA断片の分離を目的とするときや回収するサンプルを泳動するときには，50 V前後の電圧がよいようである．泳動中は周囲を整理し，また泳動槽にフタをするなどして，感電事故に注意する．

(l) 0.7％アガロースの場合，XCは約7 kb付近，BPBは約1 kbのDNA位置に相当する．

(m) 泳動後のゲルはトレイから滑りやすいので注意する．

２ ミニゲル（MuPid®）を用いる方法

電気泳動でDNAの切断パターンがひとまずわかればよいというのであれば，より簡易に電気泳動してもさしつかえない．そのために，ゲルのサイズを小さくしたミニゲル電気泳動が行われる．アドバンス社のミニゲル電気泳動システムではミューピッド（MuPid®）はこの目的のために開発されたもので，広く用いられている．

1）装置の特徴

小さな箱（20 × 14 × 8 cm）の中に泳動槽，電源装置，スイッチのすべてを組み込んでいる．100 Vの交流電流を整流せず，脈動直流をそのまま電源にするため，小型で安価である．プラグをコンセントに差し込んですぐ使え，しかも分離能には何らの遜色がない．ゲルも5 × 6 cmと小さく30分程度で泳動が終了する．ゲル作製装置も組立てられており，簡単にゲル作製ができる．

2）ゲルの作製

専用装置を用いてゲルを作る．ゲルやバッファーの選択，その他の諸注意は前述と同様である（図7）．

3）電気泳動

パワーサプライを本体に差し込み，電源プラグをコンセントに差し込み，電圧を選択する（50 Vか100 V）．試料をウェルに入れ，フタをすることより通電が開始される（図8）．メーター類はないが，電極から発生する気泡で通電を確認できる．

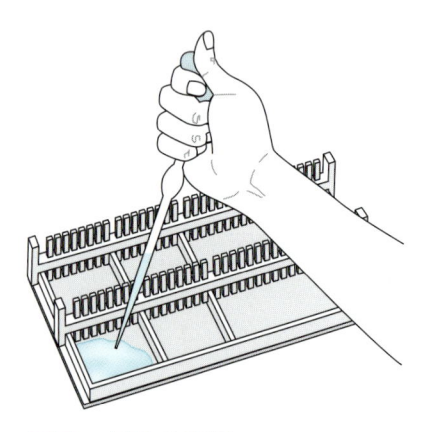

図7　ゲルの作製
専用のゲル作製板にコームをセットし，溶けたアガロースをピペットなどで流し込む

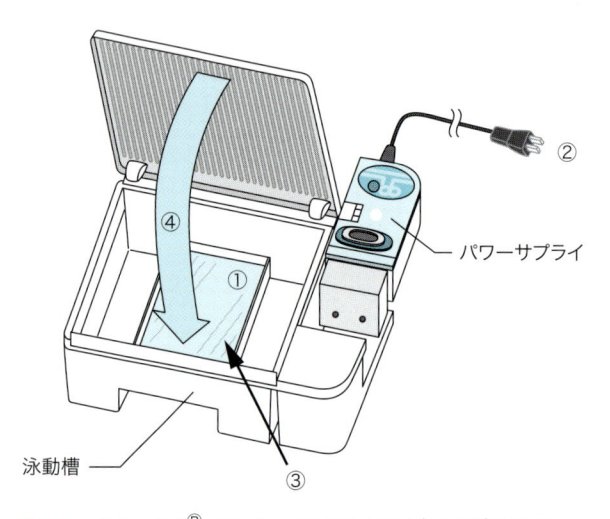

図8　MuPid®-2plus を用いるゲル電気泳動
①ゲルタンクにゲル板をセットしバッファーを入れる
②パワーサプライを挿入し，プラグをコンセントに差し込む
③試料をアプライする
④フタをして通電を開始する（泳動は右から左へ行われる）

5　DNAの検出

5-1　エチジウムブロマイドによるDNAの検出　田村隆明

準備するもの

◆1　機械・器具

・暗室（紫外線照射器の付近が暗くなるようにカーテンや箱などで囲ってあれば問題ない）
・紫外線照射装置（トランスイルミネーター：中波[a]）

[a] 302 nmあるいは312 nmの紫外線（**第2章1**，25ページ参照）．

- バット（エチジウムブロマイド溶液を入れておくためのもの）とゲルをすくうためのヘラ（お好み焼き用のヘラのようなもの）
- サランラップ
- 写真撮影装置（ポラロイド MP-4 LANDO CAMERA 社），紫外線遮断フィルター（ポラロイド MP-4 フィルターキット ＃616364）または Fluorescence Analyzer System（FAS：TOYOBO 社），AE-6911CX プリントグラフ（アトー社），GDS-7500 II（フナコシ社）など，ゲル撮影用機器

◆2 試薬

- エチジウムブロマイド溶液：0.5 μg/mL（泳動バッファー）に希釈して使用する

プロトコール　約30分

❶ 電気泳動の終わったゲルをエチジウムブロマイド溶液に10〜30分間浸す

❷ 紫外線照射装置の上にラップを敷き，そこにゲルを載せて，観察する

❸ ポラロイドカメラまたはFASで撮影する ⓑ

ⓑ エチジウムブロマイドがゲル全体に浸みわたり，ゲル全体がオレンジ色になりバンドが見えにくい場合は，ゲルを水で10〜30分くらいすすいで，バックグラウンドを消す．使用済エチジウムブロマイド溶液はハイター（塩素剤）を入れ，無毒化する．

5-2　エチジウムブロマイドを含むアガロースゲルによるDNAの分離

田村隆明

　エチジウムブロマイドを含むアガロースゲルを用いて電気泳動し，泳動中にDNAのバンドを観察することができる．短所としては，DNAにエチジウムブロマイドが結合したまま泳動されることによりDNAの移動度が多少ずれる危険性があげられる．

準備するもの

- 本章4 ①と同じ
- エチジウムブロマイド溶液

プロトコール　約1時間

❶ 最終濃度100 ng/mLとなるようにエチジウムブロマイドを加えて作製したアガロースゲルを用いて電気泳動する ⓐ

❷ 部屋を暗くし，ハンディタイプの紫外線照射装置（**第2章1**，25ページ参照）を用いてゲルに紫外線を照射すると，光るDNAのバンドを観察することができる

ⓐ **本章4** ①の❶のアガロースをバッファーに溶かすときに，エチジウムブロマイドを加える．

周囲を暗くする

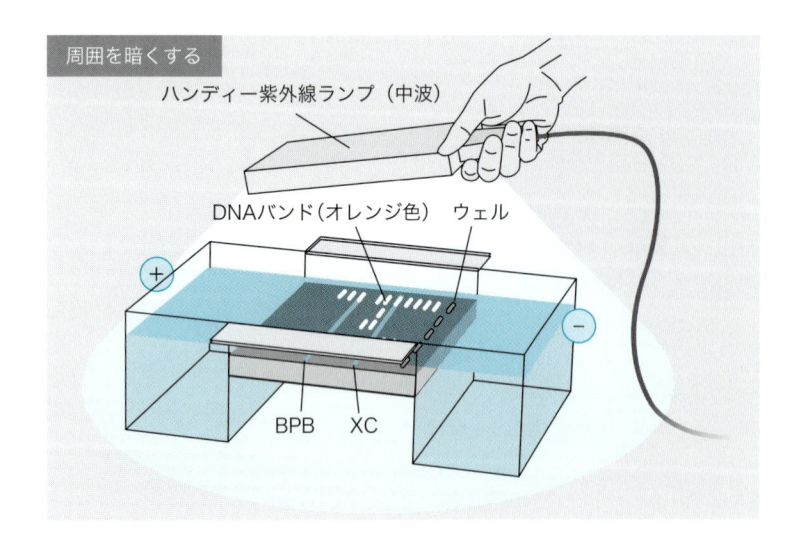

ハンディー紫外線ランプ（中波）

DNAバンド（オレンジ色）　ウェル

BPB　XC

エチジウムブロマイドを含むアガロースゲルを用いて電気泳動を行うと，泳動中に紫外線照射するとDNAのバンドを観察することができる

5-3　SYBR®Green染色を用いたDNAの染色　小池千加

　最近では発癌性の強いエチジウムブロマイドにかわる核酸染色剤が使われるようになってきた．ここではSYBR® Green I（ライフテクノロジーズ社）を紹介する．
　SYBR® Green（サイバーグリーン）は二本鎖DNAに結合し，励起光（254 nmの紫外線）を照射することによって蛍光を発する色素（インターカレーター）である．エチジウムブロマイド染色の検出に通常使われる300 nmでは検出不可能なので，専用のトランスイルミネーターを準備する必要がある．エチジウムブロマイドと比べて，毒性が非常に低いこと，検出感度が高いこと（エチジウムブロマイドの3〜5倍程度），エタノール沈殿で核酸と分離できて簡便であること，などの利点がある．ただし，劣化は早く，染色液を用時調製しなければならない．検出感度が高いので，アクリルアミドゲル電気泳動と組合わせて用いてRT-PCRの検出，定量などに向いている．
　使用法はエチジウムブロマイドとほとんど変わらず，アガロースゲルに混ぜて使用して染色する方法，電気泳動終了後に染色液を調製して10〜30分程度浸しておいて染色する方法がある．さらに泳動前にDNAを染色しておく方法も可能である．ここでは泳動後に染色する方法を紹介する．

準備するもの

・サイバーグリーンI（ライフテクノロジーズ社）−20℃保存（10 μL程度の少量に分注して保存しておくと便利である）
・TEまたは泳動に使用したTAE，TBEバッファー（サイバーグリーンIはpH感受性が強いのでpH 7.5〜8.0のバッファーを用意する）[a]
・タッパーウェアまたはバランスディッシュなど[b]
・シェーカー（あれば）
・トランスイルミネーター（波長254 nm）

[a] 筆者は泳動に用いたTBEバッファーを泳動終了後の染色に使用したが，問題なく染色された．
[b] ゲルよりも大きく深めの容器．

プロトコール　約1時間

❶ 容器にバッファーを50〜100 mL程度満たし，そこにサイバーグリーンIを10,000分の1に希釈する．均一になるようによく撹拌する

❷ 電気泳動が終了したアガロースゲルまたはポリアクリルアミドゲルを浸し，10〜30分放置する．シェーカーがあれば，容器を振盪させた方が染色が速く均一に行える[c]

❸ トランスイルミネーターにラップを敷き，その上にゲルをのせる

❹ UVランプを点灯させ，観察する[d]

[c] この後バッファーで洗浄するとバックグラウンド染色が抜けてコントラストがはっきりする．

[d] 染色されたバンドが緑色に光って見える．白黒写真では，エチジウムブロマイド染色と同じように見える．

アガロースゲルに混ぜて使用する場合にはゲル溶液に10,000分の1量を加える．また，サンプルに混ぜて使用する場合には泳動前にTE，TAE，TBEなどで10,000分の1希釈したサイバーグリーンⅠとDNAを混ぜて15分間程度放置後に電気泳動に用いる．

最近ではE-gel® with SYBR® safe（ライフテクノロジーズ社）などサイバーグリーンを用いた既製品のゲルなどもある．専用装置を使用することで，電気泳動中にDNAのバンドを検出することもできる．

6 アガロースゲルからのDNAの回収

田村隆明

電気泳動によって分離したDNAの断片を回収することは，DNA組換え実験において不可欠な操作である．実際の操作は，ゲルからのDNAの抽出・回収と，それを精製する操作に分けられる．回収する方法には，低融点アガロースを用いる方法や，ゲルを溶解する方法，DEAE濾紙を用いる方法，電気泳動的に回収する方法など，さまざまな方法がある．回収率は一般にそれほど高くない（30〜70％）．回収したDNA中に不純物の混入が多いと次に行う酵素反応を阻害する可能性があり，注意を要する．この点はDNA操作の最大の障壁の1つとなっており，初心者は特に注意して操作する必要がある．

6-1 GENECLEAN®を用いる方法

まずNaI（ヨウ化ナトリウム）でアガロースを溶解し，DNAをガラスビーズに吸着させて回収する方法を紹介する．

準備するもの

◆1 機械・器具
・恒温水槽
・微量遠心分離機

◆2 試薬
・GENECLEAN® Ⅱ KIT（フナコシ社，#3106）[a]
  - NaI
  - glass milk
  - NEW WASH CONCENTRATE 1

[a] 本キットでは0.2〜20 kbのDNAの回収が可能であるが，より能力が高い（0.1〜300 kbまで可能）GENECLEAN® Turboも販売されている．回収率はいずれも30〜70％であるが，DNAサイズが大きいほど回収率が下がる．

◆3 試薬の調製法

NEW WASH solution
NEW WASH CONCENTRATE 1
　（キットに含まれる）　　　　　　　　　14 mL
　超純水　　　　　　　　　　　　　　　280 mL
　エタノール　　　　　　　　　　　　　310 mL
　よく混ぜ，−20℃に保存しておく

プロトコール　　　⏱ 約45分間

始める前に，55℃のインキュベーターを用意し，glass milk（ガラスの微粉末）をよく懸濁する

❶ アガロースゲルから目的のDNA断片を切り出して，エッペンチューブに入れⓑ，−80℃で10〜20分凍らせるⓒ

ⓑ 切り出すときには余分なゲルはできるだけ除く．重要！

ⓒ この段階で，−20℃に保存することも可能．

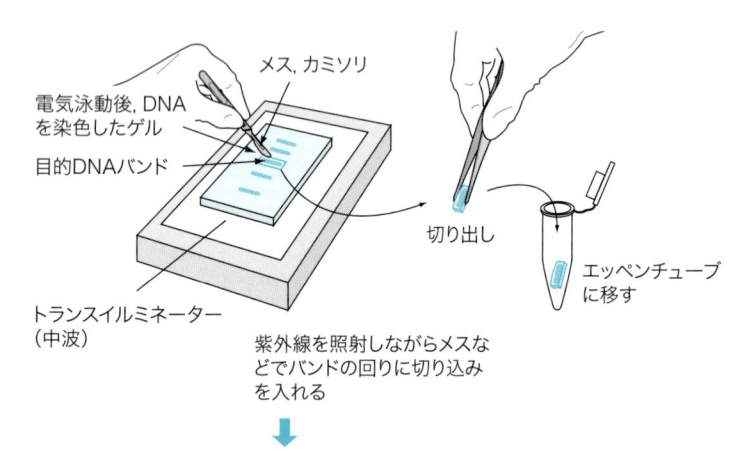

❷ 凍ったゲルを室温に戻し，チップの先でつぶす．ゲルの体積の2〜3倍量のNaIを加え，ボルテックスでゲルを完全に溶かす

❸ 55℃で3分間インキュベートするⓓ

ⓓ 完全にゲルが溶けていないときはさらにインキュベートする．最長15分間．

❹ glass milkを入れて，ボルテックスでよく混ぜるⓔ

ⓔ 白濁する．glass milkの量は，DNA $5\,\mu g$ に対して $5\,\mu L$．DNA量がそれ以上のときは，$0.5\,\mu g$ 増すごとに $1\,\mu L$ 増やす．

❺ 氷上に5分間放置後，12,000 rpmで5秒間遠心する

❻ glass milkを吸わないように注意して上清を除く（右図）

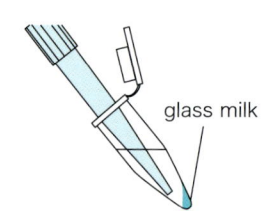

❼ NEW WASH solutionをglass milkの100〜200倍量（通常500 μL）加えて，ピペッティングやボルテックスなどでglass milkをよく懸濁する

❽ 12,000 rpmで5秒間遠心の後，注意して上清を除く

❾ ❼〜❽を3回くり返す

❿ 最後の上清は，完璧に取り除く（上清を除いた後スピンダウンし，先の細いチップで上清を完全に除く）

⓫ 8μLのTEを加え，ボルテックスでよく懸濁する[f]

⓬ 55℃で3分間インキュベートし，12,000 rpmで30秒間遠心する

⓭ glass milkを吸わないようにして上清を新しいチューブに移す

⓮ ⓫〜⓭をもう一度くり返す

⓯ 上清を集めたチューブを12,000 rpmで30秒遠心し，上清を新しいチューブに移す[g]

⓰ 遠心濃縮機で処理し（10分間），エタノールを除く[h]

[f] このとき，glass milkがチューブの上の方に飛ばないようにする．

[g] 微量に混入する恐れのあるglass milkを除くため．

[h] 一部を電気泳動あるいは第2章6 2の方法を行い，回収量と純度をチェックする．得られたDNAは，そのままライゲーションなどに用いることができる．

6-2　QIAGENのスピンカラムを使う方法

　　QIAGEN社がゲル抽出キットとして市販しているものを使用する．NaIは含んでいないが類似の塩が含まれていると思われる．この塩の高濃度条件ではアガロースゲルが溶け，しかも酸性条件にすることでDNAがガラスに吸着するという性質を利用している．スピンカラムのフィルター部分にシリカ膜を用いており，ここにDNAを吸着させる．単純な遠心操作，あるいは吸引操作でDNAが溶出，精製できるようになっている．ここでは遠心操作による方法を述べる．

準備するもの

◆1　機械・器具
・微量遠心分離機（本操作ではすべて13,000 rpmで使用する）
・高温水槽，あるいはヒートブロック（50℃で使用する）
・1.5 mLエッペンチューブ（透明なもの．切ったゲルを入れる）

◆2　試薬など
・QIAquick Gel Extraction Kit（QIAGEN社 #28704 あるいは #28706）［スピンカラム，QGバッファー，濃縮PEバッファー，EBバッファー（10 mM Tris/HCl, pH 8.5），2 mLサンプルチューブ］
・イソプロパノール
・3 M酢酸ナトリウム pH 5.0（必要な場合のみ）[a]

◆3　試薬の調製
・PEバッファーに100％エタノールを規定通りに加えて使用する

[a] QGバッファーには指示薬が入っており，ゲルが溶解した場合のpHをモニターできる．酸性（黄色）であればよいが，紫色（微アルカリ性pH 7.5以上）だとDNAは回収できない．酢酸ナトリウムはpHを酸性にするために使う．

プロトコール

❶ DNAを含むゲルをカミソリで切り取り，チューブに入れて重さ（容量）を計る．通常は0.1 g程度

❷ ゲルの3倍量のQGバッファーを加える（右図）．カラムの容量を考慮し，ゲルは0.4 g以下に抑える

❸ 55℃で3分間保温し，ゲルを完全に溶かす[b]

❹ 指示薬の色が黄色になっていることを確認する．橙色〜紫色の場合，10 μLの酢酸ナトリウムを加える（色が黄色くなる）

❺ ゲルと等量のイソプロパノールを加えて混合し，回収用2 mLチューブにセットされたスピンカラムに中身を移す（右図）

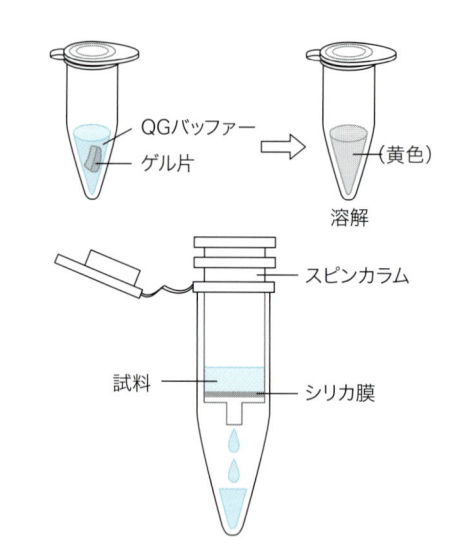

❻ 1分間遠心した後[c]，素通り分の液を捨て，再度同じチューブにスピンカラムをセットする

❼ QGバッファーを0.5 mL加えて1分間遠心し，次に0.75 mLのPEバッファーを加えて同様に遠心する．これでカラムの洗浄が行われる

❽ 素通り液を捨て，再度カラムを遠心分離機にかける

❾ カラムを新しい1.5 mLチューブにセットし，50 μLのEBバッファー，あるいは超純水を入れ，1分間遠心することによりDNAを溶出させる[d]

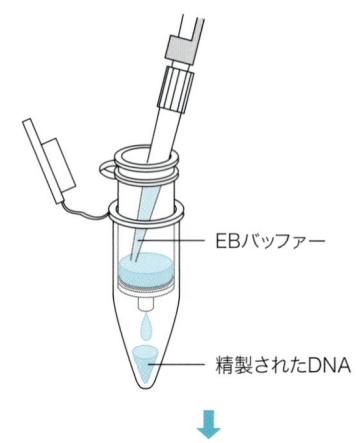

❿ 精製DNA溶液が約50 μL得られる[e]

[b] ゲルの溶解を促すため，ときどきボルテックスする．2％以上の固いゲルは溶解に時間がかかる．

[c] 遠心分離機の代わりに，専用のバキューム吸引装置を使用してもよい．最後の溶出操作を除き，以下同様．

[d] より濃いDNA溶液を得たい場合は，30 μLのEBバッファーをカラムの中央にしみ込ませ，1分間おいた後，遠心分離で回収する．

[e] この操作ではTBE，TAEいずれのバッファーでも使用できる．回収できるDNAのサイズは70 bp〜10 kbの範囲，カラムに吸着できるDNA量は最大10 μg，回収率は70％である．DNAのサイズが4 kbを超えると回収率が低下するようである．

6-3 それ以外のDNA回収方法

　アガロースゲル中のDNAは上記以外にも，以下に述べるようなさまざまな方法で回収することができる[a]．
・エチジウムブロマイド入りゲルで電気泳動している場合，DEAE-セルロース濾紙（Whatman社，DE81）を目的バンドの下流に溝を作って挟み，電気泳動的にDNAを濾紙に吸着させる（図9）．濾紙を洗浄の後，1.0 M NaClでDNAを溶出する．

[a] 回収したDNAをフェノール/クロロホルムで精製し，エタノール沈殿で濃縮した後，少量のTEバッファーに溶かす．前述のキットを用いてDNAを精製してもよい．いずれの方法も回収率は30〜70％くらいである．

- 低融点アガロースを用いて電気泳動した場合，ゲルを加熱して溶かし液量を適当なバッファーで増やした後，以降の操作（フェノール/クロロホルム精製やエタノール沈殿）に移る．通常のアガロースでもゲルを凍らせてからパラフィルムに挟んで手で絞ると（**フリーズ＆スクイーズ法**：図10），ゲルの網目構造が壊れてDNAが回収できる．
- この他にも，透析チューブにゲルを入れ，電気泳動的にDNAを溶出する方法（図11），ゲル中のDNAを薄いバッファー中に電気的に溶出し，濃い濃度のバッファーの界面で濃縮する方法，ゲルを陰極板に載せ，陽極電極を組み込んだペンのようなものでDNAを陽極側に移し取る（日本エイドー社：ペンタッチリカバリー）方法などがある．

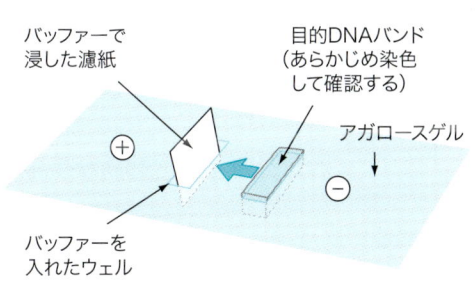

図9 DEAE-セルロースろ紙を用いる方法

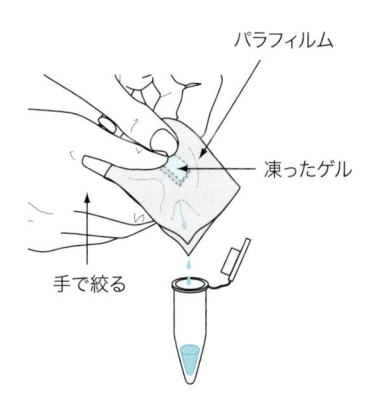

図10 フリーズ＆スクイーズ法

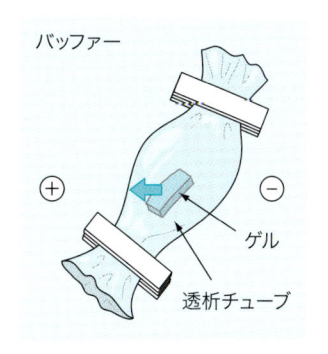

図11 透析チューブを用いる方法

参考文献

1) Sambrook, J. et al. : Molecular Cloning. A Laboratory Manual, 3rd Ed., Cold Spring Harbor Laboratory Press, 2000

第9章

ポリアクリルアミドゲル電気泳動
小さなDNA断片の分離

小池千加

1 ポリアクリルアミドゲルについて

アクリルアミドを重合させて作るポリアクリルアミドゲルは，アガロースゲルと比べゲルの網目が細かいため，短い核酸の分離能がよい．そのため，1 kbp以下のDNAをきれいに，しかも正確に分離することができ，オリゴヌクレオチドや100 bp以下の短いPCR産物などを分離するのに便利である（表1）．アガロースと同じようにゲルからDNA断片を回収することも可能である．

表1　DNAのサイズと有効なゲルの濃度

ポリアクリルアミドの濃度（%W/V）	分離するDNAのサイズ（bp）
3.5	1,000 〜 2,000
5.0	80 〜 500
8.0	60 〜 400
12.0	40 〜 200
20.0	1 〜 100

2 試薬の調製

30％アクリルアミド溶液（アクリルアミドモノマー）をストックとして保存しておき，ゲルを作製する際に最終的に目的の濃度になるように調製する（表2）．

30％アクリルアミド溶液　　　　　（最終濃度）
アクリルアミドモノマー　　　　29 g　（30％）
（和光純薬工業社）
N, N'-メチレンビスアクリルアミド　　　　　　　1 g　（1％）
（和光純薬工業社）
超純水で100 mLとする
遮光，4℃保存で数カ月間安定である

表2　ポリアクリルアミドゲルの調製

ゲルの濃度	3.5%	5.0%	8.0%	12.0%	20.0%
30%アクリルアミド溶液（mL）	1.16	1.66	2.66	4.00	6.66
10×TBE（mL）	1	1	1	1	1

※超純水で10 mLにする

3 ゲルの作製

準備するもの

◆1 機械・器具
・スラブゲル用泳動板（ガラス製，106 mm×100 mm，スペーサーの厚さ1 mm）

- スラブゲル電気泳動装置（日本エイドー社，#NA-1012）
- コーム
- シリコンチューブ
- ダブルクリップ

◆2 試薬

- 30％アクリルアミド溶液（**本章2**を参照）[a]
- 電気泳動バッファー（TBEバッファー：**第8章3**参照）
- N, N, N', N'-テトラメチルエチレンジアミン（TEMED：和光純薬工業社）[a]
- ペルオキソ二硫酸アンモニウム（過硫酸アンモニウム，APS：和光純薬工業）[a]

[a] 4℃保存．

プロトコール　約20分

❶ スラブゲル用泳動板の表面を純水でよくふき[b]，さらにエタノールでよくふいてから，ゲル板を組立てる

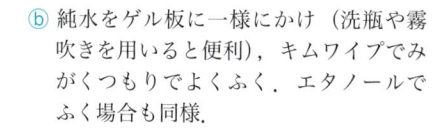

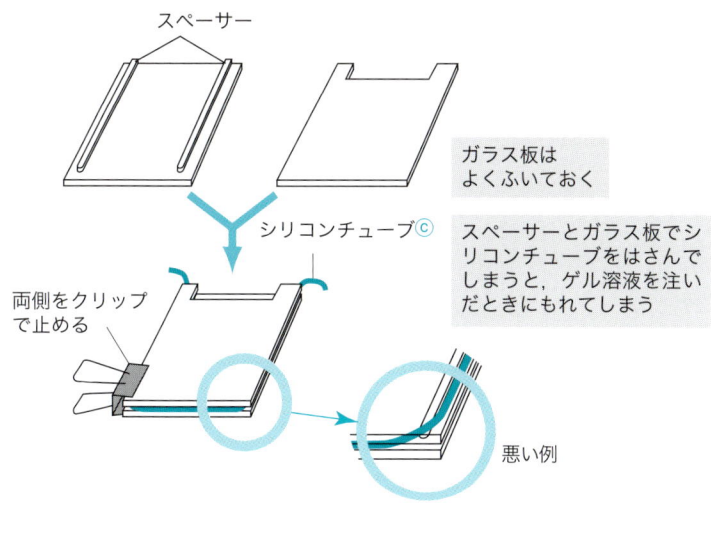

[b] 純水をゲル板に一様にかけ（洗瓶や霧吹きを用いると便利），キムワイプでみがくつもりでよくふく．エタノールでふく場合も同様．

[c] シリコンチューブではなく，ガラスシール用テープを使って組立ててもよい．

❷ 目的とする濃度のアクリルアミドゲル溶液を調製する[d]

・7％ゲルの場合
① 超純水　　　　　　　　　6.6 mL
② 10×TBE　　　　　　　　1 mL [e]
③ 30％アクリルアミド溶液　2.3 mL
④ APS　　　　　　　　　　少々 [f]
⑤ TEMED　　　　　　　　10 μL

この順番で試薬を加える．APSは固体なので完全に溶かしてからTEMEDを入れる

[d] **本章2，表2**参照．

[e] 10×TBEは長期保存していると析出してしまう場合がある．5×TBEをストックとして用いてもよい．その場合は最終濃度が1×TBEとなるよう
5×TBE　2 mL
超純水　5.6 mL
とする．

[f] APSは10％水溶液をストックとして作製して用いてもよい．その場合にはアクリルアミドゲル溶液10 mLに対してAPS水溶液100 μLの割合で加える．APS水溶液は用時調製．劣化するとゲルが固まりにくくなる．

❸ アクリルアミドゲル溶液にTEMEDを加えたら直ちにガラス板の間に流し込み，泡が入らないようにコームを差し込む

❹ ゲルが固まったらコームを抜き，ウェルの部分を純水ですすぐ[g]

[g] ゲルの破片などがあるとアプライのときに障害となったり，泳動が乱れる原因となるのでよく洗う．

❺ ゲル板をスラブ型電気泳動槽にセットする．まず，泳動槽の下のほうに泳動バッファーを入れる．組んであるゲル板からシリコンチューブを外

す ⓗ．ガラス板とガラス板の間に空気が入らないように気をつけて ⓘ ゲル板をセットし，泳動槽の上のほうにゲルが完全に浸るまで泳動バッファーを入れる ⓙ

ゲル板は切れ込みのある方が，バッファーにあたる面となるようにセットする．バッファーは切れ込みが完全に浸るところまで入れる（ゲルが完全に浸るまで）

両側をクリップで止める
(One point 参照)

ここに泡（空気）が入らないようにする．入ってしまったら，シリンジなどを使って追い出す

シリンジに先を曲げた針をつけ，泳動バッファーを送り込む
気泡
追い出す

ⓗ シリコンチューブをしたままでは電流が流れない．
ⓘ ナナメにしてセットすると比較的泡が入りにくい（下図）．

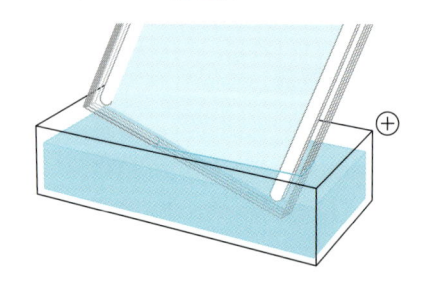

ⓙ この状態で，バッファーが乾かないようにしておけば，室温で一晩程度の保存は可能．

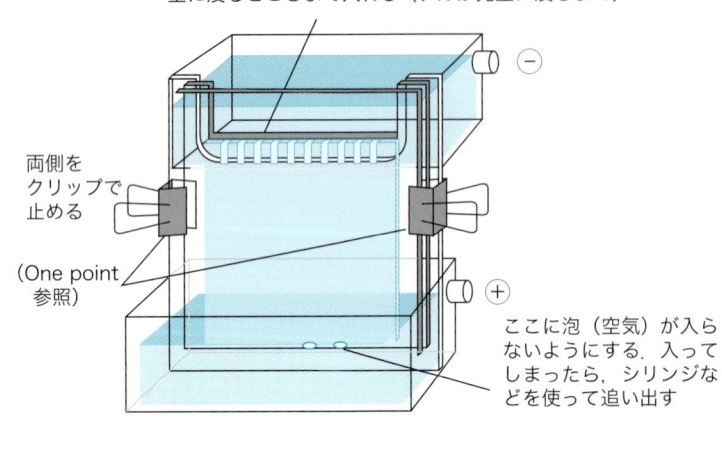

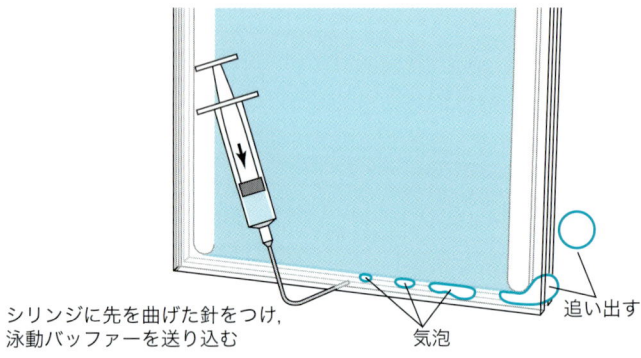

❻ 電極にコードをとりつける．上部を陰極【−】（黒）に，下部を陽極【＋】（赤）にする

One point

クリップでゲル板をしっかりはさむ！

ゲル板のクリップはしっかりと止める．泳動中に上部のバッファーがもれることがあり，その場合にはバッファーが枯渇した部分だけ電流が流れず泳動が不均一になってしまう．泳動を始めてから気がついた場合には，上部にバッファーを加えれば泳動するようになるが，不均一になったものは直らない．

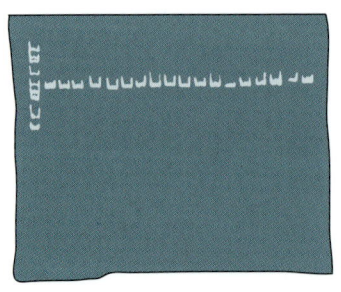

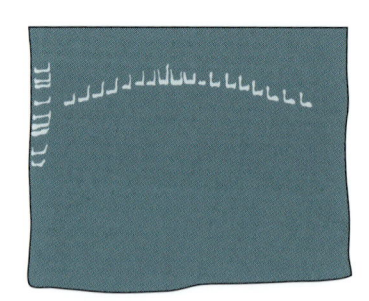

正しい泳動例　　　　　　　　　上部中央のバッファーが少なくなり，電流が流れなかった場合の泳動例

4 電気泳動の実際

準備するもの

◆1 機械・器具
・電気泳動用電源（日本エイドー社，#NC1010）

◆2 試薬（第8章3試薬の調製を参照）
・ローディングバッファー　　　・電気泳動バッファー（TBE）

プロトコール　　約1時間

❶ 定電圧100 Vで15〜30分間前泳動（pre-run）する ⓐ

❷ 泳動するDNAサンプルをローディングバッファーと混ぜる（サンプル：ローディングバッファー＝5：1となるように混ぜる　第8章4参照）

❸ 通電を止め，もう一度ウェルをシリンジなどを利用して泳動バッファーで洗浄してから，ウェルにサンプルをのせる ⓑⓒ

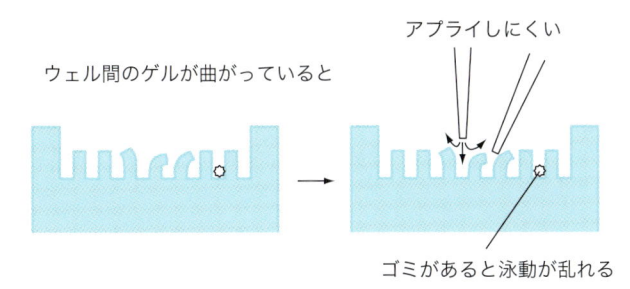

❹ 定電圧で泳動する ⓓ

❺ BPBが7割程度移動したところで泳動を止める ⓔ

ⓐ 電気泳動の担体（アクリルアミド）に含まれる不純物であるAPSやTEMEDが前泳動によってゲルから流れ出る．またあらかじめ電圧をかけることで，ゲルの状態が均一になる．

ⓑ ポリアクリルアミドゲルでは，1 ng〜20 ngくらいのDNA量での検出が可能．サンプル液量は，1〜10 μL程度がよい．サンプル量が少なすぎるときれいに泳動されないことがある．多すぎると，隣のレーンにもれたりしてやはりきれいに泳動されないことがある．アプライするサンプルの量はウェルの大きさによっても異なるので注意すること（図1）．

ⓒ サンプルをウェルにアプライするときにウェルがまっすぐになっていないと，サンプルが隣のレーンにもれたり，太さの違うバンドとなってしまう原因になる．ウェルを洗浄する際には注意し，曲がってしまったら，シリンジ・針や細いチップなどを用いて直してからアプライする（左図）．

ⓓ 106 mm × 100 mm，8 %アクリルアミドゲルの場合，80〜100 Vで1時間程度が一般的．

ⓔ 泳動を止めるタイミングは検出したいバンドの大きさによる．低分子ならば早めに，高分子ならば遅めに，ゲルの固さなども考慮に入れる．

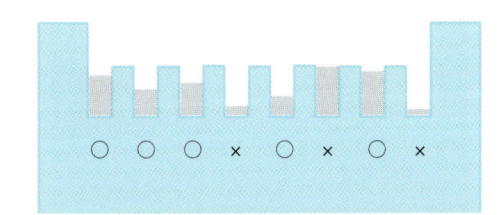

図1　アプライサンプル量
アプライサンプル量はウェルの半分〜8割程度となるようにする．
ゲルサイズ106 mm × 100 mm，スペーサーの厚さ1 mmで14ウェルのコームを使用した場合，10〜20 μLのアプライ量が適当．きれいな泳動図にしたい場合には，各レーンのアプライ量をTEなどで合わせるとよい．各サンプルのアプライ量をそろえたいときにはローディングバッファーの量も一定として，
サンプルDNA溶液＋TE（超純水，1 × TBEなどでも可）＝一定
となるように調製する

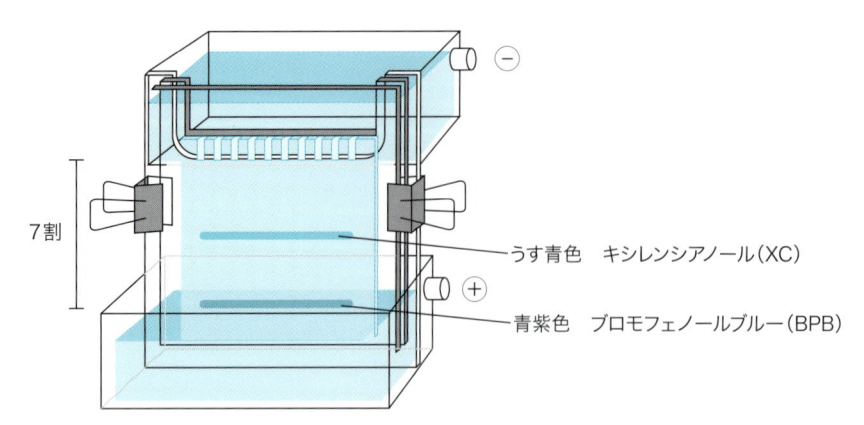

うす青色　キシレンシアノール（XC）
青紫色　ブロモフェノールブルー（BPB）

BPBが7割程度まで泳動されたところで通電を止めるのが一般的．低分子を検出したい場合には早めに，高分子を十分に分離したい場合には遅めに泳動を止める

❻ 泳動槽からゲルを外す．まず，泳動バッファーを捨て，クリップを外し，ガラス板の間にミクロスパーテルなどを差し込んでガラス板を注意深くはがし，スペーサーについているゲルを切る（下図）

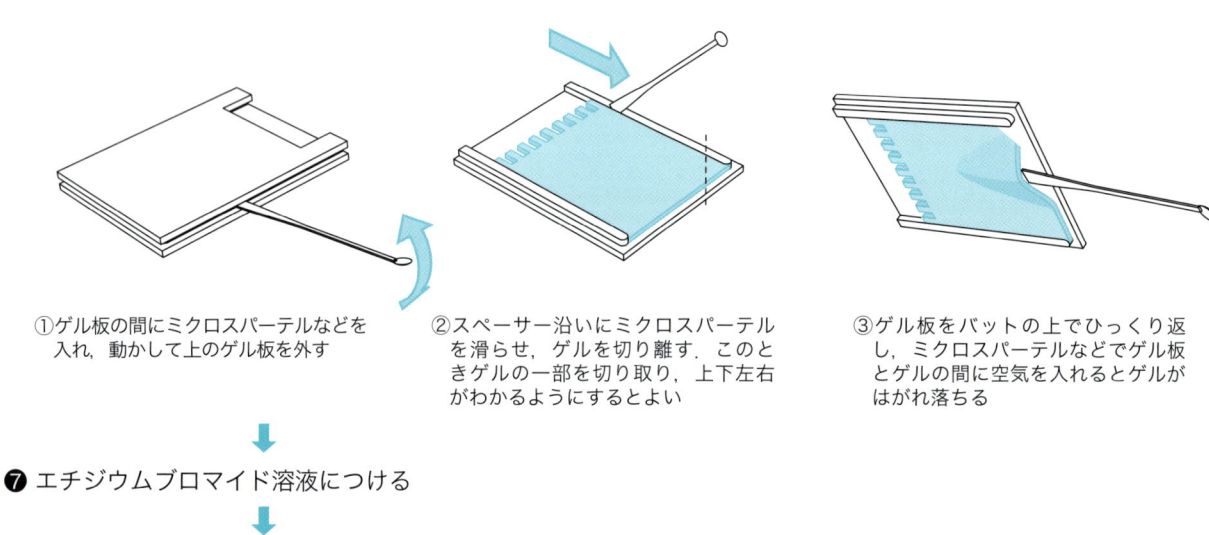

①ゲル板の間にミクロスパーテルなどを入れ，動かして上のゲル板を外す

②スペーサー沿いにミクロスパーテルを滑らせ，ゲルを切り離す．このときゲルの一部を切り取り，上下左右がわかるようにするとよい

③ゲル板をバットの上でひっくり返し，ミクロスパーテルなどでゲル板とゲルの間に空気を入れるとゲルがはがれ落ちる

❼ エチジウムブロマイド溶液につける

❽ 泳動終了後はゲル板をていねいに洗う．ゲルのかすが残ってしまうと固くはりついてしまい，次に使用するときが大変である

5 DNAの検出

ポリアクリルアミドゲルを用いた場合のDNAの検出は，アガロースゲルを用いた場合と同様であるので，**第8章5-1を参照する**[a]．

[a] 上下，左右，裏表をまちがえないように注意すること．右下角など，場所を決めてゲルの一部（サンプルの電気泳動に影響のない部分）をカットするとわかりやすい（下図）．

6 ポリアクリルアミドゲルからのDNAの回収

　低分子DNA断片の回収には，低分子DNA用のアガロースゲルと回収キットを用いて回収する方法（Marmaid：フナコシ社）もあるが，ここでは，ポリアクリルアミドゲルからの回収方法を紹介する．

準備するもの

◆1　機械・器具
・微量遠心分離機　　・ボルテックスまたは振盪機
・ガラス棒　　　　　・ポリプレップカラム（Bio-Rad社，#731–1550）

◆2　試薬
・セファデックスG-25（DNAグレード，fine）：あらかじめ$T_{50}E$に懸濁して，オートクレーブをしておく（詳しくは，**第2章8-4**，**下巻第2章5を参照**）．
・TE　　　　　　　　　　　　・$T_{50}E$（**第2章5 2 参照**）
・n-ブタノール（**第2章7-3参照**）　・エチルエーテル
・エタノール

プロトコール　　　　約5時間

❶ 目的のDNA断片を切り出し，チューブⓐに入れる

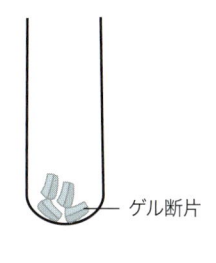

ⓐ ガラス棒が先まで入る，先の太いタイプのチューブ．

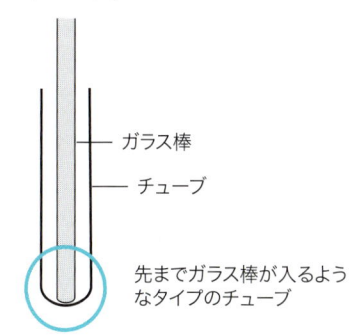

❷ ガラス棒を用いてゲルをつぶすⓑ

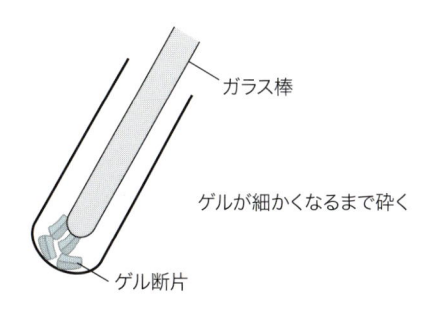

ⓑ 最近はエッペンチューブでもホモジナイズしやすい使い捨ての棒も市販されているようなので，そういうものを用いるのもよい．

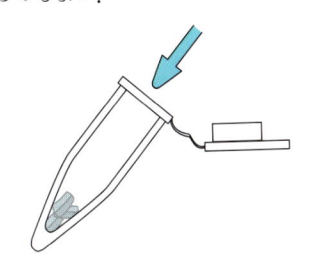

❸ TEをゲルの3〜10倍量（通常500μL程度）加え（**次ページ右図**），室温で振盪機を用いて30〜60分間振盪する

❹ 5,000 rpmで3分間遠心する

❺ 上清を新しいチューブに取る

❻ ❸～❺をもう一度くり返す

❼ 上清の入ったチューブを5,000 rpmで3分間遠心して、ゲルが入っているときは、その上清だけを抜き、新しいチューブに移す

❽ 液量が50 mL程度になるまでブタノール濃縮をする[c]

❾ ポリプレップカラムに1.5 mLのセファデックスG-25をつめ、T₅₀Eで平衡化する[d]

❿ 濃縮したDNA溶液をカラムにのせる。400 μL T₅₀Eでカラムにしみ込ませ、次にT₅₀Eを200 μLずつカラムにのせ、溶出された溶液をチューブに回収する（5本程度）

⓫ 回収した溶液の、吸光度測定または電気泳動により、DNAの回収を確認する[e]

⓬ 回収されたDNA溶液を集め、エーテル抽出を行う（第2章7-3 One point参照）

⓭ エタノール沈殿を行い（第2章7-1参照）、得られたDNAを次の実験に適した組成と量のバッファーに懸濁する。得られたDNAは、ライゲーション反応などに用いることができる

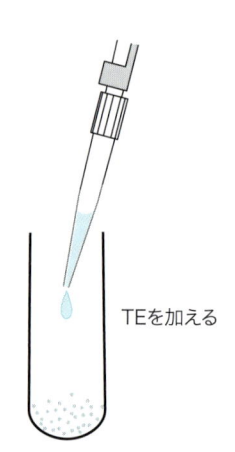

[c] 第2章7-3参照.

[d] 第2章8-4、下巻2章5参照.
セファデックスG-25はT₅₀Eで平衡化しておく。G-25のカラムは市販のものを用いてもよい（DNA分離用）。最近では遠心チューブにはめて簡便に溶出できるタイプも市販されている.

[e] 通常DNAは500～800 μLのところに溶出される.

　ここで紹介した方法のほかに、目的とするバンドを透析チューブに泳動バッファーとともに入れ、100～200 Vの電圧をかけてDNA断片を溶出する方法などもある.

参考文献

1) 実験法Q&Aシリーズ「電気泳動なるほどQ&A」（大藤道衛 編、日本バイオ・ラッドラボラトリーズ株式会社 協力）、羊土社、2005
2) Sambrook, J. et al. : Molecular Cloning. A Laboratory Manual. 3rd Ed., Cold Spring Harbor Laboratory Press, 2000
3) 「ラボマニュアル遺伝子工学、第3版」（村松正實 編）、p17-25、丸善、1996
4) Ausbel, F. et al. : Current Protocols in Molecular Biology, Greene Publishing Associates and Wiley-Interscience, 1987

第10章

PCR法
DNAを試験管内で増やす

青木　務

Overlook

PCR法の流れ

PCR用プライマーのデザイン ▶ 耐熱性ポリメラーゼの選択 ▶ PCR反応の実際
・機器
・反応液の組成
・サイクルの決定
・Hot start
▶ PCR産物のサブクローニング
・平滑末端化
・TAクローニング法
・制限酵素認識配列の付加

　現代の分子生物学の進歩に最も貢献した実験法の1つがPCR（polymerase chain reaction）法であろう．PCR法はごく微量のDNAサンプルから特定のDNA断片を短時間に大量に増幅する方法であり，多大な時間と労力を要した遺伝子クローニングを過去のものとしてしまった．現在では基礎研究のみならず臨床遺伝子診断から食品衛生検査，犯罪捜査に至るまで幅広い分野に応用されている．ニュースで日常的にその名を耳にする機会も多くなり，分子生物学の代表的手法として一般社会にまで認識されるに至っている．

　最近はPCR用酵素（耐熱性DNAポリメラーゼ）や機器が多様化し，試薬メーカーや機器メーカー各社のカタログには把握しきれないほど膨大な数の製品が並んでおり，一見しただけではどれを使ってよいのか判断がつかず戸惑うほどである．しかしながら，これら多様な製品の動作原理は基本的に同じであり，近年において特筆すべき飛躍的な技術の進歩はさほど多くはない．逆説的にはPCR法はそれだけ成熟した技術だといえよう．したがって，本章で示すPCR法の原理と基礎的な知識さえ身につけておけばほとんどの実験に対処できると思われる．また酵素や機器を選択する際にも参考になるであろう．

　以上の理由から本章ではPCR法の基礎を紹介することに重点を置き，具体的な実験法としての記述は少数にとどめた．またPCR法には有用かつ意外な応用法が数多くあるが，本書ではそのなかから「RT-PCR法」「RACE法」「リアルタイムPCR」について**下巻第5章「遺伝子発現の解析」**に収録した．上記以外の応用法を含むPCR法の全体を網羅するためには専門書が優に数冊はできるほどの紙数が必要となるので，それらに関しては成書をご覧になって各自研究していただきたい．なお各社の製品ごとに至適な条件は異なるため，使用する製品に付属の説明書を熟読して実験に取りかかっていただきたい．

1 PCR法の原理

　PCR法は試験管内で特定のDNA断片を指数関数的に増幅させることができる方法であり，

耐熱性DNAポリメラーゼを用いることで初めて可能となった．その応用分野もPCRさながらに指数関数的に増え，現在では多くの分野の研究者が行う実験のスタンダードの1つとなっている．その意味で，実験初心者が最初に行う実験がPCRであることも多いであろう．PCR法は操作自体は非常に簡単であるが，それだけに実験が上手くいかなかったときには解決法に苦慮するであろうと思われる．そのようなとき，特に初心者の場合にはPCR法の原理を知っているのと知らないのとでは抜け出すまでにかかる時間の差が大きい（筆者の経験によれば，これはPCR法に限ったことではなく，すべての実験に関してそうである）．ここでは後の項目に対する理解が深まりトラブルに対する対処が速やかに行えるよう，PCR法の根本的な原理を解説する．

　PCR反応は図1に示すように3つのステップを1サイクルとし，これをくり返すことでDNAを増幅する．開始時点で反応液に入っているものは，テンプレート（鋳型）となるDNA，増幅したい遺伝子部分の5'末端にあたるセンス鎖およびアンチセンス鎖それぞれの合成オリゴDNAプライマー，そしてポリメラーゼ反応に必要なデオキシリボヌクレオチド類，塩と耐熱性のDNAポリメラーゼである．

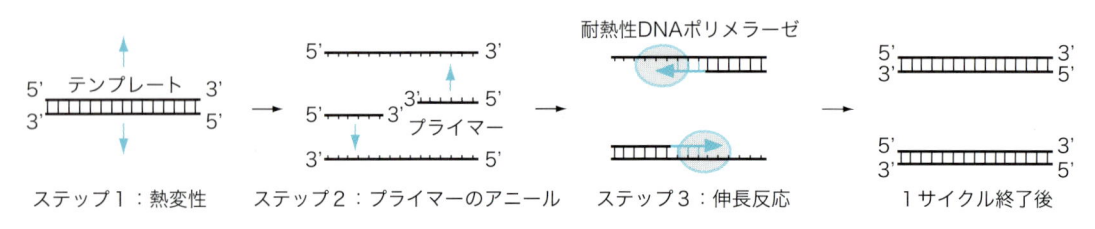

図1　PCR反応の1サイクル

　まず93〜95℃の熱変性によって二本鎖になっているテンプレートDNAを引き離し，プライマーがテンプレートに結合できるような状況をつくる（ステップ1：熱変性）．次に，それぞれの一本鎖の相補的な部分にプライマーが二本鎖を形成（「アニールする」という）できる温度まで冷却し，伸長反応が起こるようにする（ステップ2：アニーリング）．最後に，プライマーを起点として耐熱性DNAポリメラーゼ酵素によって5'から3'方向にDNA合成が起こり，DNAの二本鎖が合成される（ステップ3：伸長反応）．このサイクルをくり返すことにより，1コピーのDNAが理論的にはnサイクル後に2^nコピーにまで（プライマー間のみの断片は2^n-2nコピー）増幅される（図2参照）．つまり目的の遺伝子断片は，指数関数的に増加することになる．

　しかし，サイクル数を増やし続けても現実的には無限にコピー数が増加し続けることはなく，ある程度サイクル数を重ねたところで頭打ちとなる（「プラトーに達する」という）．これは，残存するプライマーおよびデオキシリボヌクレオチドの濃度の減少，あるいは酵素活性の低下などが原因であると思われる．また逆に反応の開始時も，指数的に増加するようになるまではある程度サイクル数が必要である．これは，テンプレート（鋳型DNA）の蓄積が少ない初期の状態では，プライマーとテンプレートとの遭遇の確率が低いためと考えられる．したがって，横軸にサイクル数を取り，縦軸に生成物量を対数で取ったグラフを描くと，図3のようになる．

　中間付近の直線になっている部分が指数増幅期であり，PCRでサンプル中の特定のDNAを定量したい場合にはこの時期を選んで反応生成物を測定しなければならない．しかし，この対数増幅期は使用するプライマーや反応の条件などによって異なるため，定量性のある条件を見つけだすための条件検討に膨大な時間と労力を費やすことも稀ではない．

　このように最近までは技術的に困難であった定量的PCRも，リアルタイムPCR測定装置が

各社より開発されて現在ではかなり容易になった．詳しくは**下巻5章6**「リアルタイムPCR」を参照していただきたい．

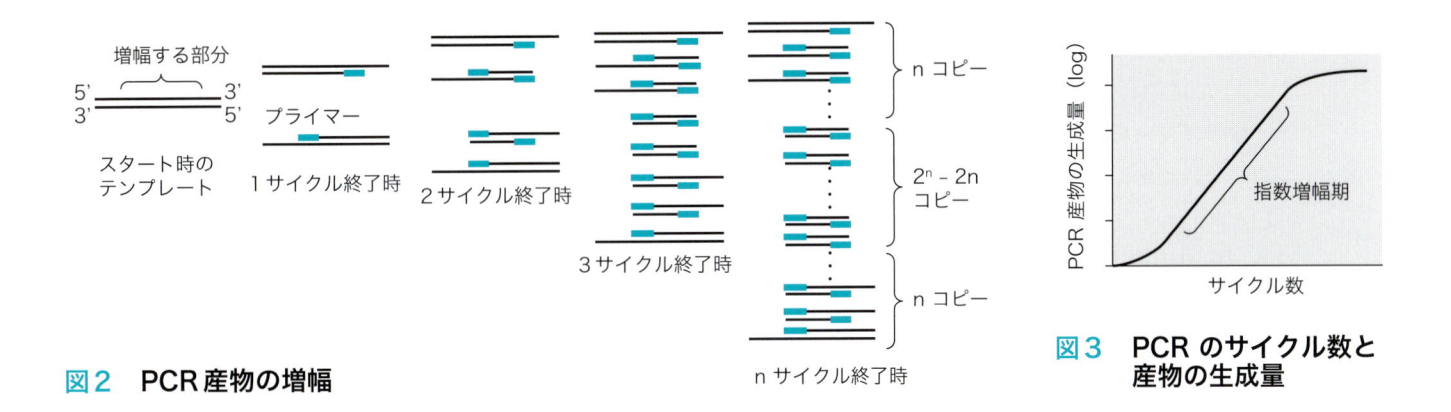

図2 PCR産物の増幅

図3 PCRのサイクル数と産物の生成量

2 プライマーのデザイン

　PCRの成否はプライマーのデザインにかかっているといっても過言ではないだろう．核酸の二本鎖が変性して別々の一本鎖に離れる温度を melting temperature，略してTmとよぶが，TmはDNAの長さおよびその配列によって変わってくる．プライマーのTmが極端に高すぎたり低すぎたりすると良好な結果が得られないことが多い．また，PCRサイクルのアニール温度も使用するプライマーのTmによって微妙に変えてやらなければならない（**図4**）．それ以外にも，くり返し配列をプライマーに用いたり2本のプライマーがアニールしてしまうような状況では正確な増幅は期待できない．したがって，どの配列をプライマーとするかというデザインが，PCR実験の全体を左右することになる．

　本項ではプライマー合成の原理から解説し，Tmとプライマーのデザインの関係，また避けるべきデザインとその理由について詳述する．また，バックグラウンドを下げ特異性を高めるために使われるnestedプライマーについても解説を行う．なお，サブクローニングのために制限酵素認識配列を5'末端に付加する場合は，**本章5-4**を参考にしていただきたい．

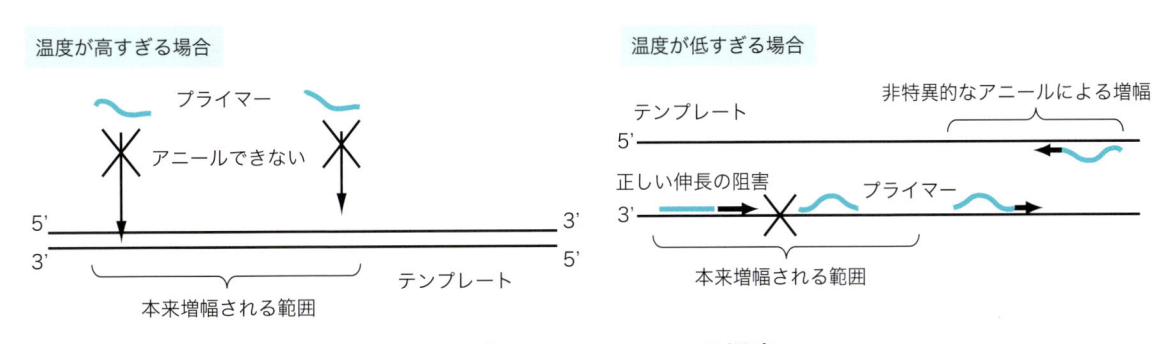

図4 プライマーのアニール温度

2-1 Tmとプライマーのデザイン

　PCRプライマーのデザインではTmは重要な意味をもってくる．核酸の二本鎖間の結合は一般的に，G・Cに富むほどアニールする力が強く，

つまりTmが高くなる．逆に，A・Tに富むほどアニールする力は弱く，したがってTmは低くなる[a]．このTmの計算の仕方だが，Current protocols in Molecular Biology には次のような式が載っている．

Tm ＝ 81.5 ＋ 16.6（log M）＋ 0.41（% GC）－（500/n）

M：Na⁺イオンの濃度（M）（ただしK⁺イオンも同様に計算，Tris濃度は0.66倍した値で加える．Mg²⁺イオンは無視する）

n：プライマーの全塩基数

これでは暗記するにはあまりにも面倒なので次のような近似式を覚えておくとよい．

Tm ＝ 4（GC塩基数）＋ 2（AT塩基数）＋ 35 － 2n

2つのプライマーのTmが極端に異なるのはあまり好ましいことではない．RACE法などのやむをえない場合を除いて，極力同じ程度になるようにデザインするべきである．

2-2　構造上避けるべきデザイン

プライマーのデザインによっては，それ自身で，あるいは特定の別のプライマーと組合わせたときに，構造上の問題から増幅が起こらないものがある．そのような例はいくつかの種類があるが，代表的なものをあげてみよう（図5）．

特に，図5Aのプライマーダイマーは最悪である．少量でも一度このような産物ができると，次のサイクルからはこれがテンプレートとなって本来の目的物でなくプライマーダイマーの方が指数関数的に増加することになってしまう．

しかしこれらの高次構造の形成はTmよりはるかに低い温度で起こるので[a]，実験上このようなデザインが避けられない場合には「Hot start」を行うのがよい．Hot startの具体的な方法については**本章3-4**「Hot start用DNAポリメラーゼ」および**本章4-6**「Hot start」を参照してほしい．

[a] 核酸の塩基間の水素結合の数は，G・C間が3本なのに対してA・T間では2本である．つまり，核酸は「G・C含量が高いほど二本鎖間の結合力が強いが，その分非特異的結合が起こる割合も高くなる」ことは覚えておいた方がいいだろう．

[a] Tmはプライマー「全長」が二本鎖を形成するぎりぎりの温度であるから，プライマーの「一部」がアニールしてできる図5の高次構造は理論的にはTm付近ではほとんど形成されないはずである．

A) 2つのプライマーの3'同士が相補的（プライマーダイマーの形成）

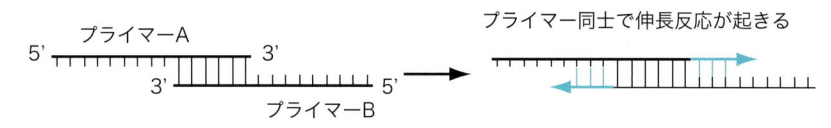

2つのプライマーの3'末端同士が相補的で，アニールしてしまい，合成が起こってしまう

B) プライマー内の相補的配列

1つのプライマー分子内に相補的な配列があって，高次構造を形成してしまう．特に，3'末端と相補的な配列がある場合には，そこから合成が起こってしまう

C) 一方のプライマーの内部に他方のプライマーの3'末端と相補的な配列がある

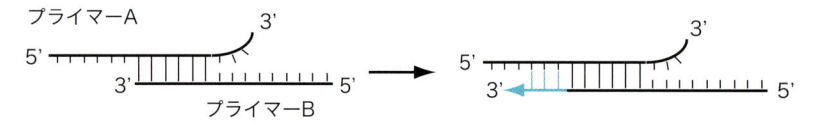

A)の「プライマーダイマー」のような3'末端同士でなくとも，一方の3'末端と相補的な配列が他方にある場合

図5　避けるべきプライマーのデザイン

2-3　その他のデザイン上の注意点

プライマーをデザインするうえでその他に注意するべき点をいくつか列挙してみる．

1) プライマー間の距離

通常使われるような *Taq* polymerase などの pol I 型酵素，あるいは α 型酵素の単独の PCR 反応では伸長できる限界は一般的に 2 kb 程度である．これら二者を混合した混合型酵素（LA PCR 用酵素）を用いる場合以外は，なるべくプライマー間の距離が 2 kb 以下，できれば 1 kb 以下にとどめた方がよい．

2) プライマーの 3' 末端

DNA の複製ではアニールしたプライマーから 5'→3' 方向へ伸長が起きる．プライマーの 3' 末端は伸長の起点となるため，この部分がテンプレートに結合することが重要である．プライマーの 3' 末端の残基はアニールしやすい G または C にするのが結合力を高めるのに有効である[a]．

[a] しかし，3' 末端に極端に G/C に富んだ配列を集中させるのも非特異的結合を増加させるので好ましいことではない．

3) くり返し配列などを避ける

特にゲノム DNA などをテンプレートとして用いるときには，用いるプライマーがくり返し配列など出現頻度が高い配列に相当しないかどうかをホモロジー検索などで事前に調べておいた方がよい．プライマーがそのような配列に似ており，運悪くデザインを変更できない場合には，事前に十分な条件検討が必要である．また，遺伝子の内部にも CAG リピートのようなくり返し配列が存在することがあるが，当然このような配列は避けるべきである．

2-4　nested プライマー

PCR 反応の特異性が低く，目的の産物以外のバンドが多数現れる場合，あるいはスメアになってしまう場合の対処法の 1 つとして，nested プライマーの使用が考えられる．図 6 のようにプライマー 1 およびプライマー 2 を用いて一度目の PCR を行って特異的なバンドが得られなかったときに，この産物をテンプレートとしてさらに内側のプライマー 3 および 4 を用いて特異性を上げ，目的の産物のみを得ようというものである．非特異的に増幅されたバンドの中にプライマー 3 あるいは 4 に似た配列までが存在するとは考えにくく，したがって一度目の PCR において目的の産物が少量でも生成されていれば，二度目の PCR によって特異性の上がった目的のバンドのみが増幅されるはずである．このようなプライマー 3 および 4 は「nested プライマー」とよばれる．

nested プライマー（プライマー 3 および 4）は必ずしもプライマー全体が完全に一度目の PCR のプライマー（プライマー 1 および 2）より内側にある必要はない．最初のプライマーと一部が重なっていても，3' 末端が数塩基内側に移るだけである程度の効果が得られる（図 7）．

また場合によっては片側のプライマーだけに対して nested プライマーを作製し二度目の PCR を行うことでも効果があり（もう片方は一度目のときと同じプライマーを用いる），これは RACE 法（下巻第 5 章 5「RACE 法」参照）にも応用できる．

注意しなければならないのは，2 回目の PCR 反応に 1 回目の PCR 産物を過剰に入れすぎると，もとのプライマーによる影響が出てしまうという点である．2 回目の反応に加える 1 回目の PCR 産物は，全体の 1/50 以下に抑えた方がよい．

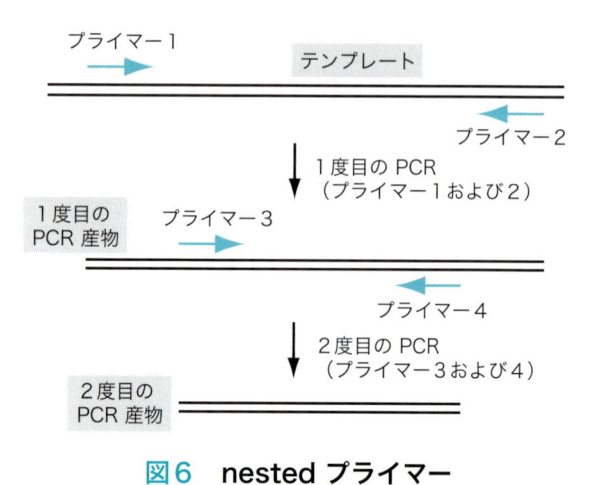

図6　nested プライマー 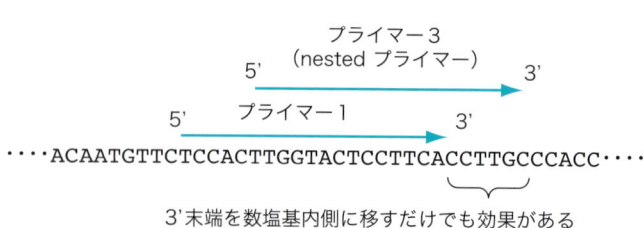　　　　　　　　　図7　一部が重なっている nested プライマー

One point

オリゴDNA合成の今，昔

　プライマーとして用いられるオリゴデオキシリボヌクレオチド（以下，オリゴDNAと略す）の合成は，現在では企業への外注によるものがほとんどであろう．原料のアミダイト試薬やカラムを購入して自分でDNA合成機を動かすのはかえって割高となり，今やすっかり過去の出来事になってしまった．またアミダイト試薬の質の向上や機械の改良によるものか，以前は不完全な合成産物がかなりの割合で混在していたものが，現在では30 mer以下のオリゴDNAならばほとんど特別な精製なしでPCRやシークエンス反応などに使用できるようになった．

3 耐熱性ポリメラーゼの選択

　PCR反応が開発されるにあたって最も重要だったのが，一連の好熱菌から発見された耐熱性DNAポリメラーゼであろう．PCRに用いられる耐熱性DNAポリメラーゼは，大きく分けていわゆるbacteria（細菌）由来のpol I 型酵素とarchaea（始原菌）由来のα型酵素，そしてこれらを特定の比率で混ぜ合わせた混合型の3種類がある．ここでは各タイプの耐熱性ポリメラーゼの特徴について解説する．pol I 型・α型・混合型の分類で同じグループに属するものであっても性質や反応条件が異なる場合が多いので，各酵素の性質を調べたうえで使用するものを選択していただきたい．また**本章3-4「Hot start用DNAポリメラーゼ」**では，上記の分類とは別に，Hot startとよばれる高温でのPCRの開始が簡単にできる酵素について解説する．

3-1　pol I 型DNAポリメラーゼ

　pol I 型ポリメラーゼは*Thermus aquaticus*由来の*Taq* DNA polymeraseに代表されるようにPCR反応用ポリメラーゼのなかでは最もポピュラーなグループである．α型に比べ伸長活性が高く，比較的安価なことから頻繁に利用されている．また，最も一般的な*Taq* DNA polymeraseを使用すれば，ほかの研究者が行った実験をそのままの条件で再現しやすい場合が多いであろう．しかしながら，pol I 型酵素は大きな欠点をもっている．3'-5'エキソヌクレアーゼ活性をもたないため，誤った塩基を取り込んでも校正できず，PCR産物に変異

(mutation) が起こりやすいのである（図8A）．またそのために伸長が途中で止まってしまう産物も多く存在すると考えられる．このような欠点はあるものの1 kb以下，特に500 base前後の増幅においては安定した結果が得られることが多い．なかでも*Tth* DNA polymeraseは特定の条件下で逆転写活性を示すので，1酵素で「1ステップRT-PCR」が行える（RT-PCRに関しては**下巻第5章4**を参照）．また，このグループの酵素は3'末端に1塩基（多くの場合は「A」）を付加するTdT（terminal deoxynucleotidyl transferase）活性をもつため，TAベクターを用いたサブクローニング（**本章5-3**を参照）が行えるのも大きな利点である（図8B）．

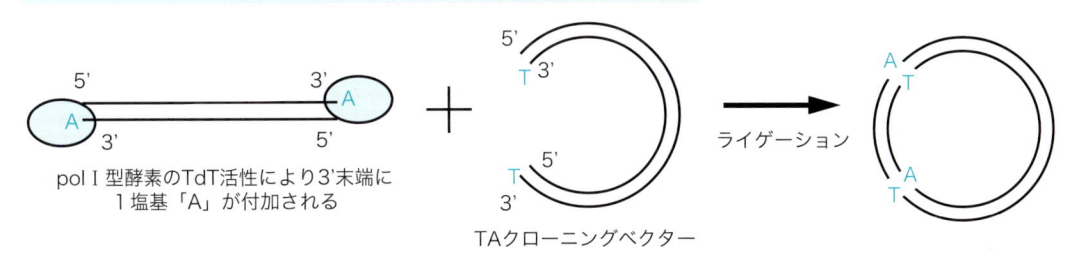

図8　pol I型DNAポリメラーゼの特徴

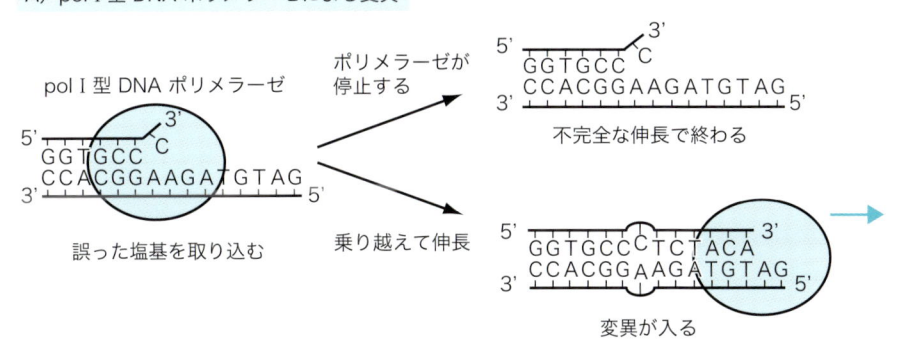

3-2　α型DNAポリメラーゼ

α型酵素は超高度好熱性をもつarchaea（始原菌）より発見された酵素群であり，3'→5'エキソヌクレアーゼ活性をもつのがpol I型酵素との大きな違いである．このエキソヌクレアーゼ活性によって高い正確性（fidelity）が保たれている（図9）．したがって正確性が要求される増幅に用いるのが最適である．その他に，pol I型に比べ高い熱安定性をもつ（95℃での半減期はpol I型酵素が数十分〜1時間なのに対し，α型酵素は数時間〜十時間以上である）という長所もある．

欠点としては，3'→5'エキソヌクレアーゼ活性のためDNA伸長活性そのものはあまり高くないことがあげられる．また，末端に1塩基を付加するTdT活性もないため得られた産物はTAベクターを用いたサブクローニングができない．サブクローニングには平滑末端（blunt end）化または制限酵素サイト付加をおすすめする．

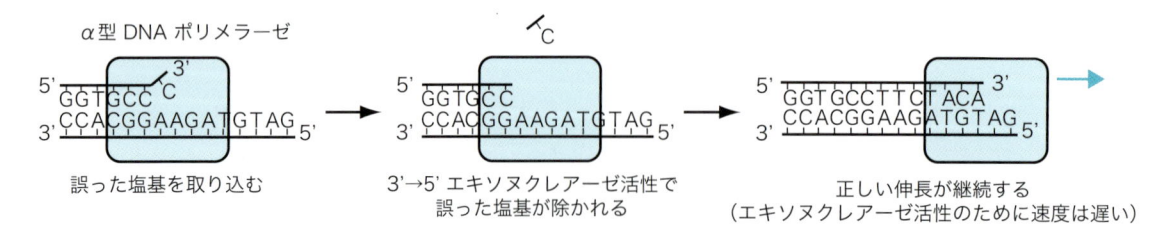

図9　α型DNAポリメラーゼのエキソヌクレアーゼ活性

3-3　混合型DNAポリメラーゼ（LA-PCR用ポリメラーゼ）

　pol I 型酵素とα型酵素のそれぞれの欠点を補うために，両者を一定の割合で混合し，伸長活性と正確性の両方の向上を図ったのが混合型の酵素である．この場合，pol I 型酵素が伸長途中で誤って取り込んだ残基をα型がエキソヌクレアーゼ活性で取り除き，さらに正しい伸長が可能となる（図10）．各社より工夫を凝らしたさまざまな製品が販売されており，多少高価ではあるが正確性が要求される際や5 kbを越えるような長鎖を増幅する場合には非常に有効な手段となる．具体的な取扱い方法についてはそれぞれのメーカーのカタログやホームページなどで調べていただきたい．

　なお，これらを用いたPCR反応の産物はTAベクターを用いたサブクローニングができないことになっているものが多いが（α型酵素のエキソヌクレアーゼ活性によって末端が平滑化されるため），筆者の経験ではいくつかの酵素を用いた場合に効率は落ちるものの可能であった．

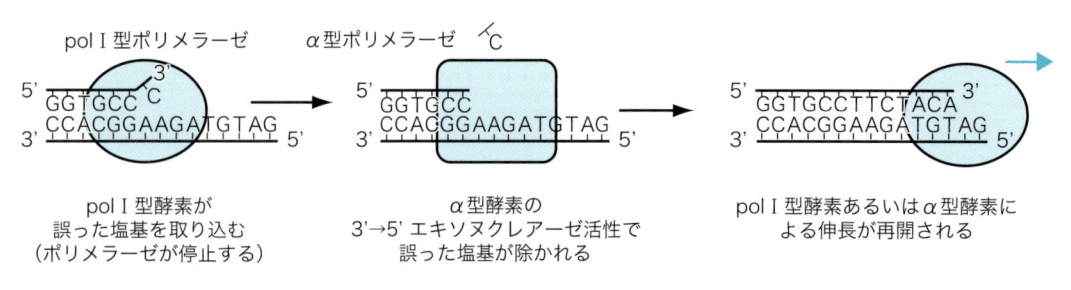

図10　混合型DNAポリメラーゼによる伸長

One point

混合型DNAポリメラーゼ使用の注意点

　混合型酵素で注意すべき点があるとすれば，長期保存の問題があげられる．筆者の経験では古い混合型酵素を使ったときに極端に増幅効率が悪くなったことがある．これは，混合された二者のうちの片方が失活して最適なバランスからはずれてしまったためであろう．確実さを要求される場合にはやはり新しい酵素を使うに越したことはない．

3-4　Hot start用DNAポリメラーゼ

　PCR反応が開始する際に，低温からスタートすると正常な増幅が妨げられることがある．これは，低温でプライマーの特異性が低い状態でポリメラーゼが働いてしまい，非特異的な増幅やプライマーダイマーの形成が起こってしまうためと考えられる．このような事態を避

けるため，高温でPCR反応を開始することを「Hot start」という．Hot startに関しては**本章4-6**で詳しく解説するが，実際に高温になった状態でチューブのフタを開けて酵素などを入れる作業は手間がかかり，またクロスコンタミネーション（サンプル間のコンタミネーション）の原因となることもある．そこで，高温になってから酵素が働くような機構にして問題を解決しようというのがHot start用ポリメラーゼである．大きく分けて3種類の方式がある（図11）．

1）ポリメラーゼの活性中心に対する抗体で不活性化しておくもの

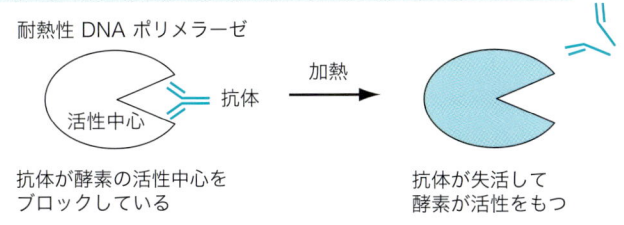

ほとんどが*Taq* DNA polymeraseを用いたものである．また，ポリメラーゼに対する抗体だけもそれぞれのメーカーより販売されていることが多い．

2）高温になって初めて活性化する酵素

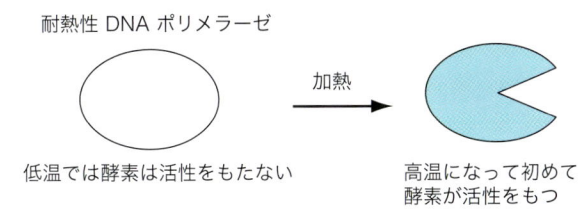

Ampli*Taq* Gold®（アプライドバイオシステムズ社）など：遺伝子工学的・化学的に*Taq* DNA polymeraseに改変・修飾を加えたものである．

3）ポリメラーゼを物理的に包んでおくもの

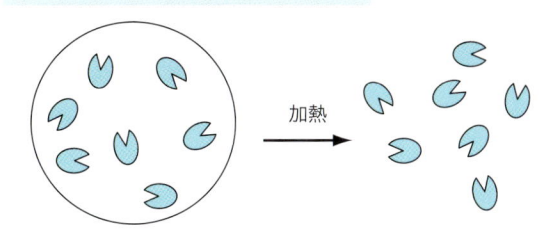

*Taq*Bead™ Hot Start Polymerase（プロメガ社）など：*Taq* DNA polymeraseをワックスのビーズで包み，高温（60℃）になったときにリリースされるようになっている．

図11　さまざまなHot start用ポリメラーゼ

多くの製品は1）の方式だが，2），3）の方式を採用しているメーカーもある．どれを選ぶかは好みの問題になってしまうので，目的や価格などを考えて選んでいただきたい．なお，このような特殊なポリメラーゼを用いないHot startについては**本章4-6**で具体的な方法を述べるので，そちらを試してみてから考えるのがよいかもしれない．

4　PCR反応の実際

前項までを前提として，実際のPCR反応の実験操作について解説する．しかし残念なことに，筆者が思うところではPCR反応ほど各実験ごとに最適条件の異なる実験操作はないであろう．使用する機器や酵素，プライマーの性質やそれらの組合わせ，テンプレートの種類や純度，

など反応に影響を与える要素は無数である．したがってプロトコール自体も「こうすれば成功する」というものはなく，あくまでも参考として各条件の「列挙」にならざるをえない．実際の実験にあたっては各自のサンプルを用いて条件を検討していただきたい．また，ここでは一般に最もよく使われる *Taq* DNA polymerase を用いた実験を念頭に記述するが，ほかの酵素を用いるときにはその付属の説明書に従うことはいうまでもない．

4-1　PCRに用いられる機器の分類

PCR反応にどのような機器（どのような反応容器）を用いるかは，非常に重要な問題である．PCR用プログラム温度制御装置（PCR装置）には，温度管理の違いや冷却方式の違いなどによりいくつかの種類に分類できる．まず温度管理による分類では，大きく3つの種類に分けることができる．

1 温度管理方式による分類

1）ヒートブロック式

多くの研究室ではこのタイプが主流ではないかと思われる．金属の温度制御ブロックにチューブ（あるいは96 wellプレート）がちょうど収まる穴が空いており，チューブをその穴に差し込むことで温度管理をするものである．

2）キャピラリー式

少量の反応液をマイクロキャピラリー（微少管）に封入することにより，温度の制御にかかる時間を大幅に短縮したものである．PCR反応の各ステップは数秒単位で済むため，数十分で30サイクル以上の反応が可能となった．ただし，機械があまり普及していないことと，反応の途中で試薬を加えることができないため，専用酵素を使わずにHot start（**本章4-6参照**）ができないのが難点である．

3）ロボットアーム式

あまり製品化されていないが，ロボットアームでチューブを直接動かし，温度の異なる油浴槽間を移動させていく方式の機械がある．ヒートブロック式と比べて温度の管理が確実であるが，温度の上下する速度（傾き）を設定できないという面もある．

以下，最も普及しているヒートブロック式を念頭において解説する．

2 オイルフリーかどうか

PCRでは反応液を高温に加熱するため，反応液が蒸発してチューブの上で結露するのを防ぐために「ミネラルオイル」とよばれる比重の小さい（反応液より軽い）オイルを重層する必要がある（図12A）．しかし，最近の機械の多くは加熱式のフタ（ホットリッド）をもっており，チューブの上から熱をかけて結露を妨げて反応液の減少を防ぐことができる（図12B）．このような機械を用いるときにはミネラルオイルは基本的に必要ない（「オイルフリー」という）．

3 使用チューブ（プレート）の違い

ヒートブロック式の装置では，金属ブロックが交換式で対応するチューブを変えることができるものも多い．PCR反応に用いるチューブは以前は通常の0.5 mLチューブが主流であったが，現在では壁の薄い0.2 mLチューブやPCR専用0.5 mLチューブ，専用96 wellプレー

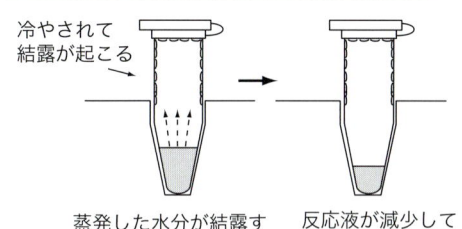

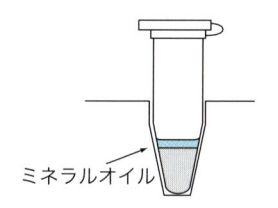

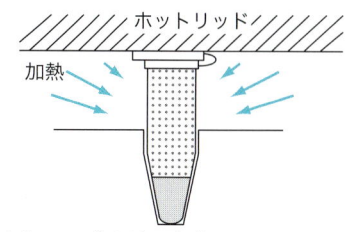

図12 ミネラルオイルとホットリッドによる結露の防止

トなどに変わりつつある．管壁が比較的厚い通常の0.5 mLチューブでは温度の上下に時間がかかることから，壁の薄い0.2 mLチューブなどに比べてPCRサイクルの各ステップで倍程度の時間をかけた方がよい．

4 冷却方式の違い

大きく分けて①「ペルティエ素子（熱電素子）」によるものと②通常の冷蔵庫のようなコンプレッサーを用いた「冷媒」によるものがある．一般にペルティエ素子方式は小型化・軽量化がしやすいが，素子の寿命が短いため数年で交換の必要が出てくる場合がある．したがって購入から時間がたった機械を使用するときには，反応時間に遅れが出ていないか気をつける必要があるだろう．冷媒を用いたものは大型で静粛性では劣るが，一般的に耐用年数は比較的長い．

4-2　PCR反応液の組成

一般的に，*Taq* DNA polymeraseによるPCR反応の溶液に含まれる各成分の標準的な濃度は以下の通りである．

1）10×バッファーに標準的に含まれているもの

- Tris–HCl（pH 8.4〜9.0）：10〜25 mM
  Tris溶液は温度が上がるとpHが下がるので，室温でアルカリ性でも酵素の至適温度で中性となる
- KCl：50 mM
- $MgCl_2$：1.5 mM（1.0〜5.0 mM）
  最適なマグネシウムイオン濃度は増幅する配列によって異なってくる．そのためバッファーによっては$MgCl_2$を含まず，25 mM程度の$MgCl_2$を別に添付しているものもある．一般に，マグネシウムイオン濃度が増加すると増幅の効率は上がるが，逆に非特異的な増幅や変異の起こる確率も増加するので注意が必要である．
- ゼラチンまたはTritonX-100：0.01 %

以上が多くの場合に*Taq* DNA polymeraseの10×バッファーに含まれているものである．これらのほかに，G/Cに富んだ配列を増幅するときのためにDMSOを加えた専用バッファーを用意している酵素もある．

また，酵素付属の10×バッファーには反応を促進するような特殊な成分を含むものもあるが，ほとんどの場合は具体的な成分について明らかにされていない．

One point 高G/C含有率専用バッファーの使い方

上記のようにG/C含量の高いテンプレートに関しては，専用のバッファーが用意されていることがあり，これらは特にG/C含有率が55％を越えたあたりから効果が顕著である．どうしてもPCR反応が上手くいかない場合にはプライマー間のDNA配列（既知であるならば）を調べ，G/C含有率が高いようであればこれらのバッファーを一度試してみるのも手である．ただし，これらのバッファーの多くは変異の確率を明らかに上げる傾向があるため，PCR産物をタンパク質の発現などその後の操作に用いる場合には諸刃の剣といえよう．必要のない状況での多用はなるべく避けたい．

2) そのほかの成分

- dNTPs：それぞれ0.2 mM　10×バッファーに含まれていることもある
- プライマー：0.5 μM（0.2〜1.0 μM）
  濃度が高すぎると非特異的な増幅の原因となる．通常は0.2〜0.5 μMの間で行うが，筆者の経験ではRT-PCRの際に1 μMまで濃度を上げて初めて上手くいった例もある
- テンプレート：テンプレートの濃度はテンプレートの種類や純度，PCRの目的などによって異なる．プラスミドDNAからその一部を増幅するのならば数十 pg/μL程度でもよいが，ゲノムDNAから確実に増幅したい場合には数 ng/μL程度は用いるのがよいであろう
- DNAポリメラーゼ：0.025 units/μL
  酵素量は必ず最終濃度0.025 units/μLで用いる．酵素は多ければよいものではなく，過剰な量は非特異的増幅の原因となる
- ミネラルオイル：**本章4-1**「PCRに用いられる機器の分類 ②」参照．

4-3　サイクルの設定

本章1で述べたようにPCR反応のサイクルは，①熱変性，②プライマーのアニール，③伸長の3段階からなっている．実際に実験を行うときに自分で設定しなければならないパラメーターはプライマーのアニール温度と，各ステップにかける時間，そしてサイクル数であろう．

1 プライマーのアニール温度

プライマーのアニール温度はプライマーのTmを参考にして設定する．プライマーのTmの計算は**本章2-1**を参照していただきたい．通常はアニール温度はTm付近に設定する⒜．2つのプライマーのTmが大きく離れている場合には，まず低い方のTm付近に設定してみるのがよい．この条件で非特異的増幅が多いならば2〜3℃上げてみる．また，全く増幅がみられない場合には逆に2〜3℃下げてみる．アニール温度の条件検討は2〜3℃刻みで行うのが効果的である．

⒜ 実際にはTmより5℃程度高いアニール温度でも安定して増幅されることがある．

2 各ステップの時間

それぞれのステップにかける時間は，使用する機器や反応容器によって異なってくる．極端な例をあげれば，マイクロキャピラリー方式の装置では変性・アニール・伸長がそれぞれ数秒〜十数秒で行える．しかし，最も一般的なのはチューブを用いた反応系であるので，ここではそれを前提に話を進める．0.2 mLチューブや薄壁タイプの0.5 mLを用いた標準的なサイクルの各ステップは次のとおり．通常の壁が厚い0.5 mLチューブを用いる場合は熱伝導

性が悪いので，それぞれを倍にした方がよい．

1）熱変性（93〜95℃）：30秒

熱変性は不十分でもいけないが，長すぎる場合も（特にpol I 型の酵素の場合）失活を招くので好ましくない．Taq DNA polymeraseの95℃における半減期は40分〜1時間程度である．なお，最初の熱変性は長めに時間をとった方が（1〜2分程度）テンプレートの変性を確実にすることができる．

2）アニール（Tm付近）：30秒

温度に関しては**本章2**の項目を参照．通常はこの時間を長くしてもあまり影響はない．

3）伸長反応（68〜72℃）：（0.5〜1分）×増幅する鎖長（kb）

特にLA（Long and Accurate）-PCRを行う際には十分に時間をとった方がよい（**本章3-3**参照）．

3 サイクル数

サイクル数はテンプレートの量に依存して設定しなければならない．ゲノムDNAからの増幅やRT-PCRの場合には30〜35サイクル，場合によっては40サイクル程度行うこともある．全く増幅がみられないときには，闇雲にサイクル数を増やしても酵素が失活するだけで効果は薄い場合が多い．そのようなときには「nestedプライマー」を設定して2回目のPCRを行う（**本章2-4**参照），アニール温度を変える，テンプレートの量を変えてみるなどの工夫をした方が成功につながることが多い．

また，遺伝子に変異が入ると都合が悪い場合には，サイクル数は可能な限り少なくするべきである．サイクル数が多くなるほど酵素のエラーによる変異の確率が高まる．プラスミドなど十分な量をテンプレートとして使えるときにはサイクル数を20〜25に抑えた方がよい．

4 代表的なPCRサイクル

以上をふまえて代表的なPCR反応のサイクルを**図13**に模式的に示す．各時間は0.2 mLチューブや薄壁タイプの0.5 mLを用いた場合を示しているが，壁が厚い0.5 mLチューブを用いる場合は各ステップの時間を倍程度にした方がよい．

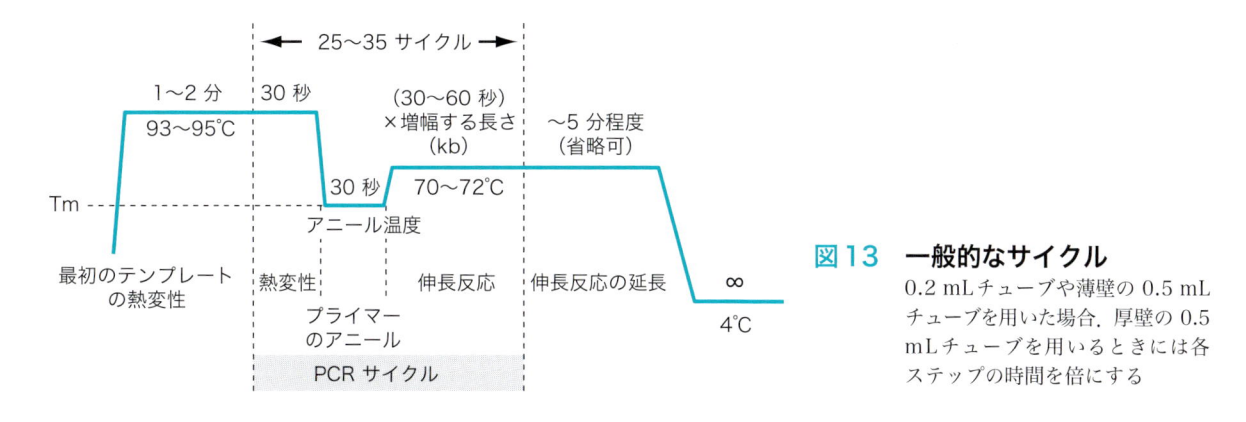

図13 一般的なサイクル
0.2 mLチューブや薄壁の0.5 mLチューブを用いた場合．厚壁の0.5 mLチューブを用いるときには各ステップの時間を倍にする

5 修飾を加えたサイクル

PCRの目的やプライマー・テンプレートの性質によってはサイクルそのものを変えてしまった方がよい場合がある．ここではその例について紹介してみる[a]．

[a] 以下の説明において各ステップにかける時間は0.2 mLチューブや薄壁タイプの0.5 mLチューブを用いた場合を想定している．壁が厚い0.5 mLチューブを用いる場合は各時間を倍程度に増やした方がよい．

1) シャトルサイクル

プライマーのTmが十分高い場合（65℃以上），プライマーのアニールと伸長反応とを同じ温度で（Tmよりやや高めの温度で）行うことがある．利点としてはバックグラウンドを抑えることができるほか，時間の短縮にもなる．サイクルは「①熱変性（93〜95℃）」と「②プライマーのアニール・伸長（68〜72℃）」の2ステップ反応になる（図14）．

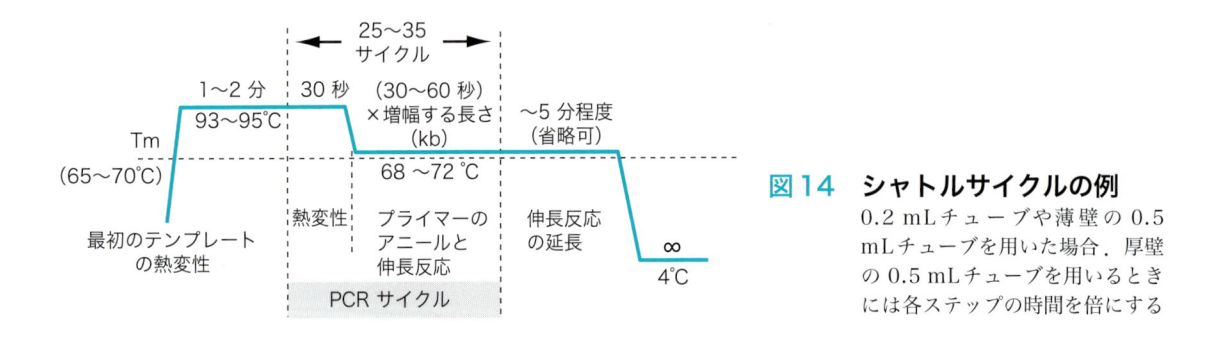

図14 シャトルサイクルの例
0.2 mLチューブや薄壁の0.5 mLチューブを用いた場合．厚壁の0.5 mLチューブを用いるときには各ステップの時間を倍にする

2) ステップアップサイクル

例えば制限酵素サイトを5'末端に付加したプライマーを用いる場合（「**本章5-4 制限酵素認識配列の付加**」参照），最初のテンプレートにアニールするのはプライマーの制限酵素サイトを除く3'末端側のみである（**本章5-4 図22**参照）．しかし，サイクルが進むにしたがって制限酵素サイトの付加されたものがテンプレートになるため，プライマーの全体がアニールするようになる．そこで，初めの5サイクル程度は低めのアニール温度（制限酵素サイトを除く3'末端側のみのTm付近）に設定し，後のサイクルのアニール温度を高め（プライマー全体のTm付近）に設定すれば効率よく増幅が行える．例えば制限酵素サイトを除いた部分のTmが55℃で全体のTmが65℃のプライマーを使う場合，下のようなサイクルが考えられる（図15）．

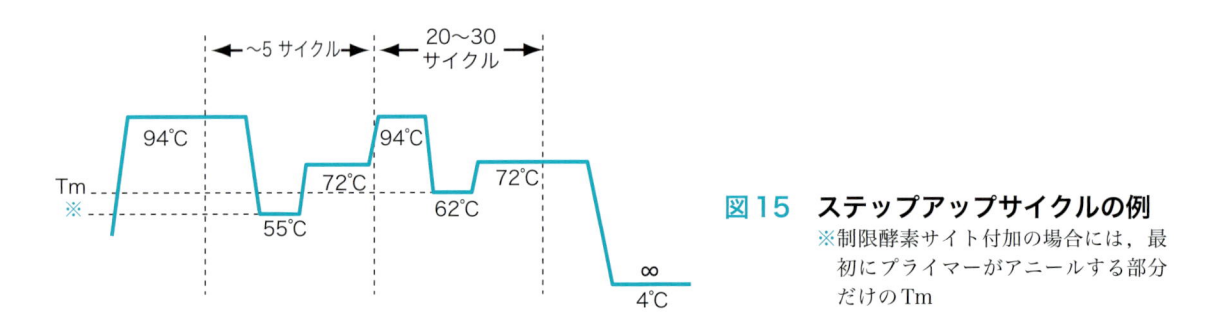

図15 ステップアップサイクルの例
※制限酵素サイト付加の場合には，最初にプライマーがアニールする部分だけのTm

3) タッチダウンサイクル

ゲノムDNAからの増幅やRT-PCRの場合などで非特異的な増幅が問題となるとき，最初のアニール温度をTmより高めに設定して特異性を上げる方法である[b]．最初の数サイクルはプライマーのTmより5〜10℃高い温度でアニールを行う．その後1サイクルあたり1〜2℃程度の割合[c]で，標準のアニール温度（Tm付近）になるまでサイクルごとにアニール温度を下げてゆく[d]．例えばTmが62℃のプライマーに対して以下のようなサイクルが考えられる（図16）．

[b] Hot startを併用するのが効果的である．
[c] これはあくまでも参考であり，ここまで細かくアニール温度のステップを刻まなくても十分に効果はあると思われる．
[d] 最近の機種にはサイクルの修飾機能がついていることが多く，それらを用いれば複雑なプログラムを組まなくとも各サイクルごとにアニール温度を1℃ずつ下げることが容易である．詳しくは各機器の説明書をご覧いただきたい．

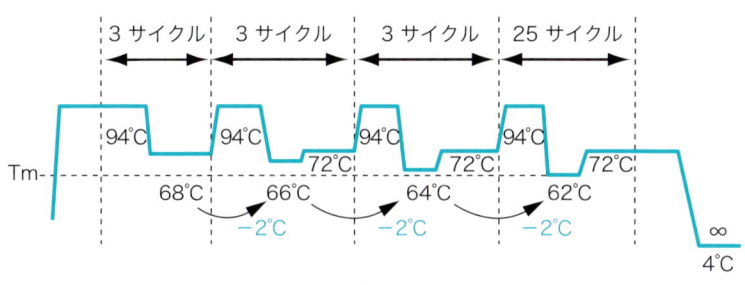

図16 タッチダウンサイクルの例

以上のほかにも変化をつけたサイクルは無数に考えられる．それぞれの実験に合った方法を見つけ出していただきたい．

4-4 PCR反応の例

これまで述べてきたことをもとに，実際のPCR反応のプロトコールの例を紹介しておこう．ただし，くり返しになるがPCR反応に関しては絶対の方法というものはなく，この条件が他の実験で上手くいくという保証はない．あくまでも特定の機械・特定のプライマーを用いて特定の目的遺伝子を増幅した例として各自の実験の参考にしていただきたい．

準備するもの

◆1　機器
・PCR装置（ライフテクノロジーズ社，GeneAmp® 9700）

◆2　試薬・消耗品
・AmpliTaq® DNA polymerase 5 units/μL（ライフテクノロジーズ社）
・10×バッファー（+15 mM $MgCl_2$，ライフテクノロジーズ社）
・テンプレート（ここでは数ngのプラスミド）
・2.5 mM dNTPs
・PCR専用滅菌超純水 [a]
・プライマー2種（各10 μM）
・0.2 mLチューブ（壁が薄いもの）

[a] コンタミネーション防止のため，PCR専用にしている．**本章4-5**参照のこと．

プロトコール

試薬の調製：5分，PCR反応：2.5時間，電気泳動：30分

❶ 以下の試薬を0.2 mLチューブに調製し，氷上に置く [b]

		（最終濃度）
10×バッファー	2.5 μL	（1.5 mM）
2.5 mM dNTPs	2.0 μL	（0.2 mM）
プライマーA（10 μM）	1.25 μL	（0.5 μM）
プライマーB（10 μM）	1.25 μL	（0.5 μM）
テンプレート	___ μL	
AmpliTaq®（5 units/μL）	0.125 μL	（0.025 units/μL）

PCR専用滅菌超純水で全量を25 μLにする

[b] テンプレートやプライマーなどのサンプル間で異なる成分を除いた残りを，1.5 mLチューブにサンプル数分まとめて作製し，0.2 mLチューブに分注すると効率がよい．

❷ 必要な場合には溶液の上がすべて覆われるようにミネラルオイルを重層する [c]

[c] ここではホットリッド式のGeneAmp® 9700を用いているので本来は必要ないが，参考までに記した．

❸ PCR装置（GeneAmp® 9700）に次のサイクルを入力する[d][e]

```
96℃    2分
 ↓
94℃    30秒  ⎫
55℃    30秒  ⎬ 以上を25サイクルくり返す
72℃    1分   ⎭
 ↓
72℃    5分 [f]
 ↓
4℃     ∞ [g]
```

[d] GeneAmp® 9700は**本章4-3**で示した図と同様な模式図が表示された状態での入力になるので，非常に簡単に設定が行える．

[e] サイクル中の各ステップの時間は0.2 mLチューブを用いるときのものである．薄壁の0.5 mLチューブの際にはこのままでよいが，通常の壁の厚い0.5 mLチューブの場合には各時間を倍程度に延ばした方がよい．

[f] 反応の途中で止まっているものを完了させるためのステップである．省略可．

[g] GeneAmp® 9700では，99分59秒と入力すれば自動的に「∞」と認識される．

❹ チューブをセットせずに，プログラムをスタートさせる

❺ ブロックの温度が96℃になったら「pause」のボタンを押してプログラムを一時停止させる．チューブをブロックにセットしたら速やかにプログラムを再始動する[h]

[h] ❹，❺の操作はHot startに準じる操作である．Hot startに関しては**本章4-6**を参照してほしい．

❻ プログラムが終了したら，1/10量程度をアガロースゲル電気泳動して結果をチェックする

> **One point**
>
> **PCR産物のサブクローニングではシークエンスの確認が必須！**
>
> 増幅した遺伝子をタンパク質の発現などの目的に使用する際には，引き続いてサブクローニングを行う．**本章5**「PCR産物のサブクローニング」を参照のこと．なお，このようにしてPCRで増幅した遺伝子をタンパク質の発現などに用いる際には，サブクローニングした後に必ず増幅した部分の全シークエンスの確認が必要である．何度も述べているように耐熱性DNAポリメラーゼは正確性（fidelity）が低く，かなりの確率で変異（mutation）が起こる．このような変異の入った遺伝子を用いた場合にその後の実験に影響が出ないとは限らない．なお，シークエンスの確認は必ずサブクローニングした後の単一クローン由来の遺伝子に対して行う．全PCR産物をまとめてダイレクトシークエンスしても，個々のクローンに入った変異は検出できない．

4-5　コンタミネーションの防止について

　PCRは条件さえよければたった一対のDNAを検出してしまう，非常に感度が優れた方法である．しかしそれは同時に，ほんのわずかな混入（コンタミネーション）をも同じように検出させることになってしまう．よくある失敗例はプラスミドの混入である．例えばある手持ちのヒト遺伝子のマウスホモログを得ようとRT-PCRを行ったら，ヒトのcDNAばかりがとれてきた，などという悲喜劇（？）をよく耳にする．PCR反応を行う前に，そこに用いる試薬類などにコンタミネーションがないことがまず大前提である．

1 試薬

可能な限り，ほかのプラスミドなどを用いる試薬とは別にする．特に，チップを交換せずに操作をするようなプラスミドのミニプレップなどとは，絶対に試薬を共有してはならない．

1）超純水

オートクレーブ滅菌してPCR専用にしたものを用いる．

2）プライマー

PCR専用滅菌超純水またはTEに溶解する．PCR用に合成したプライマーでなくとも，将来的にPCRに使うこともありうるので基本的にオリゴヌクレオチドはPCRレベルの超純水またはTEに溶解するのがよい[a]．

[a] プライマーをフェノール抽出する際のフェノール，フェノール/クロロホルムや，エタノール沈殿の試薬なども同様である．

3）テンプレートの調製

テンプレートの調製の際にも，最終段階で用いるフェノールやフェノール/クロロホルム，エタノールや70％エタノールなどは，プラスミドのミニプレップに使用しているようなものは避ける．せめてゲノムDNAのサザンブロッティングに使うレベルのものを用いるのが望ましい．

4）ミネラルオイル

ミネラルオイルを用いるときに，目薬型の容器を使ってチューブ内に滴下したりチップを変えずにいくつかのチューブに滴下する人がいる．これはチューブからの「跳ね返り」が次のチューブへコンタミネーションを起こす原因になる．サイクルシークエンスなどサンプルどうしが混入しても影響がない実験ならばかまわないが，それが問題になるような実験ならば避けた方が賢明である．特に目薬型の容器は別の実験にも用いるであろうから，全く違うときにコンタミネーションの影響が現れて頭を抱えることになりかねない．

2 ピペッティング

マイクロピペットで急激に溶液を吸い上げると，チップの内部が減圧になることから細かい溶液の霧（エアロゾル）が発生してしまう（図17）．これが次の試薬を吸ったときにコンタミネーションを起こす可能性がある．

そのような事態を避けるため，ピペッティングは静かに，ゆっくりと行う習慣を身につけたい．なお，エアロゾルの防止策としてはチップの内部にフィルターをつめて滅菌したものが売られているが，高価である．

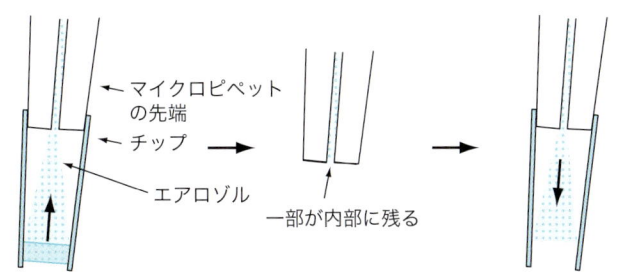

図17 エアロゾルによるコンタミネーション

③ ネガティブコントロール

　試薬へのコンタミネーションが疑われるときには，反応液の成分をそれぞれ抜いたネガティブコントロールをとってみるのが解決への早道である．例えばプライマーへ別のテンプレートのコンタミネーションが考えられるときにはテンプレートなしの反応を行ってみる，RT-PCRへのゲノムのコンタミネーションが考えられる場合には逆転写酵素なしで反応を行ってみる，などである．

> **One point**
>
> **コントロールの大切さ**
>
> 　PCRに限らず，ポジティブコントロールとネガティブコントロールをとるのは実験の常識であるとよく言われる．コントロールをとるのは，決して論文のレフェリーや周囲の人間を納得させるためだけではない．コントロールがないと実験結果を自分自身が評価できなくなるからである．常にあらゆる可能性に対してコントロールをとることは難しいが，可能性が高い事柄に対しては十分検討するべきであろう．「レフェリーが要求しなければそれでいい」という態度は，誤りを導き周囲に迷惑をかけるもとである．

4-6　Hot start

　PCR反応が開始する際に，低温からスタートすると正常な増幅が妨げられることがある．これは，低温でプライマーの特異性が低く誤ったアニールが起こった状態で，ポリメラーゼが働いてしまうためと考えられる（**図18**）．そのなかにはプライマーダイマーの形成やテンプレートの本来とは異なる領域へのアニールなどが含まれる．また3'→5'エキソヌクレアーゼ活性をもつ酵素の場合，昇温過程でプライマーの分解が起こり特異性が下がってしまうことも考えられる．このような事態を避けるため，高温でPCR反応を開始することを「Hot start」という．

　最も簡単な方法はPCRに必要な成分を高温の状態で加える方法である．だが，実際に高温になった状態でチューブのフタを開けて溶液を加える作業は手間がかかる．またクロスコンタミネーション（サンプルどうしのコンタミネーション）の原因となることもあるため，サンプル数が少ない場合に限られる．

　現在ではHot startを楽に行えるよう工夫された製品が数多く供給されている．経済的に余裕がある研究室ならHot start用酵素の利用が考えられるだろう（**本章3-4**「Hot start用DNAポリメラーゼ」参照）．その他にも *Taq* DNA polymeraseに対する抗体が販売されており，これを使えば低温で酵素の活性を抑えることができる[a]．また，固形ワックスで壁を作って反応液を2つに分離しておく，あるいは *Taq* DNA polymeraseが必要とするマグネシウムイオンをワックスに包んだビーズで加えるなど物理的に反応に必要な成分を隔離しておく方法もある．なお，壁の薄い0.2 mLチューブを使用するときには熱伝導性がよいので，ヒートブロックが高温（変性温度）になった状態で氷上に置いてあったチューブをセットすればHot startに近い条件をつくり出すことができる[b]．

[a] **本章3-4**参照．抗体で不活性化しておくタイプのHot start用ポリメラーゼを販売しているメーカーは，抗体だけを別売りしていることが多い．

[b] 0.2 mLチューブはミネラルオイルなしで使うことが多いので途中でチューブのフタを開ける操作は好ましくない．どうしても正規のHot startを行いたい場合にはHot start用酵素やポリメラーゼに対する抗体を用いるなどの工夫が必要である．

非特異的な増幅や正しい伸長の阻害　　非特異的なアニールによる増幅

```
5'　テンプレート　　　　　　　　　　　　　　　　　　　　　　　　　　3'
　　正しい伸長の阻害　　　　誤った伸長　　プライマー
3'　　　　　　　　×　　　　　　　　　　　　　　　　　　　　　　　5'
　　　　　　本来増幅される範囲
```

プライマーダイマーの形成と伸長　　酵素のエキソヌクレアーゼ活性によるプライマーの分解

　　　　　　　　　　　　　　　　　　　α型耐熱性酵素　プライマー
　　　プライマーダイマー　　　　　　　　　　　　　　　→　プライマーの特異性の低下
　　　　　　　　　　　　　　　　　　　　プライマーの分解

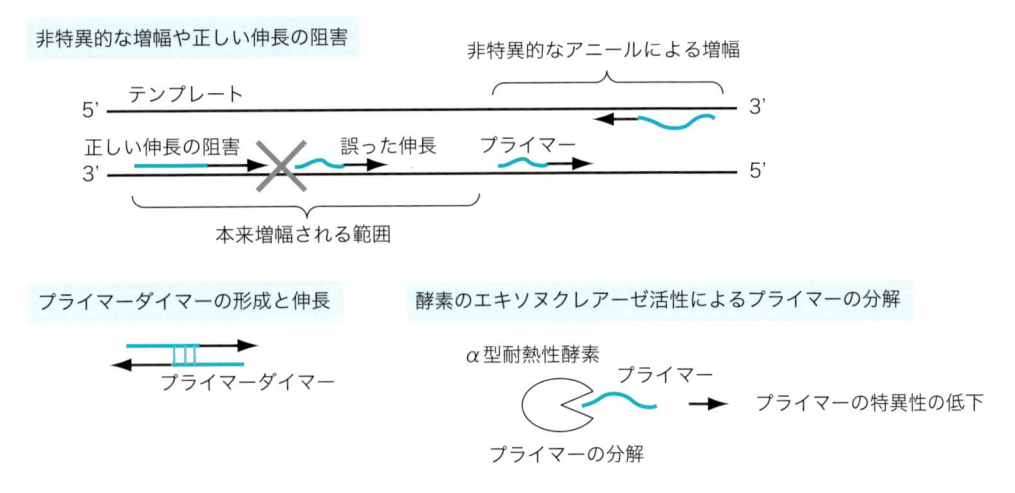

図18　室温からスタートさせたときに起こりうる問題

1 後から成分を添加する方式

　ここでは0.5 mLチューブでミネラルオイルを使用し，後から試薬を添加する場合を念頭において話を進める．後から添加する成分にポリメラーゼを指定しているプロトコールが多いが，これは筆者の経験からあまり適当ではない．理由は2つあり，第一に酵素の添加量（体積）は少量でありミネラルオイル層を通る際に熱でチップから漏れやすいこと，第二に一般的な酵素溶液はグリセロールを含むため密度が高く溶液中に拡散しにくいことがあげられる．

　後から添加する成分はポリメラーゼ反応に必須なものならば何でもよいが，dNTPまたは$MgCl_2$が適当であろう（バッファーがこれらの成分を別にしているとき）．筆者は主にdNTPを後から加える方法をとっている．注意点としては，後から加える溶液を全体の1/10程度以下に抑えないと全体の温度が下がってしまうという問題がある．

準備するもの

◆1　機器
・PCR装置

◆2　試薬
・PCR反応に必要な溶液（dNTPを除く，**本章4-4参照**）
・dNTP

プロトコール　　🕐 1分

❶ dNTPを除く反応液を調製し氷上に置く

⬇

❷ ミネラルオイルを重層する[a]

⬇

❸ PCR装置にチューブをセットし，プログラムをスタートさせる

⬇

❹ 温度が最初の変性温度に達したら装置を一時停止（pause）させる

⬇

❺ チューブを1本ずつ取り出してdNTP溶液を加えていく．ミネラルオイ

[a] フタを開けたときに水分が蒸発するのを防ぐため，ホットリッド式の機械であっても必ずミネラルオイルを使用する．

ル層に液が漏れないよう素早くチップをチューブの底まで差し込む．コンタミネーションの原因となるエアロゾルが発生しないように激しいピペッティングは避ける[b]

[b] 高温でチップの中の空気が膨張するので，押し出さなくても液は自然にチップから出る．

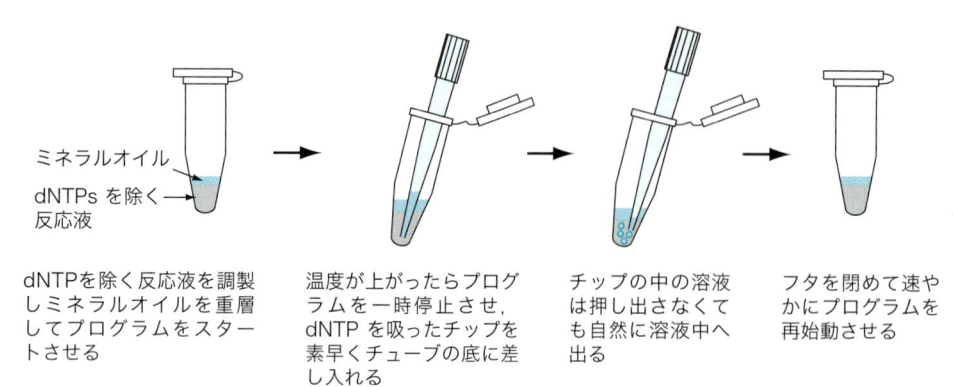

❻ すべてのサンプルにdNTPを加えたら速やかに装置を再スタートさせる

ミネラルオイル dNTPsを除く 反応液			
dNTPを除く反応液を調製しミネラルオイルを重層してプログラムをスタートさせる	温度が上がったらプログラムを一時停止させ，dNTPを吸ったチップを素早くチューブの底に差し入れる	チップの中の溶液は押し出さなくても自然に溶液中へ出る	フタを閉めて速やかにプログラムを再始動させる

2 ワックスで隔壁を作る方式

サンプル数が多く，試薬を加える操作に手間がかかる場合，あるいは反応途中でチューブのフタを開けたくない場合には，物理的に反応液を分けてしまう方法が有効である．

準備するもの

◆1 機器
・PCR装置

◆2 試薬
・PCR反応に必要な溶液（**本章4-4参照**）
・ワックス（タカラバイオ社「AmpliWax® PCR Gem 50」[a]など

[a] ワックスをビーズ状にしたものである．

プロトコール 25分

❶ PCR反応液をA（テンプレート＋プライマー＋1×バッファー）およびB（酵素＋1×バッファー＋dNTP＋$MgCl_2$）の2液に分けて調製する[b]．両者の体積はほぼ等量になるのがよい

❷ チューブにA液とワックスを入れる

❸ 75℃で5分インキュベーションしてワックスを溶かした後，室温に15分おき，ワックスを固化させる[c]

❹ チューブを開けてB液をワックスの上に重層する[d]

❺ チューブをPCR装置にセットし，スタートさせる[e]

[b] 基本的には，単独の溶液中でポリメラーゼがテンプレートやプライマーに対して働かない条件になるならば，どのような分け方でもよい．ここでは便宜的にこのような分割にしている．サンプル数が多いときはB液をまとめて作ることができ，都合がよい．

[c] PCR装置を用いてプログラムすると便利である．この間にB液を調製してもよい．

[d] このとき，遠心などしてチューブに衝撃を与えるとワックスが割れてしまうので注意する．

[e] ワックスが溶けた後にミネラルオイルの代わりになるので，改めてミネラルオイルを重層する必要はない．

反応液Aとワックスのビーズをチューブに入れ，75℃で5分間加熱する

室温に冷やすと，溶けたワックスが液の表面に壁を作る．固まるまで15分程度室温において固まるのを待つ

注：この後は絶対に遠心してはならない

ワックスの壁の上に反応液Bを重層する

チューブを装置にセットし，プログラムをスタートさせる．高温になるとワックスが溶けて反応液の上に浮かぶので，反応液が混合して酵素反応がスタートする

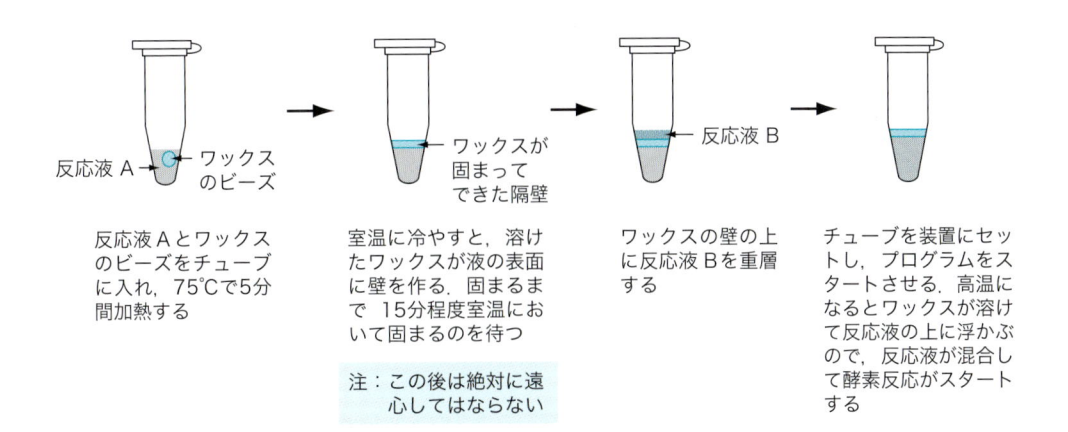

③ Hot start用ポリメラーゼを用いる方式

最近ではHot start用ポリメラーゼもずいぶん安価なものが出回るようになった．ワックスや抗体を酵素と別に購入するとかえって割高になるようなこともある．これらの製品については，**本章3-4**「Hot start用DNAポリメラーゼ」およびそれらに付属の取扱説明書を参照していただきたい．

5 PCR産物のサブクローニング

PCR産物をサブクローニングする際には注意するべき点が2つある．1つは，PCR産物の5'末端にリン酸基がついていないため（リン酸化したプライマーを使用した場合は除く），そのままでは脱リン酸化したプラスミドにライゲーションできないこと，もう1点は，pol I型酵素を用いた場合に3'末端に余分な1塩基（「A」であることが多い）が付加されることである（図19）．

このような状態のPCR産物をプラスミドに導入する際には通常の平滑末端のライゲーションは行うことができないが，いくつかの専用の方法が用いられている．ここでは代表的な3種類の方法を解説する（図20）．

まずPCR産物を通常の平滑末端のライゲーションと同じ状態にする方法がある（図20A）．最初にpol I型酵素で付加された3'末端に突出した「A」を，クレノーフラグメントやT4 DNA polymeraseで除去してやる．この操作は3'→5'エキソヌクレアーゼ活性をもつα型ポリメラーゼを用いた場合には必要ない（**本章3**「耐熱性ポリメラーゼの選択」参照）．末端が

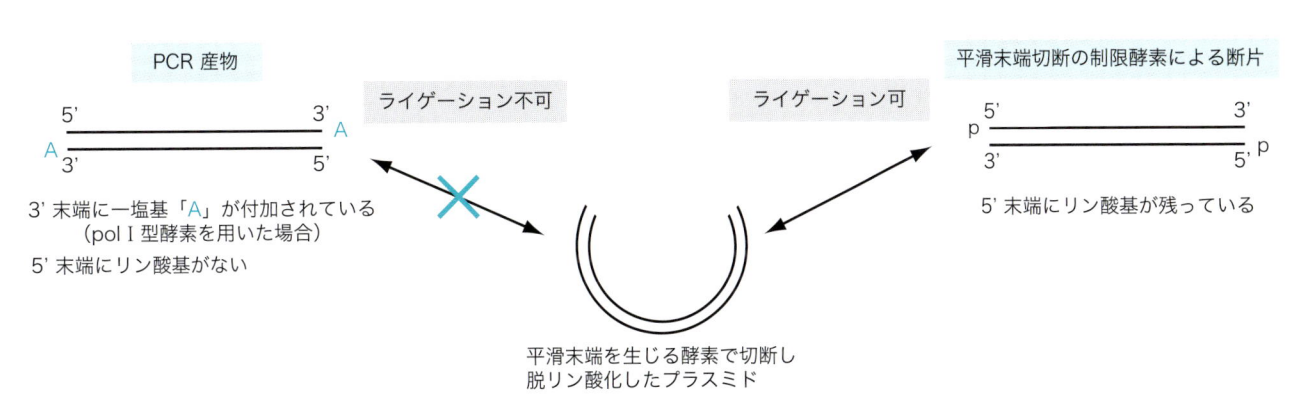

図19 PCR産物と通常の平滑末端断片との違い

A) 平滑末端化

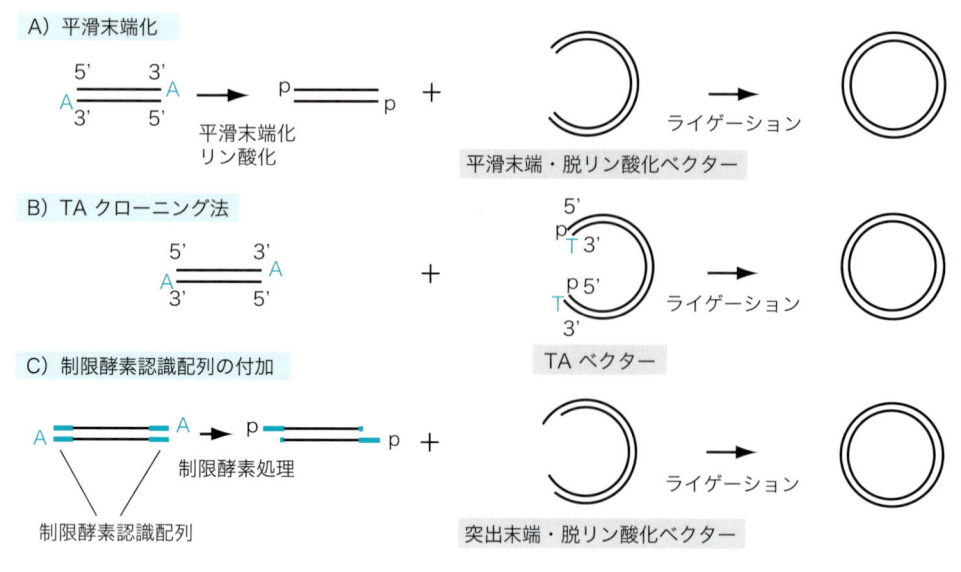

B) TAクローニング法

C) 制限酵素認識配列の付加

図20　PCR産物のサブクローニングの方法

　平滑になったところで，5'末端をT4ポリヌクレオチドキナーゼでリン酸化する．この状態で通常の平滑末端DNA断片と同じ状態になり，脱リン酸化した平滑末端のプラスミドに導入することができる．

　2つめの方法は特殊な「TAベクター」とよばれる種類のプラスミドを用いる方法である（**図20B**）．*Taq* DNA polymeraseのようなpol I型酵素でつくられたDNA断片の多くが3'末端に「A」の突出をもっていることを逆手に取り，プラスミド側は両端を1塩基の「T」突出にしたものを使用する．これを用いると平滑末端よりライゲーションの効率が上がるほか，プラスミド側を脱リン酸化しなくてもセルフライゲーションが起きないため，PCR産物のリン酸化は必要ない．

　第3の方法は，もとのテンプレートにない制限酵素認識配列をプライマーの5'末端に付加する方法である（**図20C**）．両方のプライマーに制限酵素配列を付加しておけば，PCR反応の産物はその両端に制限酵素サイトをもつことになる．したがって，反応後に制限酵素で処理すれば，通常のDNAのサブクローニングと同様にプラスミドに導入することができる．この方法は，遺伝子の一部分あるいは全体をタンパク質発現用ベクターにサブクローニングする際によく用いられる．

　以上の3種類の方法を具体的に解説するので，目的に応じてそれらを使い分けていただきたい．

5-1　PCR産物の精製

　PCRの産物中にはdNTPや未反応のプライマー，耐熱性DNAポリメラーゼが残っている．プラスミドへのライゲーション時にこれらが残っていることは好ましいことではない．また，産物には目的のバンドしかないように見えても，エチジウムブロマイドで染まりにくいような低分子量のところには，モル数に換算すると大量の非特異的産物（プライマーダイマーなど）が存在することが多い．プラスミドへの導入は小さい断片の方が優先的に起こるため，サブクローニングしてプラスミドを調べたらすべて短い断片ばかりだった，ということは珍しくない．現在ではさまざまなPCR産物精製用キットが売られているが，できるならアガロースゲル電気泳動からの回収を行った方が確実である．特に，目的のバンド以外のものが現れている場合には必須であろう．以下に，どのような精製の方法があるのかを解説する．

1) フェノール/クロロホルム抽出，エタノール沈殿

最も簡単に精製を済ませるならフェノール/クロロホルム抽出後にエタノール沈殿を行えばよい．具体的にはそれぞれ**第2章8**や**第2章7**を参照していただきたい．しかし，ここで除かれるのはDNAポリメラーゼやdNTPの一部のみであり，プライマーなどはその大部分が残ってくることに注意していただきたい．

2) アガロースゲル電気泳動からの回収

目的の産物以外のものを除くのに一番確実なのがアガロースゲル電気泳動からの回収である．具体的な方法の紹介は**第8章6**に譲るが，ゲルからの回収にもさまざまなキットが販売されている．

3) 限外濾過膜による精製

タカラバイオ社などからマイクロチューブで使用する限外濾過カラムが販売されている．限外濾過膜はある程度以下の大きさの分子だけを圧力をかけることによって透過させるものである．マイクロチューブを用いるものは，チューブにセットして遠心分離器にかけるだけで簡単に低分子量の分子が除けるようになっている．ただし，この方法はプライマーやdNTPなどの低分子を除くだけなので，目的のDNA断片以外の高分子DNAは除くことができない．

4) DNA吸着カラムを用いた精製

PCR産物をレジンやシリカゲル膜に吸着させる方法で精製するキットがプロメガ社やキアゲン社から売られている．手軽に短時間でdNTPやプライマーなどを除くには有効であろう．ただし，この方法も3）と同様に，混入している目的以外のDNA断片は除くことはできないので注意する．

5-2 平滑末端化

TAクローニングがまだ主流でない時代に最もよく用いられたのがこの方法である．まずクレノーフラグメントなどのDNAポリメラーゼで1塩基3'突出となった末端を平滑化した後，T4ポリヌクレオチドキナーゼで5'末端をリン酸化する．*pfu* DNA polymeraseなどのα型酵素を使用した場合はもちろん平滑化は必要ないが，5'末端のリン酸化は必要である[a]．その際にはプロトコールのステップ❶〜❺を省略してリン酸化反応のみを行う．

[a] 5'末端をリン酸化したプライマーをPCRに用いれば，後からのリン酸化も必要ない．

準備するもの

◆1 器具・機器
・フェノール/クロロホルム抽出・エタノール沈殿に必要な機器（**第2章7, 8参照**）
・37℃インキュベーター

◆2 試薬
・フェノール/クロロホルム抽出に必要な試薬（**第2章8参照**）
・エタノール沈殿に必要な試薬（**第2章7参照**）
・PCR産物
・クレノーフラグメント
・10×クレノーバッファー[b]
・2.5 mM dNTP
・T4ポリヌクレオチドキナーゼ
・10×T4キナーゼバッファー[b]

[b] たいていの場合，酵素を購入すると付属してくる．組成は**第6章**などを参照．

- 10 mM ATP
- コンピテントセルなどトランスフォーメーションに必要な試薬類（**第5章5**参照）
- ライゲーションに使用する試薬類[c]

[c] 筆者はロシュ・ダイアグノスティクス社のRapid DNA Ligation Kitを用いている．

プロトコール

酵素処理など：1時間30分
ライゲーション：30分〜一晩（用いる実験系による）

❶ アガロースゲル電気泳動などから回収・精製し乾燥させたPCR産物に40.5 μLの滅菌超純水を加え，溶解させる

❷ 以下のような組成でクレノーフラグメント反応液を調製する

		（最終濃度）
回収DNA断片	40.5 μL	
10×クレノーバッファー	5 μL	
2.5 mM dNTP	4 μL	(0.2 mM)
クレノーフラグメント (4 units/μL)	0.5 μL	(0.04 units/μL)
total	50 μL	

❸ 室温で15分インキュベーションする（末端平滑化）[d]

❹ 超純水を加えて100 μL程度にし，等量のフェノール/クロロホルムを加えてボルテックスで激しく撹拌する．その後室温で3分間，14,000 rpmで遠心する（フェノール/クロロホルム抽出）[e]

❺ 遠心後に水層を別のチューブに移し，1/10量の3 M 酢酸ナトリウムと2.5倍量のエタノールを加え，4℃で5〜10分間14,000 rpmで遠心する（エタノール沈殿）．遠心終了後に上清を除き，70％エタノールで沈殿を洗った後，遠心式エバポレーターなどで乾燥させる[f]

❻ 乾燥させたDNA断片に33.2 μLの滅菌超純水を加え，溶解させる

❼ 以下のような組成でT4ポリヌクレオチドキナーゼ反応液を調製する[g]

		（最終濃度）
回収DNA断片	33.2 μL	
10×T4キナーゼバッファー	4 μL	
10 mM ATP	0.8 μL	(0.2 mM)
T4ポリヌクレオチドキナーゼ (10 units/μL)	2 μL	(0.5 units/μL)
total	40 μL	

❽ 37℃で30分間インキュベーションする（リン酸化）

❾ ❹のフェノール/クロロホルム抽出，❺のエタノール沈殿をもう一度行う

❿ 乾燥させたDNA断片に滅菌超純水2.5〜5 μLを加え，溶解させる

⓫ 一部（1/5程度）を電気泳動して回収量をチェックする

[d] あまり活性が高いと3'末端側から削り込んでしまうため，室温で短時間だけ行う．

[e] フェノール・クロロホルム抽出については**第2章8**「DNAの精製」を参照．

[f] エタノール沈殿については**第2章7**「DNAの濃縮」を参照．

[g] 100塩基対以上の大きさの断片が2 μg以下（5'末端にして50 pmol程度以下）ならばこのスケールで十分である．

❷ 平滑末端にして脱リン酸化したプラスミドベクター[h]に対し，モル数にして2〜3倍の回収DNA断片をライゲーションする．ライゲーションは各自の用いているシステムに従う[i]

⬇

❸ 必要な時間ライゲーション反応を行った後，大腸菌にトランスフォーメーションする

[h] 作製方法は**第6章4-1**を参照．
[i] 具体的には**第7章4**を参照．筆者はロシュ・ダイアグノスティックス社の「Rapid DNA Ligation Kit」を用いて推奨の1/4の系（全量で5.25 μL）で行っているが，その場合には50 ng程度のベクターで30分も反応を行えば十分である．

5-3　TAクローニング法

　TAクローニング法の原理はすでに述べたように，「A」の1塩基3'突出となったPCR産物の末端に対し1塩基の「T」3'突出にしたプラスミドを使用してライゲーションの効率を上げ，PCR産物のリン酸化も省略できるという便利な方法である．*pfu* DNA polymeraseなどのα型酵素を使用した場合は突出塩基が除かれるために使用できないが，混合型酵素使用の場合は筆者の行った限り可能であった[a]．

　TAプラスミドベクターは各社よりライゲーション試薬とセットにしたものが販売されているが，比較的高価である．簡単に自作できればよいのだが，TAベクターは通常の制限酵素サイト1つを切断することではつくることができない．1塩基3'突出酵素サイトを2カ所もつプラスミドがなければいけない．しかし，制限酵素を使わずにこのTAベクターをつくる方法がある（**図21**）．PCR産物の3'突出「A」の付加はすでに述べたように *Taq* DNA polymeraseなどのpol I酵素によるものだが，*Taq* DNA polymeraseはヌクレオチドがdTTPしかない場合には3'末端に「T」を付加するのである．したがって，平滑末端に切断したプラスミドベクターにdTTPとともに *Taq* DNA polymeraseを反応させてやれば，簡単にTAベクターを作製できるわけである．以下に，その作製法と使用法を紹介する．

[a] 酵素の各タイプについては，**本章3**「耐熱性ポリメラーゼの選択」の各項目を参照していただきたい．

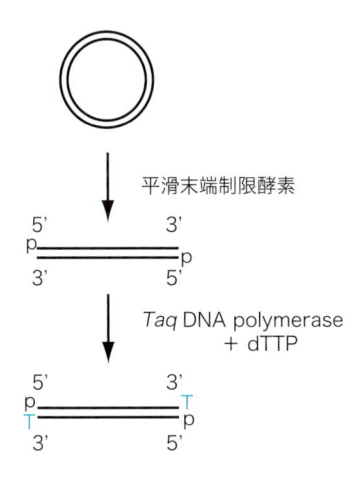

図21　TAベクターの作製法

1 TAベクターの作製

準備するもの

◆ 1　器具・機器

・アガロースゲル電気泳動装置（**第8章**参照）
・フェノール/クロロホルム抽出・エタノール沈殿に必要な機器（**第2章7，8**参照）
・37℃インキュベーター[a]　　　・70℃インキュベーター[a]

[a] PCR装置を利用してもよい．

◆ 2　試薬

・クローニングサイトに平滑末端切断酵素の認識配列があるプラスミド（X-galとIPTGによるカラーセレクション選択ができるものが望ましい）
・平滑末端切断する制限酵素（**第6章2**参照）
・10×制限酵素バッファー[b]
・ゲルからの回収に必要な試薬類[c]
・フェノール/クロロホルム抽出に必要な試薬（**第2章8**参照）
・エタノール沈殿・イソプロパノール沈殿に必要な試薬（**第2章7**参照）

[b] たいていの場合酵素を購入すると付属してくる．組成は**第6章**などを参照．
[c] **第8章6**を参照．さまざまなキットが販売されている．

- 10 mM dTTP
- 10 × *Taq* バッファー（＋15 mM MgCl$_2$）
- ミネラルオイル（ホットリッド式PCR装置を使わない場合）
- ライゲーションに使用する試薬類（**第7章4**参照）[d]
- コンピテントセルなどトランスフォーメーションに必要な試薬類（**第5章5**参照）
- *Taq* DNA polymerase

[d] 筆者はロシュ・ダイアグノスティックス社の「Rapid DNA Ligation Kit」を用いている．

プロトコール

制限酵素処理：2時間〜一晩
電気泳動・回収：1〜3時間（用いる実験系による）
Taq DNA polymerase 処理およびその後の処理：3時間

❶ 5〜10 μgのベクターを平滑末端を生じる制限酵素で切断する[e]

[e] 酵素量や時間は十分余裕をもって行う．

❷ 切断したベクターを電気泳動し，Form Ⅲ[f]のバンドのみを回収する[g]

❸ 1.5 mLチューブにアガロースゲルから回収したDNA溶液を入れ，そこに超純水を加えて100〜400 μL程度にし，等量のフェノール/クロロホルムを加えてボルテックスで激しく撹拌する．その後室温で3分間，14,000 rpmで遠心する（フェノール/クロロホルム抽出）[h]

❹ 遠心後に水層を別のチューブに移し，1/10量の3 M 酢酸ナトリウムと2.5倍量のエタノールを加え，4℃で5〜10分間 14,000 rpmで遠心する（エタノール沈殿）．遠心終了後に上清を除き，70％エタノールで沈殿を洗った後，遠心式エバポレーターなどで乾燥させる[i]

[f] 1カ所に切断が起こったプラスミド．電気泳動時の泳動度などは**第8章**を参照のこと．

[g] このステップは省略できるが，プラスミドは完全に切断されているように見えても微量の非切断型が残っていることが多い．ごく少量のプラスミドでもトランスフォームした際の影響は大きいため，バックグラウンドを下げるためにはなるべくアガロースゲル電気泳動からの回収は行った方がよい．

[h] 具体的には**第2章8**のフェノール/クロロホルム抽出の項目を参照．

[i] エタノール沈殿の具体的な操作は**第2章7**を参照．

❺ 乾燥させた切断プラスミドに79 μLの滅菌超純水を加え，溶解させる

❻ 以下のような組成で *Taq* DNA polymerase 反応液を調製する

		（最終濃度）
プラスミド	79 μL	
10 × *Taq* バッファー	10 μL	
10 mM dTTP	10 μL	（1 mM）
Taq DNA polymerase（5 units/μL）	1 μL	（0.05 units/μL）
計	100 μL	

❼ 反応液にミネラルオイルを重層し70℃で2時間インキュベーションする（「T」付加）[j]

[j] PCR用装置を使うと便利である．

❽ 100 μLのフェノール/クロロホルムを加えてボルテックスで激しく撹拌する．その後室温で3分間，14,000 rpmで遠心する（フェノール/クロロホルム抽出）

❾ 遠心後に水層を別のチューブに移し，もう一度フェノール/クロロホルム抽出を行う

❿ 水層を別のチューブに移し，1/10量の3 M 酢酸ナトリウムと等量のイソプロパノール（2-propanol）を加え，4℃で5〜10分間 14,000 rpm

で遠心する（イソプロパノール沈殿）．遠心終了後に上清を除き，70%エタノールで沈殿を洗った後，遠心式エバポレーターなどで乾燥させる⑯

⑪ 乾燥させたDNA断片に50 μL程度の滅菌超純水を加え，溶解させる

⑫ 一部（1/50〜1/100程度）を電気泳動して回収量をチェックする

⑬ 20〜50 ng/μLになるよう希釈し，10 μLずつに分注してⓛ −20℃にストックする

⑭ 実際に使用する前に，TAベクターだけでライゲーションしたもの，およびライゲーション操作なしのものを大腸菌にトランスフォームし，どの程度のバックグラウンドが出るかを確認しておく⑯

ⓚ エタノール沈殿よりもイソプロパノール沈殿の方がdTTPの混入を抑えることができる．

ⓛ TAベクターは凍結・融解をくり返すと付加した「T」を失ってしまうことがあるので，なるべく少量ずつストックした方がよい．

ⓜ 作製したベクターの質を知っておくために必須である．「T」付加の効率や非切断プラスミドの混入の割合がわかる．

2 TAベクターへのサブクローニング

準備するもの

◆1 器具・機器
・アガロースゲル電気泳動装置（第8章参照）
・フェノール/クロロホルム抽出・エタノール沈殿に必要な機器（第2章7, 8参照）

◆2 試薬
・精製したPCR産物
・ライゲーションに使用する試薬類（第7章4参照）ⓐ
・コンピテントセルなどトランスフォーメーションに必要な試薬類（第5章5参照）

ⓐ 筆者はロシュ・ダイアグノスティックス社の「Rapid DNA Ligation Kit」を用いている．

プロトコール

🕒 ライゲーション30分〜一晩（用いる実験系による）

❶ ミネラルオイルを除いたPCR産物を電気泳動するなどして目的のバンドのみを回収・精製するⓑ

❷ 乾燥した沈殿に5〜10 μLの超純水を加えて溶解させる．一部（1/5〜1/10程度）をアガロースゲル電気泳動して回収量をチェックする

❸ 20〜50 ngのTAベクターに対し，モル数にして2〜3倍の回収DNA断片をライゲーションする．ライゲーションは各自の用いているシステムに従うⓒ

❹ 必要な時間ライゲーション反応を行った後，大腸菌にトランスフォーメーションする

❺ 大腸菌はX-galおよびIPTGを含むLAプレートにまき，出てきたコロニーのなかで白いものだけを選別するⓓ

ⓑ PCR産物を長い間放置しておいたり凍結・融解をくり返すと3'末端の突出「A」が失われることがあるので，なるべく早めに処理する．特に混合型の酵素で行った場合は速やかに回収することをおすすめする．

ⓒ 具体的には第7章4を参照．筆者はロシュ・ダイアグノスティックス社の「Rapid DNA Ligation Kit」を用いて推奨の1/4の系（全量で5.25 μL）で行っているが，その場合には50 ng程度のベクターで30分も反応を行えば十分である．

ⓓ サブクローニングした断片が短く，なかにstop codonがないときには，目的の断片を含むプラスミドのコロニーでも青くなることがあるので注意が必要である．

5-4 制限酵素認識配列の付加

　手持ちの遺伝子の全体または一部をほかのプラスミドにサブクローニングし直したいとき，PCRを用いることがある．そのようなときにはあらかじめプライマーの5'末端に制限酵素認識配列を付加しておくと後のサブクローニングが容易である（**図22**）．このようなプライマーでPCRを行った場合，最終産物はもとのテンプレートにはなかった制限酵素サイトを末端にもつことになる．このPCR産物を突出末端を生じる制限酵素で切断すると，通常のサブクローニングと同じように同じ制限酵素で処理したプラスミドとライゲーションすることができる．

　また，タンパク質発現ベクターなどで遺伝子断片の方向性が大事な場合は，2つのプライマーに付加する酵素サイトを違うものにしておけば，両方の酵素で処理したベクターへ特定の方向で挿入できる（**図22右**）．

　PCRサイクルのアニール温度は，テンプレートにアニールする部分を基準に設定するとよいが，非特異的な増幅が起こってしまう場合にはステップアップサイクル（**本章4-3参照**）が有効である．

　なお，この方法はすでにクローン化した目的遺伝子が手もとにある場合は有効であるが，最初のテンプレートにアニールする部分がプライマーの中の一部分になるため，RT-PCRやゲノムからのPCRで微量のテンプレートから増幅するのには向かない．

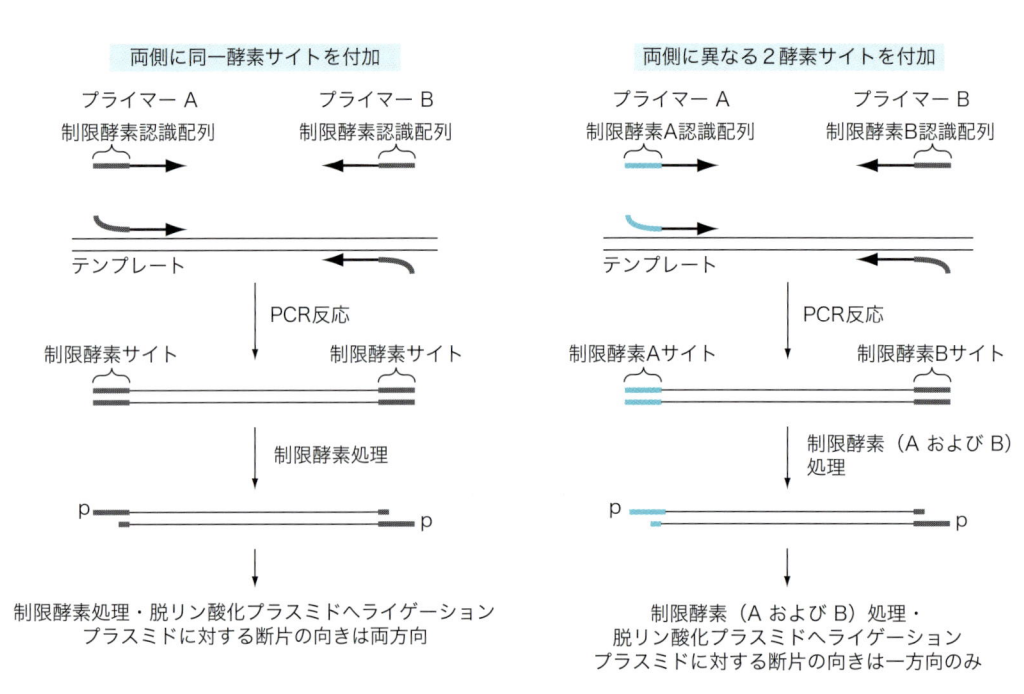

図22　PCRプライマーによる制限酵素サイトの付加

1 プライマーのデザイン

　プライマーのうち標的遺伝子とアニールする部分は3'末端側18塩基程度とし，5'末端側に都合のよい6塩基認識の制限酵素サイトを付加するとよい．この制限酵素認識配列は当然目的の遺伝子部分の中にないものを用いる．5'突出でも3'突出でもよいが4塩基突出末端にしておくとライゲーションの効率が非常によい．注意するべきことは，制限酵素の認識配列のさらに5'側に2〜3塩基を付加しておかなければならないという点である（**図23**）．制限酵素の多くは認識配列の外側にも数残基の塩基対が続いていないと認識できないためである．たいていの6塩基認識酵素の場合は認識配列に2塩基付加するだけで十分である．

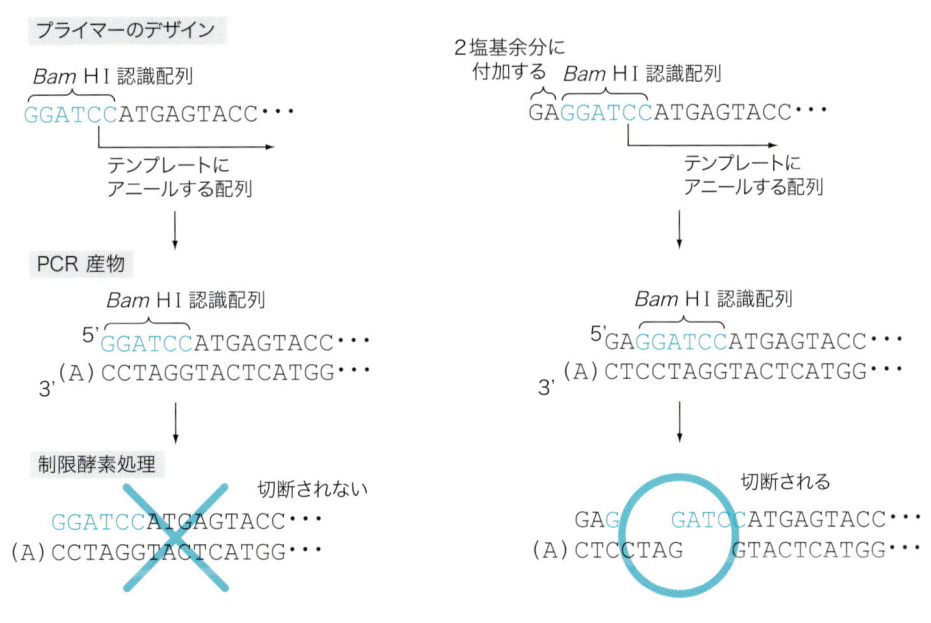

図23 制限酵素サイト付加プライマーのデザイン

2 制限酵素サイトへのサブクローニング

準備するもの

◆1 器具・機器
・37℃インキュベーター
・アガロースゲル電気泳動装置（第8章参照）
・フェノール/クロロホルム抽出，エタノール沈殿に必要な機器（第2章7，8参照）

◆2 試薬
・PCR産物
・制限酵素
・ゲルからの回収に必要な試薬類[b]
・フェノール/クロロホルム抽出に必要な試薬（第2章8参照）
・エタノール沈殿に必要な試薬（第2章7参照）
・ライゲーションに使用する試薬類（第7章4参照）[c]
・コンピテントセルなどトランスフォーメーションに必要な試薬類（第5章5参照）
・プラスミド
・10×制限酵素バッファー[a]

[a] たいていの場合酵素を購入すると付属してくる．組成は第6章などを参照．
[b] 第8章6を参照．さまざまなキットが販売されている．
[c] 筆者はロシュ・ダイアグノスティックス社のRapid DNA Ligation Kitを用いている．

フェノール抽出・エタノール沈殿：1時間，
制限酵素処理：2〜3時間，
電気泳動・回収：1〜3時間（用いる実験系による），
ライゲーション：30分〜一晩（用いる実験系による）

プロトコール

❶ PCR産物（ミネラルオイルを取らないように新しい1.5 mLチューブに移す）に超純水を加えて100 μL程度にし，等量のフェノール/クロロホルムを加えてボルテックスで激しく撹拌する．その後室温で3分間，14,000 rpmで遠心する（フェノール/クロロホルム抽出）[d]

[d] フェノール/クロロホルム抽出の具体的な操作は第2章8を参照．

❷ 遠心後に水層を別のチューブに移し，1/10量の3M酢酸ナトリウムと2.5倍量のエタノールを加え，4℃で5〜10分間14,000 rpmで遠心する（エタノール沈殿）．遠心終了後に上清を除き，70％エタノールで沈殿を洗った後，遠心式エバポレーターなどで乾燥させる[e]

⬇

❸ 回収したPCR産物およびベクターを制限酵素で切断する[f]

⬇

❹ 切断したPCR産物およびベクターを電気泳動し目的のバンドのみを回収する[g]

⬇

❺ 回収したPCR産物およびプラスミドベクターをフェノール/クロロホルム抽出，エタノール沈殿し遠心式エバポレーターなどで乾燥させる

⬇

❻ 乾燥させた沈殿それぞれに対し5〜10 μLの超純水を加えて溶解させる．それぞれの一部（1/5〜1/10程度）を電気泳動して回収量をチェックする

⬇

❼ ベクターに対し，モル数にして2〜3倍の回収DNA断片をライゲーションする．ライゲーションは各自の用いているシステムに従う[h]

⬇

❽ 必要な時間ライゲーション反応を行った後，大腸菌にトランスフォーメーションする

[e] エタノール沈殿の具体的な操作は**第2章7**を参照．

[f] **第6章**を参照．酵素量や時間は十分余裕をもって行う．ベクターはアルカリホスファターゼで脱リン酸化しておく．

[g] このステップは省略できるが，なるべくアガロースゲル電気泳動からの回収は行った方がよい．プラスミドベクターは完全に切断されているように見えても微量の非切断型が残っていることがある．またPCR産物は目的のバンドしかないように見えても，モル数に換算すると大量の非特異的産物が存在することが多い．

[h] 具体的には**第7章4**を参照．筆者はロシュ・ダイアグノスティックス社の「Rapid DNA Ligation Kit」を用いて推奨の1/4の系（全量で5.25 μL）で行っているが，その場合には50 ng程度のベクターで30分も反応を行えば十分である．

参考文献

1) 「バイオ実験イラストレイテッド第2巻，新版 本当にふえるPCR」（中山広樹 著），秀潤社，1998
2) 「改訂 PCR Tips」（真木寿治 監），秀潤社，1999
3) 「無敵のバイオテクニカルシリーズ，改訂 PCR実験ノート」（谷口武利 編），羊土社，2007
4) Griffin, H. G. & Griffin, A. M. eds. : PCR Techonology, Current Innorations, CRC Press, 1994
5) Ausubel, F. et al. : Current Protocols in Molecular Biology., Greene Publishing Associates, Inc. and Wiley-Interscience, 1993

トラブルシューティング

実験をやろうとするとき，あるいはやっているとき，さまざまな問題にぶつかることが予想されます．起こりがちな問題点の具体的例，その問題を起こした場合の原因として考えられること，そして問題解決のための具体的措置（トラブルシューティング）について，各章ごとにまとめ，見やすいように表で示しました．実験を上手に行ううえでの参考として下さい．

第1章　実験をはじめるにあたって

トラブル	原因	解決法
実験書指定の超遠心機がなくてプラスミドの精製実験の計画が組めない	ほかの超遠心機がありますか	▶ 低い回転数でも50,000 rpm以上のものであれば，時間をかければOK
	超遠心機がないのなら	▶ プラスミド精製用のカラムかキットを使ってみる
低温用，高温用インキュベーターがない	通常のものがあれば	▶ 低温室に持ち込んで低温用をつくる
	ない場合	▶ 短時間の反応であれば，お湯や氷を使って希望の温度をつくる
実験を開始したのに急用ができて実験を中断せざるを得ない	どこかで止められませんか	▶ DNAの精製操作，酵素反応が終わったら中性の状態で低温にするか，DNAをエタノール沈殿し，一時休止する
	どうしても止められないときは	▶ 信用のおける人に後のことを頼む
		▶ とにかく4℃，あるいは凍結させて保存し，後で操作を続ける
		▶ 簡単にやり直しがきくのならばそのサンプルはあきらめる
計画を組んでもいつも失敗する	計画に無理がある	▶ 上級者にプロトコールをチェックしてもらう
		▶ プロトコール作成後，シミュレーションを何度もやってみる
	特に理由が見つからない	▶ 気がつかないところでの手抜きをしないように
		▶ 不安に思えたらチェックをする
		▶ 出発材料を多めに用意して，サンプルは一定量残しておく
		▶ 同じ失敗を次にもちこさない
	うまく計画が組めない．組んでも実行できない	▶ 上級者とよく相談する
		▶ 自分に合った方法からはじめる
		▶ いろいろな面で研究生活に余裕と目標をもてるように工夫する
遺伝子組換え実験の手続きなどがわからない	資料を参照しましたか	▶ 所属機関の実験安全主任者などに聞く
		▶ 文部科学省のHPで調べる http://www.lifescience.mext.go.jp/bioethics/anzen.html#kumikae

第2章　DNA実験の基本

トラブル	原因	解決法
ピペットマンで上手く液が吸えない／液量がおかしい	ピペットマンが不調	▶ 分解して，中のパッキンなどを交換するかシリンダーをグリースアップする ▶ 目盛りどおりの液量が入っているかどうかを天秤でチェックする ▶ 手におえない場合は修理に出す
	チップがきちんと入っていない	▶ チップの形状が合っていない．別の製品に換える
	液の粘度が高い（DNAやグリセロール）	▶ ゆっくりと吸ってみる．チップの先を切る
オートクレーブでビンが割れる	液の入っている量が多すぎる	▶ 規定量の液量以内で行う
	ビンの材質に問題がある	▶ 耐熱ビンでない場合は，口を少しゆるめる（ただし酢酸や塩酸などの揮発性物質が溶けている溶液の場合は，口をゆるめる方法はpHが変化してしまうので不適）
オートクレーブでプラスチックが変形する	材質的に弱い	▶ 別のプラスチックにする ▶ 口をゆるめてオートクレーブする ▶ オートクレーブを少し低温，あるいは少し短かめにしてみる
分光光度計で測定したDNA濃度が予想に反して高い／低い	DNA量が実際にそうなっている	▶ エタノール沈殿などでロスしていた
	DNA中に不純物がある	▶ フェノール，アルコールなどはOD_{260}を高くする．そのほかバッファー成分や有機溶媒，低分子物質の混入があることが多いので，エタノール沈殿などで精製して適当なバッファーに溶かす
	測定レンジに問題がある	▶ OD_{260}が0.02以下，あるいは2.0以下では正確に測定できない場合がある．希釈率を変えて再度測定する
	キュベットに問題がある	▶ 石英キュベットを使う．正しくホルダーに入れる ▶ 液を規定量入れる ▶ キュベット内外の汚れを落とす
	機械に問題がある	▶ 「紫外部測定」レンジに合わせる ▶ ランプをチェックする
エタノール沈殿でDNAがうまく回収されない	もともとのDNAが薄い	▶ キャリアーを入れてみる ▶ ブタノールなどで濃縮してみる ▶ 塩（0.3 M），エタノール（3倍量）を多めに加え，よく冷やした後，通常の2〜10倍の遠心力をかけて遠心してみる
	塩が入っていない	▶ NaClかNaOAcなどを0.1〜0.3 Mになるように加える
	沈殿が失われた	▶ 上清抜き取りを注意深く行う

トラブル	原因	解決法
DNAが分解されてしまっている	DNaseの混在がある	▶ バッファーにEDTAなどが入っているかをチェックする．フェノール抽出をするか，熱（90℃，10分）やSDSなどを加えて酵素を失活させる
	物理・化学的剪断が起こった	▶ DNAの溶解，フェノール抽出などを時間をかけ穏やかに行う
		▶ pHが中性になっているかチェックする
		▶ 高温で長時間放置してよいかチェックする
フェノール，フェノール/クロロホルム抽出での回収率が悪い	タンパク質が多い	▶ 塩やEDTAあるいはSDSを加える
		▶ あらかじめプロテイナーゼK処理する
		▶ 液量を増やし，中間層の割合を減らす
	抽出操作が不十分	▶ 抽出に時間をかける
		▶ 遠心を充分に行う
		▶ フェノールの量を増やす
プラスチックチューブ/エッペンチューブが割れたり液がもれたりする	口がよく閉まってない	▶ よく閉める．製品を換えてみる
	材質が弱い	▶ 遠心力を弱くし，時間をかける
	液量が多いあるいは少ない	▶ 適当量の液量にする
	プラスチックが劣化した	▶ 凍結，オートクレーブ，薬品（クロロホルムなど）で劣化する場合があるので，物理的ストレスを弱める．大切なサンプルには滅菌済みの新品を使用する
容器に書いた字がすぐ消える	ペンがよくない	▶ 油性のマーカーにする
	容器が不適の場合	▶ 油分を拭き取る
		▶ テープを貼ってそこに書く
	水がつくと消えてしまう	▶ 字の上から透明なテープでカバーをする
	テープが凍結状態で取れてしまう	▶ 粘着性の高いテープに換える
		▶ 容器に直接マークする

第3章　大腸菌の取扱い

トラブル	原因	解決法
培養しても菌が増えない	抗生物質を誤って加えている	▶ 菌の保有するプラスミドを確認し，適切な抗生物質を用いる（第3章2②）
	植菌器具が熱いうちに菌に触れた	▶ 白金耳，スプレッダーを火炎滅菌した後，十分冷ましてから植菌する（第3章3⑥）
	プレートが乾燥していた	▶ 培地を作り直し，乾燥しないように保存する
	元の菌が死んでいる	▶ 保存用試料の大腸菌から培養し直す
プレートが固まらない	寒天量が少ない	▶ 試薬組成を確認する（第3章4③）
保存用液体培地に白い沈殿がある	コンタミしている	▶ 培地を作り直し，37℃で一晩放置し，コンタミチェックを行う

第4章　バクテリオファージの取扱い

トラブル	原因	解決法
液体培養でファージが増えない	ファージと大腸菌の量比が不適当	▶ 大腸菌を新たに加えてみる（第4章3） ▶ ファージの量を減らして再度感染させてみる
	種ファージが死んでいる	▶ プラークアッセイでファージタイターをチェックする ▶ 種ファージを増やし直す
	宿主菌が不適当	▶ 宿主菌をフレッシュな状態にして再度感染させる ▶ 正しい宿主菌でない可能性あり，菌の遺伝子型をチェックする
ファージDNA調製でRNAが除けない	RNaseA処理が不十分	▶ RNaseA/DNase I 処理を1時間以上行う（第4章4） ▶ 酵素のバッチをチェックする
調製したDNAを電気泳動するとスメアになり1本のバンドにならない	DNAが剪断されている	▶ ファージDNAの撹拌などをゆるやかにする．ボルテックスはしない（第4章4）
	DNA量が多すぎる	▶ DNA量を減らしゆっくりと泳動してみる
ファージDNAが制限酵素で切れない	制限酵素が上手く効いていない	▶ 反応系に加えるDNA量を減らす ▶ 酵素のバッチをチェックする
	DNAに不純物が多い	▶ DNAをフェノールなどで精製してみる ▶ ファージDNAの精製を大腸菌やアガーの少ない状態のサンプルからもう一度やってみる
	トップアガーに不純物が多い（プレートライセート法の場合）	▶ アガーをアガロースに変える

第5章　プラスミドDNAの増幅と精製

トラブル	原因	解決法
プラスミド収量が少ない，もしくはない	分解してしまった	▶ フェノール/クロロホルム処理の確認（試薬などのチェックを含む）（第2章8） ▶ 菌種のチェック（ボイルプレプの場合）（第5章2-2）
	精製操作でロスした	▶ エタノール沈殿のチェック（第2章7-1） ▶ PEG沈殿のチェック（第5章3）
	プラスミドのコピー数を抑えるような機構が働いていて，もともと増えにくい	▶ 菌の増殖の条件を検討し，プレプスケールを大きくする（第3章5，第5章2-3②） ▶ インサートを別のベクターに移してみる ▶ クロラムフェニコールを加えて増幅してみる（第5章2-3②，90ページ）

トラブル	原因	解決法
RNAの混入がある	RNase処理が不十分	▶ RNase処理（第5章2-3）をし，PEG沈殿を行う（第5章3）
高分子側（> 20 kbp）にバンドがある（ゲノムの混入）	ボイルプレプの場合…ボイルの時間が長い	▶ ボイルの時間を短くする（第5章2-2）
	アルカリプレプの場合…変性時間（Sol IIを入れてからSol IIIを加えて中和するまで）が長い	▶ 早めにSol IIIを加え，ゆっくりと，しかし確実に混ぜる（第5章2-3）

第6章　核酸の酵素処理

トラブル	原因	解決法
制限酵素でDNAが切れない	制限酵素切断部位がない	▶ 別の制限酵素を使用する
	制限酵素が失活している	▶ 酵素を買い直す．フリーザーが融解していないか確認する
	使用する添付バッファーを間違えている	▶ カタログを確認し，適切なものを使用する
	DNAの純度が低い	▶ フェノール/クロロホルム抽出，エタノール沈殿を行い純度を上げる
	DNAの量が多すぎる	▶ DNA量を少なくしてみる
	メチル化の影響がある	▶ 宿主としてメチラーゼ欠損株大腸菌を用いて精製したDNAを使用する
制限酵素処理により予想外の断片が出る	予想を間違えている	▶ マッピングの結果やシークエンシングの結果を考察し直す
	制限酵素が適切に作用していない	▶ 上述の「制限酵素でDNAが切れない」を参考
		▶ バッファーを間違えていないか確認する
	スター活性が出ている	▶ 酵素量を1/10以下に減らす
		▶ 溶液が蒸発しないようにエアーインキュベーターを用いる

第7章　DNA断片のサブクローニング

トラブル	原因	解決法
トランスフォーメーション後，コロニーが形成されない	適切なプレート・抗生物質を使用していない	▶ 適切な抗生物質を含むプレートを使用する
	プレートが古い・乾いている	▶ 作り直す
	リガーゼ（キット）が失活している	▶ 酵素を買い直す．フリーザーが融解していないか確認する
	ライゲーションに使用するベクターDNAをどこかでロスしている．もしくは分解している	▶ 電気泳動などで確認する．もしDNAがなくなっていたら，調製し直す
	インサートDNAの末端形状がベクターに対して適切ではない	▶ 末端形状を合わせる

トラブル	原因	解決法
形質転換後，セルフライゲーションのコロニーしか得られない	確認（制限酵素処理によるインサートチェック）の仕方が不適切	▶ その制限酵素でインサートが切り出されるかを確認する
		▶ 電気泳動で切断を確認する（切断が不十分であるならば209ページ「制限酵素でDNAが切れない」を参考）
	ベクターの脱リン酸化と切断が不十分	▶ 制限酵素処理と脱リン酸化処理の時間を長めにする
		▶ 制限酵素処理と脱リン酸化処理を二度くり返してベクターを作製する
		▶ ベクターのDNA純度を上げる
	アルカリホスファターゼが失活している	▶ 酵素を買い直す．フリーザーが融解していないか確認する
	ライゲーション時，インサートDNAとベクターDNAの量比が適切ではない	▶ インサート：ベクターをモル比で1〜5：1にする
		▶ DNAの濃度を測定し直す
	インサートDNAの末端構造がベクターに対して適切ではない	▶ インサートDNAの調製を確認し直す
	修飾・改変しているインサートDNAを使用している場合，末端平滑化・リンカーライゲーションの系が上手く働いていない	▶ 修飾・改変の系をチェックし直す（以下参照）
	インサートDNA調製の際に，もとのベクターDNAが混入してきている	▶ 電気泳動により確実にもとのベクターとインサートDNAを分離して，インサートを調製する
クレノーフラグメントで5'突出末端を埋められない	クレノーフラグメントが失活している	▶ 酵素を買い直す．フリーザーが融解していないか確認する
	反応液中にMg^{2+}をキレートしてしまう物質が含まれている	▶ エタノール沈殿などを行ってから反応を行う
	DNAの純度が低い	▶ フェノール/クロロホルム抽出，エタノール沈殿を行い純度を上げる
	dNTPを加え忘れている	▶ dNTPを加える
T4 DNAポリメラーゼで3'突出末端を埋められない	T4 DNAポリメラーゼが失活している	▶ 酵素を買い直す．フリーザーが融解していないか確認する
	反応液中にMg^{2+}をキレートしてしまう物質が含まれている	▶ エタノール沈殿などを行ってから反応を行う
	DNAの純度が低い	▶ フェノール/クロロホルム抽出，エタノール沈殿を行い純度を上げる
T4 DNAポリメラーゼでDNAが削れてしまっている	dNTPを加え忘れている	▶ dNTPを加える
	反応温度が高すぎる	▶ 温度を11〜12℃以下にする
リンカーライゲーションで，リンカーをインサートDNAに連結できない	自作のリンカーが平滑末端を形成していない	▶ 間違っていたらデザインし直す
	自作のリンカーがアニールしていない	▶ 電気泳動で確認し，アニールし直す
	リンカーがリン酸化されていない	▶ リン酸化リンカーを購入する
		▶ T4 DNAキナーゼでリン酸化する
	リンカーを付加するDNAの末端が平滑末端ではない	▶ 平滑末端を形成する制限酵素で処理する
		▶ 適切な方法で末端を平滑化する

トラブル	原因	解決法
ベクターに組込まれたインサートDNAが，目的とするDNA断片ではない	今回用いた制限酵素では，実際に目的とするインサートDNAは切り出せない	▶ 制限酵素切断部位を確認し直し，実験を考え直す
	調製したインサートDNAに，調製の途中で産生する副産物DNA断片が混入している	▶ 調製の過程で切断により産生するDNA断片の大きさをチェックし直し，適切な方法で目的の断片だけを分離・精製し直す．分離不可能である場合は，方法・使用する制限酵素を変える
	調製の過程で，目的とするインサートDNAではないDNAを精製してしまっている	▶ 切断により産生するDNA断片の大きさを考察し直し，正しい位置のDNAを精製し直す
カラーセレクションでコロニーが白いのにインサートがない	目的とするインサートDNAに混入した，インサートチェックでは確認できないごく短いDNA断片がベクターに組込まれている	▶ インサートDNAを精製し直す
	プレートに含まれるX-gal・IPTGが分解してしまっている	▶ プレートを作り直す
BAL31ヌクレアーゼでDNAが削れない	DNAが切断されていない	▶ 制限酵素処理をする
		▶ 電気泳動で切断を確認する（切断がされていないのならば209ページ「制限酵素でDNAが切れない」を参考）
	BAL31ヌクレアーゼが失活している	▶ 酵素を買い直す．フリーザーが融解していないか確認する
	DNA濃度が濃すぎる・酵素量が少なすぎる	▶ DNAを減らしてみる．酵素を増やしてみる
	使用するDNAの純度が低い	▶ フェノール/クロロホルム抽出やエタノール沈殿により純度を上げる
	反応条件が不適切	▶ 時間を長くする
		▶ 温度を上げる
BAL31ヌクレアーゼ処理すると，DNAが分解してしまう	ニックが入ったDNAを使用してしまっている	▶ セシウム密度勾配法などによりニックの入っていないDNAを精製する
バンドが検出できない	不純物が反応を阻害している	▶ 加熱処理する大腸菌の量を減らす
		▶ 反応系に加える上清の量を減らす
	プラスミドが分解している	▶ 使用する大腸菌株を変える（DH5αやJM109など，recA, endA変異をもつ株が適している）

第8章　アガロースゲル電気泳動

トラブル	原因	解決法
サンプルをウェルに入れるとき，サンプルが浮いてきてしまう	エタノール沈殿のエタノールが残っている	▶ エタノール沈殿後，十分にエタノールを蒸発させる（第8章-4）
	ローディングバッファー中のグリセロールなどが規定量入っていない	▶ ローディングバッファーを作り直す

トラブル	原因	解決法
電気が流れない	リード線，電極などが正しくつながっていない	▶ 電気泳動装置が正しくセットされているか，電極が正しくつながっているか，もう一度確認する（第8章4）
	電源が働かない	▶ ヒューズをチェックする
		▶ 修理に出す
	バッファーが足りていない	▶ ゲルが十分に浸っているかどうか，上下バッファーの量を確認する
泳動が乱れる．バンドがシャープにならない	電圧が高すぎる	▶ 適切な電圧で泳動する（第8章4）
	サンプルの塩濃度が高すぎる	▶ エタノール沈殿後，よくリンスをして塩を洗う（第2章7）
	DNA濃度が高すぎる	▶ DNA濃度を下げて行う
	電気が均一に流れてない…アガロースゲルの場合	▶ ゲル厚の均一性あるいはゲルタンクの水平をチェックする
	バッファーが足りていない	▶ ゲルが十分に浸っているかどうか，上下バッファーの量を確認する
	ゲルに不純物が混ざっている	▶ ゲルを作り直す
		▶ pre-run（予備泳動）を長めにする
	サンプル量に問題がある	▶ 適切な量にする
		▶ 各ウェルのアプライ量をそろえる
DNAが検出できない	EtBr溶液に浸す時間が足りない	▶ もう一度EtBr溶液に戻し，10〜30分後に再度確認してみる
	EtBr溶液が劣化している	▶ EtBr溶液を作り直す（第8章5）
	UVランプが正しく働いていない	▶ ランプあるいはフィルターを交換する
	DNAが失われている	▶ サンプルを作り直し，エタノール沈殿などを正しく行う（第2章）
ゲルからのDNAの回収率が悪い	もとのDNAが少ない	▶ DNAを増やして再度試みる
		▶ ゲルの切り方が間違っている
	回収条件の指摘範囲から外れている	▶ DNAのサイズが大きすぎる，あるいは小さすぎる
		▶ pHが合っていない
		▶ 溶出，溶解時間などが不十分である
		▶ ゲルが大きすぎる
	途中でのロスがあった	▶ フェノール，フェノール/クロロホルム精製を注意深く行う
		▶ エタノール沈殿でDNAが上手く沈殿しなかった

第9章　ポリアクリルアミドゲル電気泳動

トラブル	原因	解決法
ゲルが固まらない	アクリルアミド溶液が劣化している	▶ アクリルアミド溶液を調製し直す
	APS溶液が劣化している	▶ APS溶液を調製し直す
	APSを入れ忘れている	▶ APSを入れてゲルを作り直す
	TEMEDを入れ忘れている	▶ TEMEDを入れてゲルを作り直す
電気泳動が乱れる	ゲルが均一でない	▶ ゲルを作るときに，溶液をよく混合してから作る
	ゲルにごみや泡などが入っている	▶ ゲル板をよく洗ってからゲルを作る
		▶ ごみなどの混入がないようにゲルを作る
	Pre-runが短すぎる	▶ Pre-runを長めにする
	バッファーが足りない	▶ バッファーを足す
バンドが検出されない	染色が足りない	▶ 電気泳動後の染色時間を長くする
	UVランプが切れている	▶ UVランプを新しくする
	サンプル量が少なすぎる	▶ サンプル量を増やす
バックグラウンドが高い	染色されすぎ	▶ 染色時間を短くする
		▶ 染色後に水にしばらくつけて脱染する
		▶ エチジウムブロマイド溶液を薄くする

第10章　PCR法

トラブル	原因	解決法
増幅バンドが検出できない	酵素が失活している	▶ 酵素のバッチを変える
	polⅠ型あるいはα型酵素単独で1.5 kb以上の長さを増幅しようとしている	▶ 混合型酵素を使用してみる
	増幅条件が至適でない	▶ アニーリング温度を下げる
		▶ サイクル数を増やす
		▶ Hot Startを試す
		▶ DNA伸長時間を増やす
		▶ タッチダウンサイクルやシャトルサイクルを試してみる
		▶ 酵素の量を増やす
		▶ マグネシウムイオン濃度を上げる
		▶ GC含量が高いテンプレートの場合，高GC含量専用のバッファーを試してみる
	プライマーの配列や特異性に問題がある	▶ 一方または両方のプライマーをデザインし直す
		▶ nestedプライマーを設計して試す

トラブル	原因	解決法
増幅バンドが検出できない（ゲノムDNAからのPCRの場合）	ゲノムDNAに夾雑物が多い	▶ ゲノムDNAに対しフェノール抽出・フェノール/クロロホルム抽出を複数回行い，エタノール沈殿で回収する
	テンプレートDNA量が適切でない	▶ 使用するゲノムの重量からおおよそのモル数を計算し，同じモル数になるようプラスミドDNAを希釈してコントロールとする．このコントロールで増幅が見られる条件を探し，実際の反応を行う
非特異的増幅が多い	増幅条件が至適でない	▶ アニーリング温度を上げる ▶ Hot Startを試す ▶ タッチダウンサイクルやシャトルサイクルを試してみる ▶ 酵素の量を減らす ▶ プライマーの量を減らす ▶ マグネシウムイオン濃度を下げる ▶ サンプル中にマグネシウムなどの二価イオンが多量に含まれていないか確認する
	プライマーの配列や特異性に問題がある	▶ 一方または両方のプライマーをデザインし直す ▶ nestedプライマーを設計して試す
得られたPCR産物に変異が多く見られる	使用している酵素が増幅する長さに適していない	▶ 正確性（fidelity）の高い酵素に変えてみる
	増幅条件が至適でない	▶ マグネシウムイオン濃度を下げる ▶ 高GC含量専用のバッファーを使用している場合，通常のバッファーに戻してみる ▶ サイクルの数を可能な限り減らしてみる
サンプルに全く含まれていないはずのDNAが増幅されてしまう	コンタミネーションの疑い	▶ 必要ならば，使用する試薬やプライマー，超純水などを1つずつバッチの違うものに変えて，どの試薬が問題なのかを明らかにする ▶ マイクロピペットへのエアロゾルの付着が疑われるときは，ピペットの先端をクリーニングする ▶ フィルター付きチップを試してみる
PCR産物がサブクローニングできない	PCR産物の回収効率が悪い	▶ 回収後のDNAの一部を電気泳動でチェックし，必要量を使用する
	ベクターのセルフライゲーションが多い	▶ ベクターのみでライゲーション反応を行った後に大腸菌に導入して，酵素による切断の効率や（平滑末端化や制限酵素認識配列付加の場合）脱リン酸化の効率，（TAクローニングの場合）T付加の効率をチェックしてみる

付録　実験で役立つ便利なデータ集
田村隆明

1. 汎用溶液の組成と調製
※カッコ内は最終濃度を表す

● 一般的試薬

Tris/フェノール
1. 凍結保存しておいた結晶フェノールをビンごと70℃の恒温水槽に入れて融解させる
2. しっかり口の閉まる細長いガラス容器に移し，8-ヒドロキシキノリンを0.1％になるように溶かす
3. 1 M Tris-HCl（pH 8.0）を等量加え，フタをよくしめて全体を振盪機で1分間振盪する（1秒間に1〜2回程度）
4. 静置後水層（上層）を除く
5. 再度等量の1 M Tris-HCl（pH8.0）を加えて10分間振盪し，上層の大部分を除く
6. 褐色ビンに移し冷蔵庫で保存する．2〜3カ月は安定に使用できる

水飽和フェノール
Trisバッファーの代わりに滅菌超純水（あるいはDEPC処理水）を用いて作る．融解したフェノールに水を1/4量加えて混ぜる簡便法もある．

※ Tris/フェノールはDNA用であり，RNA用には弱酸性の水飽和フェノールを使用する．

フェノール/クロロホルム
1. クロロホルムには1/24容量にイソアミルアルコールを加える（CIA）
2. CIAに前述の8-ヒドロキシキノリン入りのTris/フェノールを等量混ぜ，よく振盪し，静置する
3. 上の水層の大部分を除く
4. 褐色ビンに入れて冷蔵庫に保存する．クロロパンともよばれる

TE飽和n-ブタノール
n-ブタノールとTEを等量ずつ加え，よく混合して放置すると二層に分かれるので，この状態で保存

※ 上層がTEで飽和されたn-ブタノール層．下層はTEなので，上層を使用する．

CIAA（クロロホルム：イソアミルアルコール＝49：1）
クロロホルム	98 mL	
イソアミルアルコール	2 mL	

混合して室温保存

SMバッファー
NaCl	2.9 g	(0.1 M)
MgSO$_4$・7H$_2$O	1 g	(8 mM)
1 M Tris-HCl（pH 7.5）	25 mL	(50 mM)
2％ ゼラチン	2.5 mL	(0.1％)

純水で500 mLにする

STETL
1.
ショ糖	4 g	(8％)
10％ TritonX-100	2.5 mL	(0.5％)
1 M Tris-HCl（pH 8.0）	2.5 mL	(50 mM)
0.5 M EDTA	5 mL	(50 mM)

超純水で50 mLにする
2. フィルター滅菌し，4℃保存
↓
5 mg/mL リゾチーム[a]		(0.5 mg/mL)
10 mg/mL RNaseA[a]		(0.1 mg/mL)

[a] を除いてストックを作る．リゾチームは5 mg/mL，RNaseAは10 mg/mLで小分けにして−20℃で保存しておき，使用する分だけカッコ内濃度になるように加える．

Sol I
1.
グルコース	9 g	(50 mM)
1 M Tris/HCl（pH 8.0）	25 mL	(25 mM)
5 M EDTA	20 mL	(10 mM)

超純水で1 Lにする
2. オートクレーブ滅菌する．グルコースに多少色がつく場合もあるが，問題ない

Sol II
水酸化ナトリウム	8 g	(0.2 N)
SDS	10 g	(1％)

超純水で1 Lにする

Sol III
酢酸カリウム	294.5 g	
酢酸	120 mL	
超純水	530 mL	

塩化セシウム/TE溶液（1 g/mL）
TE	50 mL	
塩化セシウム	50 g	

13％ PEG/ 0.8 M NaCl溶液
PEG	26 g	(13％)
NaCl	9.35 g	(0.8 M)

超純水で200 mLにし，オートクレーブする

50 mM 塩化カルシウム
1 M 塩化カルシウム	25 mL	(50 mM)

超純水で500 mLにし，オートクレーブする

50 mM 塩化カルシウム/15％ グリセロール
1 M 塩化カルシウム	25 mL	(50 mM)
グリセロール（生化学用）	75 mL	(15％)

超純水で500 mLにし，オートクレーブする

20％ PEG/NaCl
PEG6000	40 g	(20％)
NaCl	11.6 g	(2 M)
1 M Tris-HCl（pH 7.4）	2 mL	(10 mM)
1 M MgSO$_4$	2 mL	(10 mM)

純水で200 mLにする

1 M Tris-HCl（pH 7.4, 7.5, 7.6, 7.8, 7.9, 8.0, 8.5, 9.5）
1. Trisベース121.1 gを超純水800 mLに溶かす
2. HClで目的のpHに合わせる
3. 1 Lにメスアップする
4. オートクレーブで滅菌．4℃保存

TE（10 mM Tris-HCl, 1 mM EDTA pH 8.0）
1.
1 M Tris-HCl (pH 8.0)	10 mL	
0.5 M EDTA (pH 8.0)	2 mL	

超純水で1 Lにメスアップする
2. オートクレーブで滅菌．4℃保存

※ T$_{50}$Eは1 M Tris-HCl (pH 8.0)を50 mLにする．

1 M HEPES-KOH（pH 7.4, 7.9）
1. HEPES 238.3 gを超純水800 mLに溶かす
2. KOHで目的のpHに合わせる

❸ 1 Lにメスアップする
❹ オートクレーブで滅菌. 4℃保存

10 × PBS (pH 7.4)

❶
NaCl	80 g
KCl	2 g
$Na_2HPO_4 \cdot 12H_2O$	36.3 g
KH_2PO_4	2.4 g

超純水800 mLに溶かす
❷ NaOHまたはHClでpHを7.4に合わせる
❸ 1 Lにメスアップする
❹ オートクレーブで滅菌. 室温保存[a]

　[a] 使用時は超純水で10倍に希釈し, 特に再滅菌する必要はない. これはPBS (−) といわれ, Mg^{2+}, Ca^{2+} を含まない.

3 M NaOAc (酢酸ナトリウム pH 5.2)

❶ $NaOAc \cdot 3H_2O$ 204.1 gを超純水400 mLに溶かす
❷ 酢酸でpH 5.2に合わせる
❸ 500 mLにメスアップする
❹ オートクレーブで滅菌. 4℃保存

7.5 M NH_4OAc (酢酸アンモニウム)

❶ NH_4OAc 28.9 gをコーニングチューブにとる
❷ 滅菌超純水に溶かし, 50 mLにメスアップする
❸ フィルター滅菌し, 滅菌したボトルで4℃ (あるいは−20℃) 保存

5 M NaCl (塩化ナトリウム)

❶ NaCl 292.2 gを超純水800 mLに溶かす
❷ 1 Lにメスアップする
❸ オートクレーブで滅菌. 4℃保存

3 M KCl (塩化カリウム)

❶ KCl 223.7 gを超純水800 mLに溶かす
❷ 1 Lにメスアップする
❸ オートクレーブで滅菌. 4℃保存

1 M $CaCl_2$ (塩化カルシウム)

❶ $CaCl_2$ (無水) 55.5 gを超純水400 mLに溶かす
❷ 500 mLにメスアップする
❸ オートクレーブで滅菌. 4℃保存

1 M $MgCl_2$ (塩化マグネシウム)

❶ $MgCl_2 \cdot 6H_2O$ 10.2 gをコーニングチューブにとる
❷ 滅菌超純水に溶かし, 50 mLにメスアップする
❸ フィルター滅菌し, 滅菌したボトルで4℃保存

● 電気泳動用バッファー

50 × TAE (Tris-acetate-EDTA)

Tris base	242 g
酢酸 (acetic acid)	57.1 mL
EDTA・2Na ($2H_2O$) (Dojindo)	18.6 g

超純水で1 Lにする. 室温で保存

10 × TBE (Tris-borate-EDTA)

Tris base	108 g
ホウ酸 (boric acid)	55 g
EDTA・2Na ($2H_2O$)	3.7 g

超純水で1 Lにする. 室温で保存

ローディングバッファー

ブロモフェノールブルー	25 mg	(0.25 %)
キシレンシアノールFF	25 mg	(0.25 %)
グリセロール	3 mL	(30 %)
0.5 M EDTA (pH 8.0)	100 μL	(5 mM)

超純水で10 mLにする. 4℃で保存

● サザン用バッファー

20 × SSC

NaCl	175.3 g
クエン酸ナトリウム	88.2 g

pHを7.0に合わせ, 超純水または純水で1 Lにする

20 × SSPE

NaCl	210 g
1 M リン酸ナトリウム (pH7.7)	200 mL
0.5 M EDTA	40 mL

超純水または純水で1 Lにする

ハイブリダイゼーションバッファー

100%ホルムアミド	5 mL	(50%)
20 × SSC	2.5 mL	(5 ×)
100×デンハルト溶液[a]	0.56 mL	(5 ×)
1 M Na-phosphate[b]	1 mL	(0.1 M)
10% SDS	0.5 mL	(0.5%)
10 mg/mLのサケ精子DNAを 5分間ボイルしたもの	100 μL	(100 μg/mL)

超純水で10 mLにする

　[a] 100×デンハルト溶液:
　　2% BSA (ウシ血清アルブミン)
　　2% フィコール (Ficoll 400)
　　2% PVP (ポリビニルピロリドン)

　[b] Na-phosphate: 1 M リン酸水素二ナトリウムを1 Mのリン酸二水素ナトリウムに少しずつ加えていきpHを6.5に調整したもの.

● 酵素

RNaseA (5 mg/mL)

❶
RNaseA	250 mg
1 M Tris-HCl (pH 7.5)	0.5 mL
5 M NaCl	0.15 mL
100% glycerol	25 mL

超純水を加えて溶かし, 50 mLにメスアップする
❷ 1 mLずつ1.5 mLチューブに分注する
❸ 100℃で15分間加熱する[a]
❹ 室温で冷やし, −20℃保存

　[a] 煮沸するのは, コンタミしているDNaseを失活させるため.

Lyzozyme (リゾチーム) 5 mg/mL

❶ リゾチーム 250 mgを50 mLコーニングチューブにとる
❷ 超純水を加えて溶かし, 50 mLにメスアップする
❸ 1 mLずつ1.5 mLチューブに分注する. −20℃保存[b]

　[b] 何度も凍結・融解をくり返すと, 酵素の活性が落ちる.

Proteinase K (20mg/mL)

❶ 最終20 mg/mLになるように超純水に溶かす
❷ 50 μLずつ1.5 mLチューブに分注する. −20℃保存[c]

　[c] 長時間置いておくと, Proteinase Kが自己分解を起こし活性が落ちるので, 作りすぎないこと.

RNase/DNase I

RNaseA	40 mg	(4 mg/mL)
DNase I	10 mg	(1 mg/mL)
1 M Tris/HCl (pH 7.4)	0.1 mL	(10 mM)
5 M NaCl	0.1 mL	(50 mM)
1 M $MgCl_2$	0.05 mL	(5 mM)
glycerol	5 mL	(50%)

純水で10 mLにし, 分注して−20℃保存

● 培地

LB 培地（Luria-Bertani medium）

❶ Tryptone, Bacto　　　　　　10 g
　Yeast extract, Bacto　　　　 5 g
　NaCl　　　　　　　　　　　10 g
　純水で1 Lにする
❷ オートクレーブ滅菌する[a]

　[a] 通常メスアップして最終液量を1 Lに合わせるが，それほど厳密ではなく粉末試薬に1 Lの純水を加えてよい．

SOC 培地

❶ Tryptone, Bacto　　　　　　20 g
　Yeast extract, Bacto　　　　 5 g
　NaCl　　　　　　　　　　　 0.5 g
　250 mM KCl[a]　　　　　　　10 mL
　超純水で1 Lにする
❷ 200 mLずつ5本の試験ビンに分注し，オートクレーブする
❸ 2 M MgCl$_2$[b] 1 mL，1 M ブドウ糖液[c] 4 mLを各ビン（200 mLに対し）に無菌的に追加する[d]

　[a] 250 mM KCl：KCl 1.86 gを超純水に溶かして100 mLにした後，オートクレーブ滅菌する．
　[b] 2 M MgCl$_2$：MgCl$_2$ 19 gを超純水に溶かして100 mLにした後，オートクレーブ滅菌する．
　[c] 1 M ブドウ糖液：ブドウ糖 18 gを滅菌超純水に溶かして100 mLにした後，ポアサイズ 0.22 μmのメンブランフィルターで濾過滅菌する．
　[d] オートクレーブ後，さらに試薬を加えるときはコンタミしやすいので注意．心配であれば，37℃で一晩放置し，白濁していなければコンタミしていないことが確認できる．

NZYM トップアガー

❶ NaCl　　　　　　　　　　 1 g
　MgSO$_4$・7H$_2$O　　　　　　0.4 g
　Yeast extract　　　　　　　 1 g
　NZ アミン　　　　　　　　 2 g
　Bacto-agar　　　　　　　　 1.4 g
　純水で200 mLにする
❷ オートクレーブ後，室温で保存可．使用前に電子レンジでよく溶かす

NZYM 培地

❶ NaCl　　　　　　　　　　 0.5 g
　MgSO$_4$・7H$_2$O　　　　　　0.2 g
　Yeast extract　　　　　　　 0.5 g
　NZ アミン　　　　　　　　 1 g
　純水で100 mLにする
❷ 10 mLずつ分注，オートクレーブ

MgSO$_4$/マルトース含有LB 培地

　MgSO$_4$　　　　　　　0.6 g　　（10 mM）
　マルトース　　　　　　1 g　　　（0.2％）
　LB　　　　　　　　　 500 mL
　オートクレーブする

● 抗生物質

Ampicillin（アンピシリン：Amp）100 mg/mL

❶ アンピシリンナトリウム 5 gを50 mLコーニングチューブにとる
❷ 超純水を加えて溶かし，50 mLにメスアップする
❸ フィルター滅菌し，1 mLずつ1.5 mLチューブに分注する．−20℃保存

Chloramphenicol（クロラムフェニコール：Cm）30 mg/mL

❶ クロラムフェニコール 1.5 gを50 mLコーニングチューブにとる
❷ メタノールを加えて溶かし，50 mLにメスアップする
❸ 1 mLずつ1.5 mLチューブに分注する．−20℃保存

　※ 特に滅菌する必要はない．

Streptomycin（ストレプトマイシン：Sm）10 mg/mL

❶ 硫酸ストレプトマイシン 500 mgを50 mLコーニングチューブにとる
❷ 超純水を加えて溶かし，50 mLにメスアップする
❸ フィルター滅菌し，1 mLずつ1.5 mLチューブに分注する．−20℃保存

Kanamycin（カナマイシン：Km）100 mg/mL

❶ 硫酸カナマイシン 5 gを50 mLコーニングチューブにとる
❷ 超純水を加えて溶かし，50 mLにメスアップする
❸ フィルター滅菌し，1 mLずつ1.5 mLチューブに分注する．−20℃保存

Tetracycline（テトラサイクリン：Tc）20 mg/mL

❶ テトラサイクリン 1 gを50 mLコーニングチューブにとる
❷ エタノールを加えて溶かし，50 mLにメスアップする
❸ 1 mLずつ1.5 mLチューブに分注する．−20℃保存

　※ 特に滅菌する必要はない．

● タンパク質分解阻害剤

0.5 M DTT（Dithiothreitol）

❶ DTT 3.9 gを50 mLコーニングチューブにとる
❷ 超純水を加えて溶かし，50 mLにメスアップする．−20℃保存

0.1 M PMSF（Phenylmethylsulfonyl fluoride）

❶ PMSF 870 mgを50 mLコーニングチューブにとる
❷ イソプロパノールを加えて溶かし，50 mLにメスアップする．−20℃保存

● その他

0.5 M EDTA（pH 8.0）

❶ EDTA・2Na・2H$_2$O 186.1 gに超純水700 mLを加える
❷ 固形NaOHを加えながら溶かし，飽和NaOH溶液でpH 8.0に合わせる
❸ 超純水で1 Lにメスアップする
❹ オートクレーブで滅菌，4℃保存

EtBr（エチジウムブロマイド）10 mg/mL

❶ 最終10 mg/mLになるように超純水に溶かす
❷ 容器をアルミホイルでくるんで遮光し，4℃保存

　※ EtBrは強力な発癌作用と毒性をもつため，取扱う際は手袋を使用すること．

VRC（RNase阻害剤）

　購入したVRCを解凍し，よく撹拌した後 0.5～1.0 mL程度ずつに分注して−20℃で保存する

1％ BPB（bromophenol blue）

　粉末のBPB 10 mgを1 mLのTE（pH 8.0）に溶解する[a]

　[a] 完全に溶けなくてもよい．遠心して上清を使う．

2. 主なプラスミドベクター

● pUC18/19

pUC18/19はMCS（マルチクローニングサイト）をlacZ領域内にもち，その制限酵素部位の順番がpUC18とpUC19で逆になっている．MCSに外来DNAが組込まれると，lacZωフラグメントが発現している大腸菌，JM109（コンピテントセル）内で，外来DNAの存在によりlacZαペプチドが合成できず，lacZαとωの共存によるβ-ガラクトシダーゼ活性の回復がなされない．このため，IPTGとX-galが存在する培地で白いコロニーができる．一方，外来DNAが組込まれない場合β-ガラクトシダーゼ活性が回復し，青いコロニーができる（ブルーホワイト選択）．また，pUC18/19が取り込まれた菌は，アンピシリン存在下でもコロニーを作ることができる．

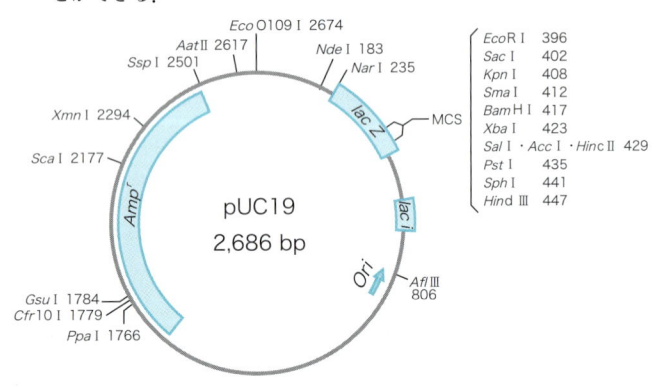

図　pUC19 DNAを1カ所切断する制限酵素

● pBR322

pBR322には1カ所切断をする制限酵素部位がまとまって存在するMCSがない．pBR322はアンピシリン，テトラサイクリン耐性選択ができる．Amp^r，Tet^{r}どちらかの領域内に外来DNAを組込むことで，一方でコロニーを作るがもう一方ではコロニーを作らないという選択ができる．

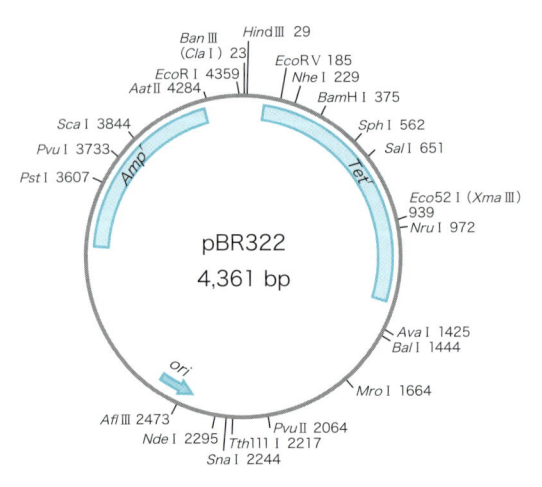

図　pBR322 DNAを1カ所切断する制限酵素

● pBluescript II

pBluescript II SK/KSもMCSをlacZ領域内にもち，その制限酵素部位の順番がSKとKSとで逆になっている．pUC18/19同様にJM109を使用したブルーホワイト選択，アンピシリン耐性による選択が可能である．加えてMCSの両端にT7, T3プロモーターが存在し，それぞれのRNAポリメラーゼによりRNAプローブの作製が可能である．BssH IIを使用すればT7, T3プロモーターごと外来DNAを切り出すこともできる．

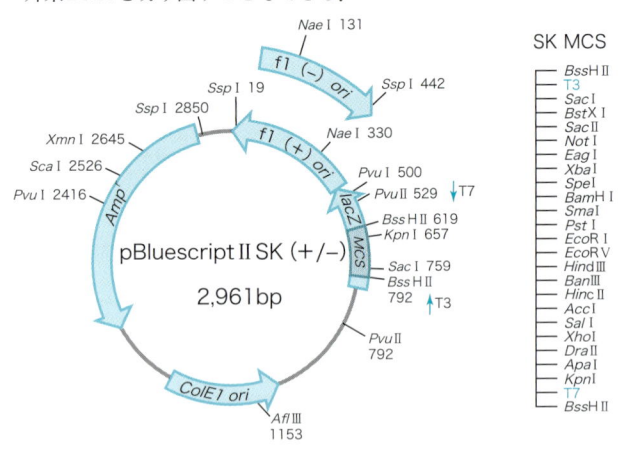

図　pBluescript II の制限酵素地図およびMCS（マルチクローニングサイト）

● pGEM-3Zf（＋／－）

クローニングされたDNAからin vitroでRNAを作るためのクローニング/転写用ベクター．T7あるいはSP6 RNAポリメラーゼを用いることによりいずれの向きのRNAも作ることができる．ブルーホワイト選択ができ，またfシリーズのベクターはf1のオリジンを含みssDNAを調製することができる．

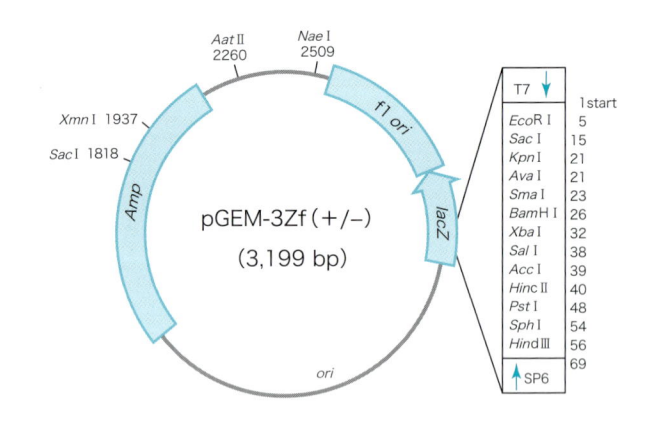

● pET（大腸菌用組換えタンパク質発現ベクター）

pBR322をもとにしたベクター．T7プロモーター下にDNAをクローニングし，大腸菌より供給されるT7 RNAポリメラーゼ（λDE3溶原菌による）により，目的DNAを翻訳シグナルをもつ融合mRNAとして発現することができる．これにより組換えタンパク質を発現させることができる，最も強力な発現システムである．IPTGにより発現を制御することができる．クローニング部位は基本的には*Bam*H I であるが，*Nhe* I か *Nhe* I（あるいは *Nco* I）を利用すれば開始コドンからはじまる通常のタンパク質として発現することができる．宿主菌はBL21(DE3)やBL21(DE3)plysSを用いる．

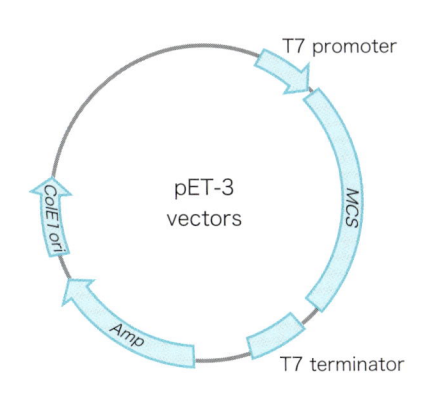

```
                                  pET-3a,11a     fMetAlaSerMetThrGlyGlyGlnGlnMetGlyArgGlySerGlyCysEND
                                                 GAAGGAGATATACATATGGCTAGCATGACTGGTGGACAGCAAATGGGTCGCGGATCCGGCTGCTAA...
                                                 RBS           NdeI, NheI*                       BamHI

                                  pET-3b,11b            fMetAlaSerMetThrGlyGlyGlnGlnMetGlyArgAspProAlaAla...
                                                 GAAGGAGATATACATATGGCTAGCATGACTGGTGGACAGCAAATGGGTCGGGGATCCGGCTGCTAA...
                                                 RBS           NdeI, NheI*                       BamHI

                                  pET-3c,11c             fMetAlaSerMetThrGlyGlyGlnGlnMetGlyArgIleArgLeuLeu...
                                                 GAAGGAGATATACATATGGCTAGCATGACTGGTGGACAGCAAATGGGTCGGGATCCGGCTGCTAA...
                                                 RBS           NdeI, NheI*                       BamHI

                                  pET-3d,11d             fMetAlaSerMetThrGlyGlyGlnGlnMetGlyArgIleArgLeuLeu...
                                                 GAAGGAGATATACCATGGCTAGCATGACTGGTGGACAGCAAATGGGTCGGATCCGGCTGCTAA...
                                                 RBS           NcoI, NheI*                       BamHI
```

pET-3 vectors (T7 promoter, MCS, T7 terminator, Amp, ColE1 ori)

（*Nhe* I はユニークサイトではない）

3．マスタープレート用台紙

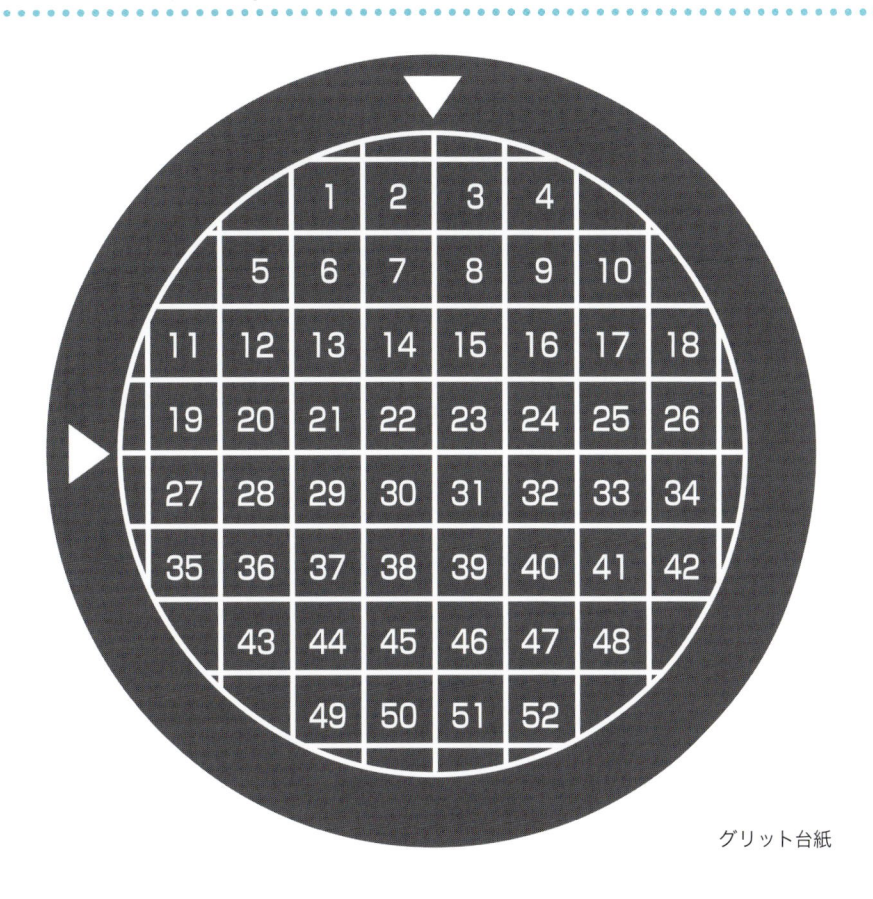

グリット台紙

4．主な制限酵素の性質

制限酵素	認識配列 切断部位	バッファー	反応温度	メチル化の影響	スター活性が出現する条件
Acc I	GT(A/C)(G/T)AC CA(T/G)(C/A)TG	M	37℃	認識部位に続く塩基配列によっては，影響を受けることがある	
Acc II (*Fun* D II)	CGCG GCGC	M	37℃	CG メチラーゼの影響を受ける	
Apa I	GGGCCC CCCGGG	L	37℃	認識部位に続く塩基配列によっては，影響を受けることがある	
Bal I	TGGCCA ACCGGT	Basal	37℃	*dcm* メチラーゼの影響を受けることがある	
Bam H I	GGATCC CCTAGG	K	30℃ (37℃)		高濃度グリセロール，Mn^{2+}存在，低イオン強度下
Bbe I (*Nar* I)	GGCGCC CCGCGG	Basal	37℃	CG メチラーゼの影響を受ける	
Bgl I	GCCNNNNNGGC CGGNNNNNCCG	Basal	37℃	認識部位に続く塩基配列によっては，影響を受けることがある	低イオン強度下
Bgl II	AGATCT TCTAGA	H	37℃		
Bss H II (*Bse* P I)	GCGCGC CGCGCG	M	50℃	CG メチラーゼの影響を受ける	
Bst P I (*Bst* E II)	GGTNACC CCANTGG	H	60℃		高濃度グリセロール存在，低イオン強度下
Bst X I	CCANNNNNNTGG GGTNNNNNNACC	H	45℃		
Bpu 1102 I (*Esp* I)	GCTNAGC CGANTCG	Basal	37℃		
Cla I	ATCGAT TAGCTA	M	37℃	CG メチラーゼの影響を受ける．また，認識部位に続く塩基配列によっては *dam* メチラーゼの影響を受けることがある	
Dra I (*Aha* III)	TTTAAA AAATTT	M	37℃		
Eco R I	GAATTC CTTAAG	H	37℃	認識部位に続く塩基配列によっては，影響を受けることがある	高濃度グリセロール，Mn^{2+}存在，低イオン強度下
Eco R V	GATATC CTATAG	H	37℃		
Eco T14 I (*Sty* I)	CC(A/T)(A/T)GG GG(T/A)(T/A)CC	H	37℃		
Eco T22 I (*Ava* III)	ATGCAT TACGTA	H	37℃		高濃度グリセロール存在下
Fba I (*Bcl* I)	TGATCA ACTAGT	K	37℃	*dam* メチラーゼにより影響を受ける	高グリセロール下，アルカリpH，低イオン強度
Fok I	GGATGN$_8$N CGTACN$_8$NNNNN	M+BSA	37℃		
Fse I	GGCCGGCC CCGGCCGG	M	30℃	CG メチラーゼの影響を受ける	

制限酵素	認識配列 切断部位	バッファー	反応温度	メチル化の影響	スター活性が出現する条件
Hae II	(A/G)GCGC(T/C) (T/C)CGCG(A/G)	M	37℃	CG メチラーゼの影響を受ける	
Hae III	GGCC CCGG	M	37℃		2-メルカプトエタノール存在, 低イオン強度下
Hap II (*Hpa* II)	CCGG GGCC	L	37℃	CG メチラーゼの影響を受ける	
Hha I	GCGC CGCG	M	37℃		高グリセロール濃度
Hinc II (*Hind* II)	GTPyPuAC CAPuPyTG	M	37℃		
Hind III	AAGCTT TTCGAA	M	37℃		Mn^{2+}存在下
Hpa I	GTTAAG CAATTG	K	37℃		高グリセロール濃度
Kpn I	GGTACC CCATGG	L	37℃		
Mlu I	ACGCGT TGCGCA	H	37℃	CG メチラーゼの影響を受ける	
Mva I (*Eco* R II)	CC(A/T)GG GG(T/A)CC	K	37℃		
Nco I	CCATGG GGTACC	Basal	37℃		高濃度グリセロール存在下
Nde I	CATATG GTATAC	H	37℃		
Nhe I	GCTAGC CGATCG	M	37℃	認識部位に続く塩基配列によっては,影響を受けることがある	高濃度グリセロール存在下, アルカリpH,低イオン強度下
Not I	GCGGCCGC CGCCGGCG	H+BSA+ TritonX-100	37℃	CG メチラーゼの影響を受ける	
Nsp V (*Asu* II)	TTCGAA AAGCTT	L	37℃	CG メチラーゼの影響を受ける	
Pma C I	CACGTG GTGCAC	L	37℃	CG メチラーゼの影響を受ける	
Psh B I (*Vsp* I)	ATTAAT TAATTA	Basal	37℃		低pH
Pst I	CTGCAG GACGTC	H	37℃		高濃度グリセロール存在下
Pvu I	CGATCG GCTAGC	K+BSA	37℃	CG メチラーゼの影響を受けるが,*dam* メチラーゼの影響は受けない	
Pvu II	CAGCTG GTCGAC	M	37℃		高グリセロール濃度
Rsa I	GTAC CATG	T+BSA	37℃	認識部位に続く塩基配列によっては,影響を受けることがある	
Sac I	GAGCTC CTCGAG	L	37℃		高濃度グリセロール存在下
Sac II	CCGCGG GGCGCC	T+BSA	37℃	CG メチラーゼの影響を受ける	
Sal I	GTCGAC CAGCTG	H	37℃	CG メチラーゼの影響を受ける	高濃度グリセロール存在下
Sau 3A I (*Mbo* I)	GATC CTAG	H	37℃	認識部位に続く塩基配列によっては,影響を受けることがある	高濃度グリセロール存在下

制限酵素	認識配列 切断部位	バッファー	反応温度	メチル化の影響	スター活性が出現する条件
Sca I	AGT|ACT TCA|TGA	H	37°C		Mn^{2+}存在，アルカリpH，低イオン強度下
Sfi I	GGCCNNNN|NGGCC CCGGN|NNNNCCGG	M	50°C	dcmメチラーゼの影響を受けることがある	Mn^{2+}存在下
Sma I	CCC|GGG GGG|CCC	T+BSA	30°C (37°C)	CGメチラーゼの影響を受ける	
Spe I	A|CTAGT TGATC|A	M	37°C		低イオン強度下
Sph I	GCATG|C C|GTACG	H	37°C		
Ssp I	AAT|ATT TTA|TAA	Basal	37°C		高グリセロール下，アルカリpH，低イオン強度
Stu I	AGG|CCT TCC|GGA	M	37°C	認識部位に続く塩基配列によっては，影響を受けることがある	
Tth HB8 I (Taq I)	T|CGA AGC|T	H	65°C	damメチラーゼの影響を受けることがある	アルカリpH，低イオン強度下
Vpa K11B I (Ava II)	G|G(^A_T)CC CC(^T_A)G|G	Basal	30°C	dcmメチラーゼ，CGメチラーゼの影響を受けることがある	高グリセロール濃度
Xba I	T|CTAGA AGATC|T	M+BSA	37°C	認識部位に続く塩基配列によっては，影響を受けることがある	高濃度グリセロール存在下
Xho I	C|TCGAG GAGCT|C	H	37°C		
Xsp I (Bfa I, Mae I)	C|TAG GAT|C	K	37°C		

制限酵素用ユニバーサルバッファーの組成

10×L バッファー	100 mM Tris-HCl (pH 7.5) 100 mM MgCl₂ 10 mM Dithiothreitol
10×M バッファー	100 mM Tris-HCl (pH 7.5) 100 mM MgCl₂ 10 mM Dithiothreitol 500 mM NaCl
10×H バッファー	500 mM Tris-HCl (pH 7.5) 100 mM MgCl₂ 10 mM Dithiothreitol 1 M NaCl
10×K バッファー	200 mM Tris-HCl (pH 8.5) 100 mM MgCl₂ 10 mM Dithiothreitol 1 M KCl
10×T バッファー	330 mM Tris-acetate (pH 7.9) 100 mM Mg-acetate 5 mM Dithiothreitol 660 mM K-acetate
Basal 10×BglI basal バッファー	200 mM Tris-HCl (pH 8.5) 100 mM MgCl₂ 10 mM Dithiothreitol 1.5 M KCl
10×NcoI basal バッファー	100 mM Tris-HCl (pH 8.5) 70 mM MgCl₂ 800 mM NaCl 0.1% BSA
10×0.1% BSA	
10×0.1% Triton X-100	

5. DNA分子量マーカーの泳動パターン

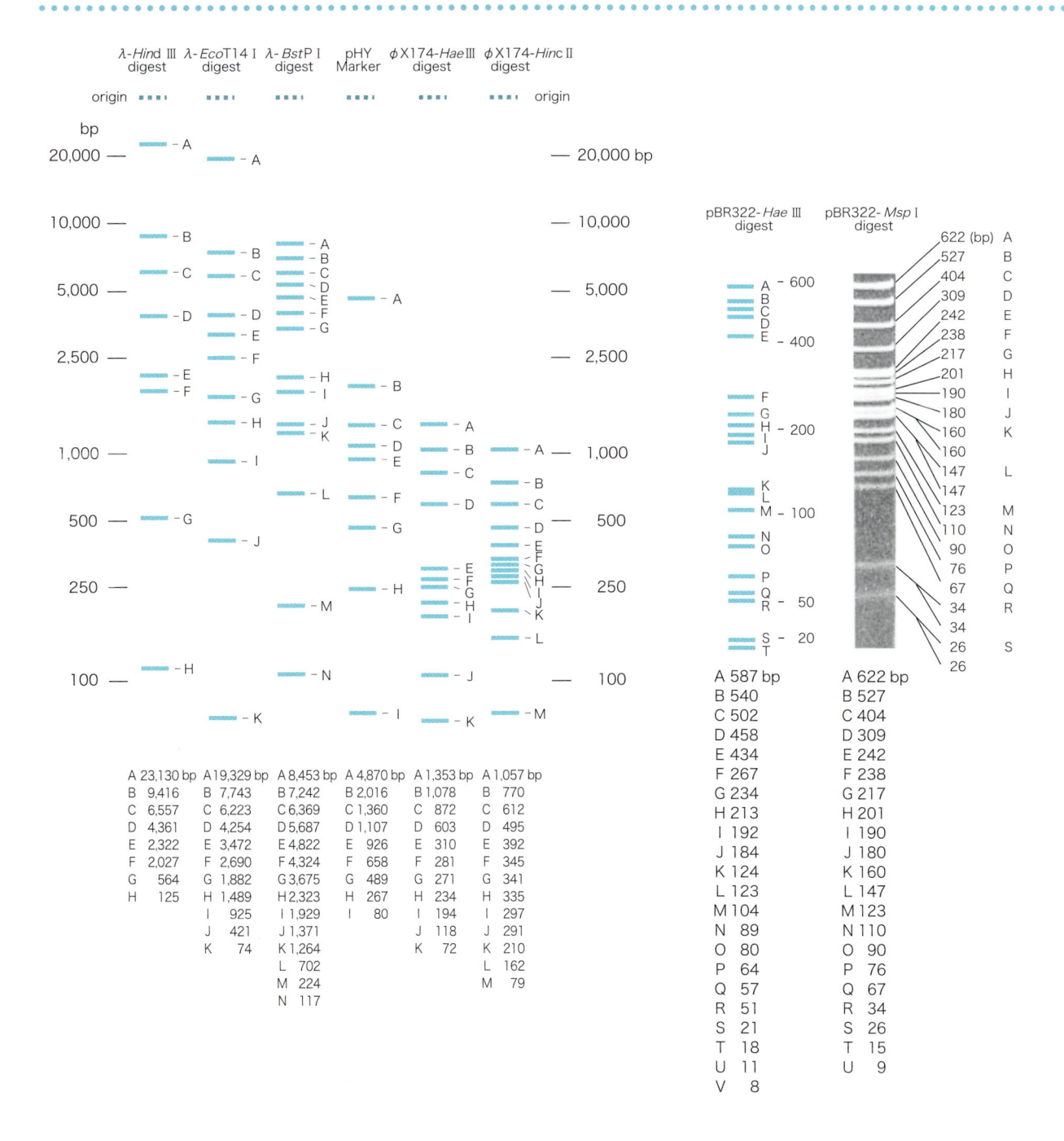

λ-HindⅢ digest	λ-EcoT14Ⅰ digest	λ-BstPⅠ digest	pHY Marker	φX174-HaeⅢ digest	φX174-HincⅡ digest

A 23,130 bp	A 19,329 bp	A 8,453 bp	A 4,870 bp	A 1,353 bp	A 1,057 bp
B 9,416	B 7,743	B 7,242	B 2,016	B 1,078	B 770
C 6,557	C 6,223	C 6,369	C 1,360	C 872	C 612
D 4,361	D 4,254	D 5,687	D 1,107	D 603	D 495
E 2,322	E 3,472	E 4,822	E 926	E 310	E 392
F 2,027	F 2,690	F 4,324	F 658	F 281	F 345
G 564	G 1,882	G 3,675	G 489	G 271	G 341
H 125	H 1,489	H 2,323	H 267	H 234	H 335
	I 925	I 1,929	I 80	I 194	I 297
	J 421	J 1,371		J 118	J 291
	K 74	K 1,264		K 72	K 210
		L 702			L 162
		M 224			M 79
		N 117			

pBR322-HaeⅢ digest	pBR322-MspⅠ digest
A 587 bp	A 622 bp
B 540	B 527
C 502	C 404
D 458	D 309
E 434	E 242
F 267	F 238
G 234	G 217
H 213	H 201
I 192	I 190
J 184	J 180
K 124	K 160
L 123	L 147
M 104	M 123
N 89	N 110
O 80	O 90
P 64	P 76
Q 57	Q 67
R 51	R 34
S 21	S 26
T 18	T 15
U 11	U 9
V 8	

- λDNA digest はバクテリオファージ λcⅠ857 Sam7 の DNA を制限酵素 EcoT14Ⅰ, BstPⅠ, HindⅢ でそれぞれ分解したものである．
- φX174digest はバクテリオファージ φX174am3 の DNA を制限酵素 HaeⅢ, HincⅡ でそれぞれ分解したものである．
- pHYマーカーは pHY300PLK の HindⅢ の分解物と HaeⅢ の分解物，および pHY300PLK ダイマープラスミドの HaeⅢ 分解物とを混合したものである．
- pBR322 digest はプラスミド pBR322DNA を制限酵素 HaeⅢ, MspⅠ でそれぞれ分解したものである．

6. 主なバッファーの組成表

① 1 M Tris-HClバッファー 1 L

濃塩酸（mL）	pH（25℃）
8.6	9.0
14	8.8
21	8.6
28.5	8.4
38	8.2
46	8.0
56	7.8
66	7.6
71.3	7.4
76	7.2

Tris塩基121.2 gを約0.9 Lの水に溶かし濃塩酸（11.6 N）を加え，水で1 Lにする

② 50 mM Tris-HClバッファー 100 mL

0.1 N塩酸（mL）	pH（25℃）
45.7	7.10
44.7	7.20
43.4	7.30
42.0	7.40
40.3	7.50
38.5	7.60
36.6	7.70
34.5	7.80
32.0	7.90
29.2	8.00
26.2	8.10
22.9	8.20
19.9	8.30
17.2	8.40
14.7	8.50
12.4	8.60
10.3	8.70
8.5	8.80
7.0	8.90

50 mLの0.1 M Tris塩基と上記の0.1 N塩酸を混合し，水で100 mLとする

③ 0.2 M 酢酸ナトリウムバッファー 100 mL

pH（18℃）	0.2M-NaOAc（mL）	0.2M-HOAc（mL）
3.7	10.0	90.0
3.8	12.0	88.0
4.0	18.0	82.0
4.2	26.5	73.5
4.4	37.0	63.0
4.6	49.0	51.0
4.8	59.0	41.0
5.0	70.0	30.0
5.2	79.0	21.0
5.4	86.0	14.0
5.6	91.0	9.0

0.2 Mの酢酸ナトリウムと酢酸溶液を用意し，表のように混合する

④ 0.1 M リン酸カリウムバッファー 1 L

pH（20℃）	1 M K_2HPO_4（mL）	1 M KH_2PO_4（mL）
5.8	8.5	91.5
6.0	13.2	86.8
6.2	19.2	80.8
6.4	27.8	72.2
6.6	38.1	61.9
6.8	49.7	50.3
7.0	61.5	38.5
7.2	71.7	28.3
7.4	80.2	19.8
7.6	86.6	13.4
7.8	90.8	9.2
8.0	94.0	6.0

1 Mのリン酸一カリウムとリン酸二カリウム溶液を用意し，表のように混合し，水で1 Lにする

⑤ 0.1 M リン酸ナトリウムバッファー 1 L

pH（25℃）	1 M Na_2HPO_4（mL）	1 M NaH_2PO_4（mL）
5.8	7.9	92.1
6.0	12.0	88.0
6.2	17.8	82.2
6.4	25.5	74.5
6.6	35.2	64.8
6.8	46.3	53.7
7.0	57.7	42.3
7.2	68.4	31.6
7.4	77.4	22.6
7.6	84.5	15.5
7.8	89.6	10.4
8.0	93.2	6.8

1 Mのリン酸一ナトリウムとリン酸二ナトリウム溶液を用意し，表のように混合し，水で1 Lにする

⑥ 50 mM HEPES-NaOHバッファー 50 mL

pH	X mL 0.1 M-NaOH 21℃	X mL 0.1 M-NaOH 37℃
7.0	–	7.4
7.2	6.6	9.9
7.4	8.7	12.3
7.6	11.2	14.6
7.8	13.7	17.1
8.0	16.3	19.5
8.2	18.8	–

25 mLの0.1 M HEPES（23.83 g/L）とX mLの0.1 N NaOHを混合し，水で50 mLとする（KOHを用いる場合は異なる）

7. 遠心回転数と重力加速度

回転半径（R）[cm]　　遠心加速度（g）　　ロータースピード（N）

遠心力と回転数の換算表

遠心加速度（g）は以下の式で算出されるが，概算値は上図で求められる．
$g = 1,118 \times 10^{-8} \times R(\text{cm}) \times N^2(\text{rpm})$

9. ヌクレオチドデータ

	分子量	λ_{max} (nm)	ε_{max} ($\times 10^{-3}$)
アデニン	135.1	260.5	13.4
アデノシン	267.2	260	14.9
アデノシン5'-リン酸（5'-AMP）	347.2	259	15.4
アデノシン5'-ニリン酸（5'-ADP）	427.2	259	15.4
アデノシン5'-三リン酸（5'-ATP）	507.2	259	14.5
2'-デオキシアデノシン5'-三リン酸（dATP）	491.2	259	15.4
シトシン	111.1	267	6.1
シチジン	243.2	271	8.3
シチジン5'-リン酸（5'-CMP）	323.2	271	9.1
シチジン5'-ニリン酸（5'-CDP）	403.2	271	9.1
シチジン5'-三リン酸（5'-CTP）	483.2	271	9.0
2'-デオキシシチジン5'-三リン酸（dCTP）	467.2	272	9.1
グアニン	151.1	276	8.15
グアノシン	283.2	253	13.6
グアノシン5'-リン酸（5'-GMP）	363.2	252	13.7
グアノシン5'-ニリン酸（5'-GDP）	443.2	253	13.7
グアノシン5'-三リン酸（5'-GTP）	523.2	253	13.7
2'-デオキシグアノシン5'-三リン酸（dGTP）	507.2	253	13.7
チミン	126.1	264.5	7.9
2'-デオキシチミジン	242.2	267	9.7
2'-デオキシチミジン5'-リン酸（TMP）	322.2	267	9.6
2'-デオキシチミジン5'-三リン酸（dTTP）	482.2	267	9.6
ウラシル	112.1	259	8.2
ウリジン	244.2	262	10.1
ウリジン5'-リン酸（5'-UMP）	324.2	260	10.0
ウリジン5'-三リン酸（UTP）	484.2	260	10.0
2', 3'-ジデオキシアデノシン5'-三リン酸（ddATP）	475.2	—	—
2', 3'-ジデオキシシチジン5'-三リン酸（ddCTP）	451.2	—	—
2', 3'-ジデオキシグアノシン5'-三リン酸（ddGTP）	491.2	—	—
2', 3'-ジデオキシチミジン5'-三リン酸（ddTTP）	466.2	—	—

8. 遺伝コード

内側から外側へ順に，コドンの1文字目，2文字目，3文字目と読んでいく

10. DNAに関する換算式

DNAの分子量　dsDNAの分子量＝塩基対数×660
　　　　　　ssDNAの分子量＝塩基数×330

5'（3'）末端のpmol数

(dsDNA)
$$\frac{2 \times 10^6 \times \mu g\,(\text{dsDNA})}{MW} = \frac{2 \times 10^6 \times \mu g\,(\text{dsDNA})}{N_{bp} \times 660}$$

(ssDNA)
$$\frac{1 \times 10^6 \times \mu g\,(\text{ssDNA})}{MW} = \frac{1 \times 10^6 \times \mu g\,(\text{ssDNA})}{N_b \times 330}$$

μgからpmolへ

(dsDNA)
$$\mu g\,(\text{dsDNA}) \times \frac{10^6\,\text{pg}}{1\,\mu g} \times \frac{1\,\text{pmol}}{660\,\text{pg}} \times \frac{1}{N_{bp}} = \frac{\mu g\,(\text{dsDNA}) \times 1,515}{N_{bp}}$$

(ssDNA)
$$\mu g\,(\text{ssDNA}) \times \frac{10^6\,\text{pg}}{1\,\mu g} \times \frac{1\,\text{pmol}}{330\,\text{pg}} \times \frac{1}{N_b} = \frac{\mu g\,(\text{ssDNA}) \times 3,030}{N_b}$$

pmolからμgへ

(dsDNA)
$$\text{pmol\,(dsDNA)} \times \frac{660\,\text{pg}}{1\,\text{pmol}} \times \frac{1\,\mu g}{10^6\,\text{pg}} \times N_{bp} = \text{pmol\,(dsDNA)} \times N_{bp} \times 6.6 \times 10^{-4}$$

(ssDNA)
$$\text{pmol\,(ssDNA)} \times \frac{330\,\text{pg}}{1\,\text{pmol}} \times \frac{1\,\mu g}{10^6\,\text{pg}} \times N_b = \text{pmol\,(ssDNA)} \times N_b \times 3.3 \times 10^{-4}$$

dsDNA：二本鎖DNA，ssDNA：一本鎖DNA，
$N_{bp\,(b)}$：塩基対数（塩基数），MW：分子量（Da）

11. カルタヘナ法の概要（二種使用等に関連するものについて）

● 法体系

- 法律「遺伝子組換え生物等の使用等の規制による生物の多様性の確保に関する法律」→目的，定義，規制の枠組み，罰則
- 政令 → 主務大臣，手数料
- 研究開発二種省令 → 執るべき拡散防止措置，確認手続き
- 二種告示→認定宿主ベクター，実験分類ごとの生物

● 使用等の分類

- 一種使用等：遺伝子組換え生物等の環境への拡散を防止しないで行う使用等（圃場での栽培，飼料として使用，食品工場での使用，野積み，容器を用いない運搬，一般病棟での遺伝子治療など）
  →使用規定について大臣承認を受ける必要がある
- 二種使用等：遺伝子組換え生物等の環境への拡散を防止しつつ行う使用等（実験室を用いる使用，発酵設備を用いる使用，特定飼育区画を用いる使用，容器を用いる運搬など）
  A) 拡散防止措置が定められている場合
    →機関承認実験（機関による承認が必要）
  B) 拡散防止措置が定められていない
    →大臣確認実験（執るべき拡散防止措置について大臣による確認が必要）

● 法で定義される生物

「核酸を転移または複製する能力のある細胞等，ウイルスおよびウイロイド．ただしヒトの細胞等，分化能を有するまたは分化した細胞等（個体及び配偶子を除く）であって，自然条件において個体に生育しないものを除く」培養動物細胞，ES細胞，動物組織，ヒトの個体・配偶子・胚は除かれるが，動植物個体や配偶子，胚などは含まれる．

● 遺伝子組換え実験の種類

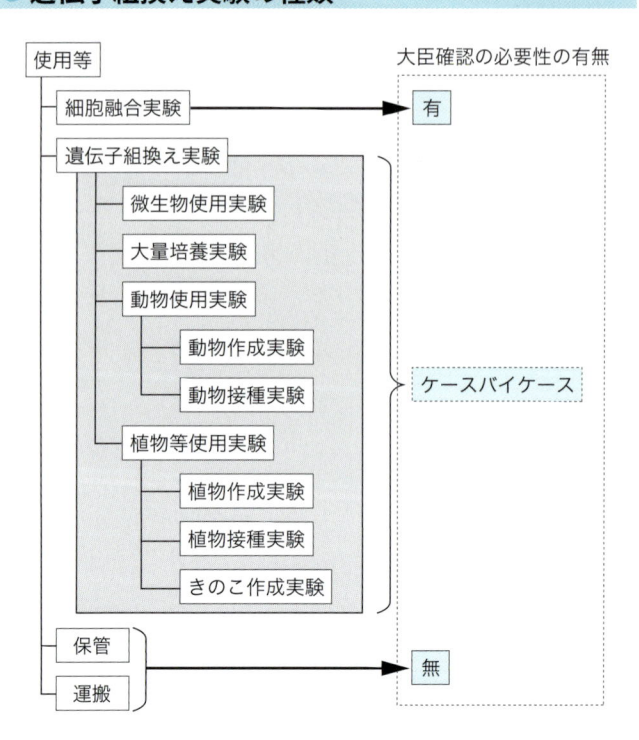

```
使用等 ─┬─ 細胞融合実験 ─────────────────→ 有
        ├─ 遺伝子組換え実験 ┬─ 微生物使用実験 ┐
        │                    ├─ 大量培養実験   │
        │                    ├─ 動物使用実験 ┬─ 動物作成実験
        │                    │                └─ 動物接種実験 ├─ ケースバイケース
        │                    ├─ 植物等使用実験 ┬─ 植物作成実験
        │                    │                  └─ 植物接種実験
        │                    └─ きのこ作成実験 ┘
        ├─ 保管 ──────────────────────────→ 無
        └─ 運搬 ──────────────────────────→ 無
```

大臣確認の必要性の有無

● 遺伝子組換え実験における実験分類

クラス	内容	生物（例）
クラス1	微生物，きのこ類および寄生虫のうち哺乳綱および鳥綱に属する動物（ヒトを含む．以下「哺乳動物等」という）に対する病原性のないものであって，文部科学大臣が定めるものならびに動物（ヒトを含み，寄生虫を除く）および植物	マウス，ヒト，イネ，シロイヌナズナ，大腸菌K12株，出芽酵母，特定のワクチン株ウイルス，パルボウイルス（例：アデノ随伴ウイルス），非病原性バクテリオファージ（→一部除外），バキュロウイルス，ウイロイド，魚ウイルス，植物ウイルス，原生生物ウイルス，など
クラス2	微生物，きのこ類および寄生虫のうち，哺乳動物等に対する病原性が低いものであって，文部科学大臣が定めるもの	*Candida albicans*，ピロリ菌，らい菌，破傷風菌，ブドウ球菌，赤痢菌，緑膿菌，サルモネラ菌，コレラ菌，トリ／マウスレトロウイルス，EBウイルス，ヒトアデノウイルス，非増殖性HIV-1，日本脳炎ウイルス，HTLV-1，HCV，ポリオウイルス，ポリオーマウイルス，風疹ウイルス，ワクシニアウイルス，など
クラス3	微生物およびきのこ類のうち，哺乳動物等に対する病原性が高く，かつ，伝播性が低いものであって，文部科学大臣が定めるもの	炭疽菌，ブルセラ菌，結核菌，ペスト菌，ツツガムシ病原体，発疹チフス病原体，チフス菌，パラチフス菌，Bウイルス，HIV-1，SARSウイルス，西ナイルウイルス，強毒性インフルエンザウイルス，など
クラス4	微生物のうち哺乳動物等に対する病原性が高く，かつ，伝播性が高いものであって，文部科学大臣が定めるもの	エボラウイルス，ラッサウイルス，マールブルグウイルス，ニパウイルス，天然痘ウイルス，など

● 微生物使用実験において大臣確認実験となる場合

A) 実験分類に依存しない場合	B) 実験分類に依存する場合
1．宿主または核酸供与体の実験分類が決められていない	1．宿主がクラス2で以下の場合
→かつ以下の条件に1つでも該当するもの ①認定宿主ベクター系を用いていない、②核酸供与体がウイルスおよびウイロイドである、③供与核酸が同定済みではない、④供与核酸が哺乳動物等に対する病原性および伝達性に関与することが推定される	→かつ宿主がウイルスまたはウイロイドでないものであって、供与核酸が哺乳動物に対する薬剤耐性遺伝子を含み、感染症の治療を困難にするもの
2．自立的な増殖力および感染力を保持したウイルスまたはウイロイドである	2．供与核酸がクラス3で以下のいずれかの場合
→ただし以下のものは例外とする（二種告示第四条関連別表第3） ①ワクシニアウイルス以外の承認生ワクチン株（ただし改変せずに使用する場合に限る）、②ヒトレトロウイルスを除くレトロウイルス、③バキュロウイルス、④植物ウイルス、⑤認定宿主ベクター系として認められた宿主のうち細菌を自然宿主とし哺乳動物に対して病原性を付与しないファージおよびその誘導体）	①認定宿主ベクター系を用いておらず、供与核酸が同定済みでないもの ②認定宿主ベクター系を用いておらず、供与核酸が同定済みであっても哺乳動物等に対する病原性または伝達性に関係し、宿主の哺乳動物に対する病原性を著しく高めることが推定されるもの
3．タンパク質毒素にかかわる遺伝子を含む遺伝子組換え生物等	3．宿主がクラス3の場合
→ただし以下の条件に合うもの 供与核酸が、哺乳動物等に対する半数致死量が体重1 kgあたり100 μg以下であるタンパク質性毒素にかかわる遺伝子（ただし宿主が大腸菌である認定宿主ベクター系を用いた遺伝子組換え生物等で、供与核酸が哺乳動物等に対する半数致死量が体重1 kgあたり100 ngを超えるタンパク質性毒素にかかわる遺伝子を含むものを除く）	→無条件で大臣確認実験
	4．宿主、あるいは供与核酸がクラス4の場合
	→無条件で大臣確認実験

● 微生物使用実験におけるクラス分けと拡散防止措置レベルの関係

A) クラス分け＝拡散防止措置レベル	B) クラス分け＞拡散防止措置レベル	C) クラス分け＜拡散防止措置レベル
通常の場合、宿か核の実験分類の数値のうち、いずれか大きい方の数値を拡散防止措置レベルの数値と一致させる	特定認定宿主・ベクター系を用いる場合、宿か核の実験分類の数値のうち、いずれか大きい方の数値より一段小さな数値を拡散防止措置レベルの数値とする	認定宿主・ベクターを用いず、動物等に対する病原性または伝達性に関係し、宿主の哺乳動物に対する病原性を高めることが推定される場合、宿か核の実験分類の数値のうち、いずれか大きい方の数値より一段大きな数値を拡散防止措置レベルの数値とする
（例） 宿－クラス1 核－クラス1 ⇒ P1 宿－クラス2 核－クラス1 ⇒ P2 宿－クラス2 核－クラス3 ⇒ P3	（例） 宿－クラス1 核－クラス2 ⇒ P1 宿－クラス1 核－クラス3 ⇒ P2	（例） 宿－クラス1 核－クラス1 ⇒ P2 宿－クラス2 核－クラス1 ⇒ P3 宿－クラス1 核－クラス2 ⇒ P3

宿：宿主
核：供与核酸

索引

数字・記号

3'水酸基末端 …………… 117
5'突出末端 ……………… 108
5'リン酸基末端 ………… 117
8-ヒドロキシキノリン ……38
α型酵素 ………………… 180
α型DNAポリメラーゼ …… 181
β-Gal ……………………… 47

和文

ア行

アガロース ……………… 156
アクリルアミド ………… 168
アボガドロ数 ………………27
アルカリプレップ …………84
アルカリホスファターゼ
 ………………… 119, 130
アルカリCsCl法 ……………84
イソシゾマー …………… 107
遺伝子工学 …………………14
遺伝子実験 …………………14
インキュベーター …………50
インサートチェック …… 146
インサートDNA ………… 128
エアロゾル ……………… 191
エーテル抽出 ………… 37, 174
エキソⅢヌクレアーゼ … 124
エキソヌクレアーゼ … 123, 143
エタノール沈殿 ……… 35, 174
エタノールリンス …………36
エチジウムブロマイド … 34, 160
エチブロ ……………………34
エッペンチューブ …………21
エレクトロポレーション……99

塩化セシウム密度勾配平衡遠心法
 ………………………… 89
遠心分離機 …………………23
エンドヌクレアーゼ
 ………………… 107, 123, 143
オイルフリー …………… 184
オートクレーブ ……………30
オートクレーブテープ ……31
オペロン ………………… 148

カ行

火炎滅菌 ……………… 29, 51
核酸変性剤 ……………… 154
画線培養 ……………………67
カラーセレクション
 ………………… 47, 147, 148
カルタヘナ法 ………………18
寒天 …………………………48
乾熱滅菌 ……………………29
機関承認 ……………………19
逆転写酵素 ……………… 125
キャリアー …………………36
菌数測定 ……………………73
クラス分け …………………18
クレノーフラグメント
 ………… 197, 121, 141, 142
クローニングサイト ………84
クロロパン …………………40
クロロホルム ………………40
ゲル濾過 ……………………41
恒温水槽 ……………………23
抗生物質 ……………………46
酵母エキス …………………58
高G/C含有率専用バッファー … 186
コドン …………………… 129
コニカルチューブ …………21
コロニー ……………………65

コロニーからのPCR …… 151
コロニー形成単位 …………99
混合型DNAポリメラーゼ … 182
コンタミネーション … 49, 190
コンピテンシー ……………99
コンピテントセル ……… 72, 99
コンラージ棒 ………………53

サ行

サイズマーカー ………… 157
サイバーグリーン ……… 164
殺菌 ………………… 28, 50
サブクローニング … 106, 126
次亜塩素酸ナトリウム ……51
シェーカー ………… 24, 50
紫外線 ………………………33
紫外線照射装置 ……………24
指数増幅期 ……………… 176
実験計画 ……………………14
シャーレ ……………………50
シャトルサイクル ……… 188
臭化エチジウム ……………34
純水 …………………………26
純粋培養 ……………………65
消毒 ………………… 28, 50
植菌 …………………………52
浸透圧調整 …………………56
振盪機 ………………………24
スター活性 ……………… 114
スターター …………………64
スタブ培養 …………………74
ステップアップサイクル … 188
ストリーキング ……………67
スピンダウン ………………23
スプレッダー ………………53
スプレッディング …………69
スポット培養 ………………71

スラブゲル …………… 168	ヌクレオチド …………… 31	ポリペプトン …………… 58
制限酵素 ……………… 107	塗り広げ培養 …………… 69	ボルテックス …………… 23
セファデックス ………… 42	ネオシゾマー ………… 107	
セファデックス G-25 …… 173		### マ・ヤ行
セル …………………… 34	### ハ行	マイクロコッカルヌクレアーゼ
セルフライゲーション …… 130	培地 ……………… 45, 56	………………… 124
選択マーカー …………… 84	ヒートブロック ……… 23, 184	マグネシウムイオン濃度 … 185
注ぎ込み培養 …………… 69	ピペットマン …………… 21	マスタープレート …… 70, 151
ソフトアガー …………… 48	ピリミジン塩基 ………… 31	マッピング …………… 115
	ファージ ……………… 76	マルチクローニングサイト
### タ行	フィルター滅菌 ………… 28	……………… 84, 115
第一種使用等 …………… 18	フェノール抽出 ………… 38	ミニゲル ……………… 159
大臣確認実験 …………… 19	ブタノール濃縮 ……… 174	ミネラルオイル ……… 184
大腸菌 ………………… 43	物理的封じ込めレベル …… 19	無菌操作 ……………… 52
第二種使用等 …………… 18	プラーク ……………… 76	メチラーゼ …………… 139
耐熱性ポリメラーゼ …… 180	プライマーダイマー …… 178	メチル化酵素 … 107, 113, 139
耐熱性DNAポリメラーゼ … 180	プライマーのデザイン …… 177	滅菌 ……………… 27, 50
タッチダウンサイクル …… 188	フラスコ ……………… 49	溶菌斑 ………………… 76
脱リン酸化 ………… 119, 130	プラスチック製品 ……… 21	
単位 …………………… 111	プラスミド …………… 83	### ラ行
釣菌 …………………… 52	プラスミドベクター …… 83, 84	ライゲーション
超純水 ………………… 26	孵卵器 ………………… 50	……… 117, 118, 133, 138
通性嫌気性 ……………… 72	プリン塩基 ……………… 31	ラムダエキソヌクレアーゼ
デカンテーション ……… 35	ブルーホワイトアッセイ … 47	………………… 124
滴下培養 ……………… 71	プレート ……………… 46	リガーゼ ……………… 117
電気泳動 ……………… 153	プレップ ……………… 147	リンカーライゲーション … 135
添付バッファー ……… 109	分子量マーカー ………… 157	リンカーDNA ………… 135
透析 …………………… 94	平滑化 …………… 121, 141	リン酸化 ………… 122, 137
トップアガー ………… 48, 70	平滑末端 ……………… 108	ローディングバッファー … 157
トラッキングダイ ……… 156	平滑末端化 …………… 197	
トランスイルミネーター … 25	ベクター …………… 130, 132	### 欧文
トランスフェクション …… 89	ペトリ皿 ……………… 50	
トランスフォーメーション … 99	ボイルプレップ ………… 84	#### A〜F
	ホスホジエステル結合 …… 117	BAL 31 ヌクレアーゼ
### ナ行	ホットリッド ………… 184	……… 123, 141, 143
ニック ………………… 130	ポリアクリルアミドゲル … 168	BAP …………………… 119
認識配列 ……………… 107	ポリエチレングリコール …95	

索引

BPB ……………………… 156	IPTG ……………………… 47, 150	pol I 型DNAポリメラーゼ … 180
CIA ……………………… 40	LA-PCR用ポリメラーゼ … 182	RNA ……………………… 31
CIAP ……………………… 119	LB 培地 ……………………… 58	RNA リガーゼ ……………… 117
colony forming unit ………… 99	LB プレート ……………… 60	RNase H ………………… 125
dam メチラーゼ ……………… 113	M9 培地 ……………………… 63	
dcm メチラーゼ ……………… 113	MCS ……………………… 115	**S～X**
DEAE-セルロース ………… 40	Milli-Q ……………………… 26	SI 単位 ……………………… 27
DEAE-セルロース濾紙 …… 166	MTA ……………………… 18	S1 ヌクレアーゼ ………… 123
DNA ……………………… 31	Mung Bean ヌクレアーゼ … 123	T4 ポリヌクレオチドキナーゼ
DNAの二次構造 ………… 154	nested プライマー ………… 179	…………………… 122
DNAメチラーゼ ………… 120		T4 DNAポリメラーゼ
DNAリガーゼ …………… 117	**P～R**	………… 121, 141, 142, 145
DNase I ………………… 124	PCRサイクル …………… 187	T4 PNK …………… 122, 137
EDTA ……………………… 32	PCR装置 ………………… 184	TA クローニング …… 181, 199
EMSA …………………… 155	PCR反応液 ……………… 185	TA ベクター ……………… 199
form I …………………… 154	PCR反応のサイクル …… 186	TAE バッファー ………… 156
form II …………………… 154	PCR反応の例 …………… 189	TBE バッファー ………… 156
form III ………………… 154	PCR法 …………… 175, 150	TdT ……………………… 125
	PCR法の原理 …………… 175	Tm ……………………… 177
H～N	PEG ……………………… 95	Tryptone ………………… 58
Hot start ……… 178, 183, 192	pfu ……………………… 76	unit ……………………… 111
Hot start用DNAポリメラーゼ	plaque forming unit ……… 76	XC ……………………… 156
…………………… 182	pol I 型酵素 …………… 180	X-gal ………………… 48, 150

以下に本書下巻の索引を掲載しました．上巻と併せて活用下さい．

数字・記号	8-ヒドロキシキノリン … 75	インターカレーション法 …127	オフターゲット効果 …… 166
1 M クエン酸ナトリウム … 74	ΔΔCt法 ………………… 134	インターカレート ……… 126	オリゴテックス ………… 92
10×MOPS バッファー …103		インフェクション法 …… 148	オリゴDNA ……………… 139
2 M 酢酸ナトリウム（pH 4.0）	**和 文**	エキソヌクレアーゼ活性 … 38	オリゴdT プライマー
…………………… 75		エタノール沈殿 ………… 110	…………… 115, 125, 131
2×ProKバッファー …… 79	**ア行**	エレクトロブロッティング	
3'RACE 法 ……… 117, 125	アクリルアミド ………… 15	…………………… 54, 58	**カ行**
5.7 M CsCl ……………… 88	閾値線 …………………… 136	エレクトロポレーション	回転数（rpm）…………… 120
5'RACE 法 ……………… 117	遺伝子特異的プライマー	…………………… 148, 150	加水分解 ………………… 54
5'RACE 法の原理 ……… 118	…………………… 115	塩化セシウム …………… 87	活栓の使い方 …………… 96
8-キノリノール ………… 75	遺伝子発現検出法 ………101	遠心加速度（×g）……… 120	逆転写酵素 ……………… 115
		オートシークエンサー … 15	逆転写反応 ……………… 116

索引

カ行

キャピラリーブロッティング	54
クレノーフラグメント	33
ゲノム構造解析	50
ゲノムプロジェクト	138
ゲノムDNA	52
ゲルドライヤー	114
ゲル濾過マイクロスピンカラム	120
高速転写装置	58
酵素反応	51

サ行

サイバーグリーン	126
細胞質RNA	77
サザンブロッティング	50
サテライトバンド	53
サブマリン型電気泳動槽	53
サンガー法	113
シークエンシング	14
シークエンスゲル板	111
次世代シークエンサー	101
ジデオキシヌクレオチド	15
シャークコーム	112
シリコナイズ	111
水飽和フェノール	75
スクエアコーム	112
制限酵素	51
セシウム-超遠心法	87
絶対定量	134
セルスクレーパー	69, 70
全RNA	83
相対定量	134
組織の破砕	71

タ行

タックマンプローブ	127
デオキシヌクレオチド	15
テフロン・ガラスホモジナイザー	72
電気泳動	52
トランスファー	54, 56
トランスファーバッファー	57
トランスフェクション	179
トランスフェクション試薬	153
トリフルオロ酢酸セシウム	87

ナ行

ナイロンメンブレン	55, 57, 58
ニトロセルロースメンブレン	55
二本鎖cDNA	118
二本鎖RNA	168
ヌクレオフェクション	148, 150
ノーザンブロッティング	101
ノーザンブロット法	101
ノーザンブロット法の原理	102

ハ行

ハイブリダイズ	108
ハイブリダイゼーション	60, 61, 62, 106
ハイブリダイゼーションバッファー	63, 107
培養細胞の破砕	67
発現プロファイル	145
標準曲線	134
付着培養細胞からのホモジネート作製	69
浮遊培養細胞からのホモジネート作製	68
プライマー	15
プライマーの除去	120
プラスミドDNA	153
プレハイブリダイゼーション	61
プレハイブリ/ハイブリダイゼーションバッファー	60
プローブ	31
プローブの除去	106
プローブDNA	60
ブロッティング	54, 105
プロテイナーゼK	79
ベクター	15
変性アガロースゲル	77
変性溶液（4 M GTC溶液）	74
変性溶液（5.5 M GTC溶液）	87
放射性同位元素	31
放熱板	112
ホットフェノール法	65
ホモジナイザー	82
ホモジネート	82, 83
ホモポリマーの付加	121
ホモロジー検索	193
ポリA$^+$RNA	92
ポリアクリルアミドゲル電気泳動	171
ポリトロンホモジナイザー	72
ホルムアルデヒド変性ゲル	104

マ・ヤ行

マイクロRNA	143
マイクロアレイ	138
マイクロインジェクション法	148
マルチプレックス解析	127
メッセンジャーRNA	92
融解曲線	135

ラ・ワ行

ラベリング	60
ランダムプライマー	115, 131
ランダムラベル	60
リアルタイムPCR	126
リボソーマルRNA	76
リポフェクション法	148, 150
リン酸カルシウム法	148
ワーリングブレンダー	71

欧文

A〜D

AGPC法	73
BLAST	193
CGHアレイ	143
CIAA	75
CsCl	87
CsTFA	87
Ct値	134, 136
ddNTP	15
DEPC	66
DNAオーブン	57
DNA精製用キット	49
DNA導入の基礎知識	147
DNAポリメラーゼ	15
DNAマイクロアレイ	138
dNTP	15

F〜M

FAM標識	133
Fugene® 6	150, 155
GAラダー	113
Gene Pulser	150
GTC	74, 87
Guanidium thiocyanate	74, 87
Hily Max	150
IGEPAL® C-630	77
in vitro 転写	109
Lipofectamine™ 2000	150, 151, 152
Melt curvue	135
miRNA	143
mRNA	92

N〜R

NCBI	181, 182
NIH	184
Nonidet® P-40	77
Nucleofextor®	150
Oligo-dTセルロース	95
Oligo-dT30 ラテックス	92
OPTI-MEM®	152
PBS（-）（20×）	67
Reverse transcriptase	115
RNA	81
RNA実験	64
RNAスプライシング	189
RNAの抽出	67
RNAプローブ	110
RNAポリメラーゼ	39
RNA用フェノール	79
RNA用フェノール/クロロホルム	79
RNAi	163
RNAiMAX	163
RNase除去洗剤	66
RNaseフリー環境	64
RNaseプロテクションアッセイ法	108
RNase A	108, 110
RNase T1	110
RNeasy® Kit	81
RPA III™	108
RPM	54
RT-PCR法	115

S〜R

SDS/フェノール法	46
shRNA	164
Silencer® siRNA	168
siRNA	154, 164, 168, 179
SNP	184
Stealth™ RNAi	172
SYBR® Green	126
TaqMan® 法	127
TdT	119
Terminal deoxynucleotidyl transferase	119
TES	88
TRIzol®	84
UVクロスリンカー	57, 60
Vanadyl Ribonucleoside Complex	77
VIC標識	133
VRC	77

※こちらは下巻の索引です．本書の索引は228〜230頁をご覧ください．

無敵のバイオテクニカルシリーズ

改訂第3版 遺伝子工学実験ノート 上巻
DNA実験の基本をマスターする

1997年 3 月 1 日第1版第 1 刷発行
2000年 2 月10日第1版第 4 刷発行
2001年 4 月10日第2版第 1 刷発行
2009年 4 月10日第2版第 8 刷発行
2010年 1 月 1 日第3版第 1 刷発行
2024年 6 月15日第3版第10刷発行

編　集　　田村隆明
発行人　　一戸 裕子
発行所　　株式会社 羊　土　社

〒 101-0052
東京都千代田区神田小川町 2-5-1
TEL：03（5282）1211
FAX：03（5282）1212
E-mail：eigyo@yodosha.co.jp
URL：www.yodosha.co.jp/

Printed in Japan
ISBN978-4-89706-927-2

印刷所　　三美印刷株式会社

本書の複写にかかる複製，上映，譲渡，公衆送信（送信可能化を含む）の各権利は（株）羊土社が管理の委託を受けています．
本書を無断で複製する行為（コピー，スキャン，デジタルデータ化など）は，著作権法上での限られた例外（「私的使用のための複製」など）を除き禁じられています．研究活動，診療を含み業務上使用する目的で上記の行為を行うことは大学，病院，企業などにおける内部的な利用であっても，私的使用には該当せず，違法です．また私的使用のためであっても，代行業者等の第三者に依頼して上記の行為を行うことは違法となります．

JCOPY ＜（社）出版者著作権管理機構 委託出版物＞
本書の無断複写は著作権法上での例外を除き禁じられています．複写される場合は，そのつど事前に，（社）出版者著作権管理機構
（TEL 03-5244-5088, FAX 03-5244-5089, e-mail：info@jcopy.or.jp）の許諾を得てください．

乱丁，落丁，印刷の不具合はお取り替えいたします．小社までご連絡ください．

無敵のバイオテクニカルシリーズ

改訂第4版 タンパク質実験ノート

上 タンパク質をとり出そう（抽出・精製・発現編）

岡田雅人，宮崎　香／編
215頁　定価 4,400円（本体 4,000円＋税10％）
ISBN 978-4-89706-943-2

幅広い読者の方々に支持されてきた，ロングセラーの実験入門書が装いも新たに7年ぶりの大改訂！イラスト付きの丁寧なプロトコールで実験の基本と流れがよくわかる！実験がうまくいかない時のトラブル対処法も充実！

下 タンパク質をしらべよう（機能解析編）

岡田雅人，三木裕明，宮崎　香／編
222頁　定価 4,400円（本体 4,000円＋税10％）
ISBN 978-4-89706-944-9

タンパク研究の現状に合わせて内容を全面的に改訂．タンパク質の機能解析に重点を置き，相互作用解析の章を新たに追加したほか最新の解析方法を初心者にもわかりやすく解説．機器・試薬なども最新の情報に更新！

好評シリーズ既刊！

改訂第3版 顕微鏡の使い方ノート
はじめての観察からイメージングの応用まで

野島　博／編
247頁　定価 6,270円（本体 5,700円＋税10％）
ISBN 978-4-89706-930-2

改訂 細胞培養入門ノート

井出利憲，田原栄俊／著
171頁　定価 4,620円（本体 4,200円＋税10％）
ISBN 978-4-89706-929-6

改訂第3版 遺伝子工学実験ノート

田村隆明／編

上 DNA実験の基本をマスターする
232頁　定価 4,180円（本体 3,800円＋税10％）
ISBN 978-4-89706-927-2

下 遺伝子の発現・機能を解析する
216頁　定価 4,290円（本体 3,900円＋税10％）
ISBN 978-4-89706-928-9

改訂 マウス・ラット実験ノート
はじめての取り扱い、倫理・法的規制から、飼育法・投与・麻酔・解剖、分子生物学的手法とゲノム編集まで

中釜　斉／監，北田一博，庫本高志，真下知士／編
204頁　定価 4,950円（本体 4,500円＋税10％）
ISBN 978-4-7581-2262-7

改訂第3版 バイオ実験の進めかた

佐々木博己／編
200頁　定価 4,620円（本体 4,200円＋税10％）
ISBN 978-4-89706-923-4

イラストでみる 超基本バイオ実験ノート
ぜひ覚えておきたい分子生物学実験の準備と基本操作

田村隆明／著
187頁　定価 3,960円（本体 3,600円＋税10％）
ISBN 978-4-89706-920-3

発行　羊土社 YODOSHA
〒101-0052　東京都千代田区神田小川町2-5-1　TEL 03(5282)1211　FAX 03(5282)1212
E-mail：eigyo@yodosha.co.jp
URL：www.yodosha.co.jp/

ご注文は最寄りの書店，または小社営業部まで

有機溶媒不要、迅速なプラスミド精製キット → ミディ・マキシスケールでわずか30分

Chargeswitch®-Pro Filter Plasmid Kit

特長

- ライセートのclarification（精製）と結合段階を同時に行う、新規の2重のカラムデザインにより、プロトコルが最も迅速で、最もシンプル。
- エンドトキシンが10 EU/μg DNA以下と低い。
- 100%エタノールフリーで、グアニジンフリーで、有機溶媒フリーの、水溶液プロトコルなので、より安全で、より合理的。
- 精製された産物は、ダウンストリームのアプリケーションで性能が改善されています。
- 真空マニフォールドによる溶出には新製品のEveryPrep™ Universal Vacuum Manifold （カタログ番号K211101)をご使用いただくこともできます。

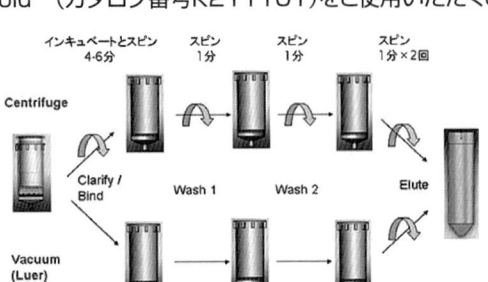

《アプリケーション》
1) クローニング　　　　　　4) シークエンシング
2) タンパク質合成と他の細胞研究　5) 突然変異誘発
　のためのトランスフェクション　6) 制限酵素分解
3) トランスフォーメーション　　7) PCR

EveryPrep™ Universal Vacuum Manifold

	ミニ	ミディ	マキシ
出発材料(新鮮な一晩のLB培養)	5 ml	25 ml	100 ml
結合能(カラム当たり)	40 μg	300 μg	1 mg
推奨溶出容量	50-150 μl	0.5-1 ml	1-2 ml
典型的なDNA収量	25 μg	200 μg	800 μg
精製時間	15分以下	30分	30分
プラスミド・サイズ	3-9 kb	3-9 kb	3-9 kb
純度OD260/280	>1.8	>1.8	>1.8
純度OD260/230	>1.8	>1.8	>1.8

製品の詳しい情報は → http://www.invitrogen.jp/nap/chargeswitch_filter-plasmid.shtml

ライフテクノロジーズジャパン株式会社
〒104-0032　東京都中央区八丁堀4-5-4　TEL：03-5730-6512　FAX：03-5566-6502

invitrogen part of *life* technologies™

羊土社のオススメ書籍

科研費 獲得の方法とコツ 改訂第8版

実例とポイントでわかる申請書の書き方と応募戦略

児島将康／著

令和4年度公募から使用されている新しい申請書や、「挑戦的研究」の審査方式や評定要素の変更、バイアウト制度などを解説した最新版！申請書の書き方を中心に、応募戦略、採択・不採択後などのノウハウを解説．

- 定価4,290円(本体3,900円+税10%)　　B5判
- 308頁　　ISBN 978-4-7581-2120-0

科研費申請書の赤ペン添削ハンドブック 第3版

児島将康／著

新しい申請書へ対応するだけでなく、近年多い好ましくない例を8例追加した最新版！あらゆる分野から厳選した86実例をもとに採択へ向けて審査委員の視点から改良の仕方を解説．添削に役立つチェックリスト付き！

- 定価4,400円(本体4,000円+税10%)　　A5判
- 389頁　　ISBN 978-4-7581-2128-6

発行　羊土社 YODOSHA
〒101-0052　東京都千代田区神田小川町2-5-1　TEL 03(5282)1211　FAX 03(5282)1212
E-mail：eigyo@yodosha.co.jp
URL：www.yodosha.co.jp/

ご注文は最寄りの書店，または小社営業部まで

- 超軽量プッシュボタン

- スプリング式ノーズコーン；
  - 人間工学に最適化
  - チップに完璧に密着

PhysioCare concept
eppendorf

- エルゴノミクスデザイン；
  Eppendorf
  PhysioCare concept

reddot design award
winner 2009

NEW!

Raise the limits

エッペンドルフ リサーチプラスシリーズ

エッペンドルフから、次世代のスタンダードピペットが新登場。超軽量ピペット「リサーチプラス」は、使いやすさを追求しつつ高い正確性と再現性を達成しました。

● エルゴノミクス

頑丈でありながら超軽量を実現。
ピペッティングにかかる力をさらに軽減。
スプリング式ノーズコーン採用。

● フレキシビリティ

溶液に応じて、簡単に容量調整ができます。
本体は丸ごとオートクレーブ可能です。
ユーザーニーズに合わせて様々な容量モデルをご用意。

● 耐久性

様々な環境下における厳しい品質チェックを実施。
耐薬性、温度安定性、機械的ストレス耐性は比類の無いものです。

For more information visit:

www.eppendorf.com/research-plus

eppendorf
Japan

エッペンドルフ株式会社　101-0031 東京都千代田区東神田 2-4-5
HP : www.eppendorf.com/jp E-mail : info@eppendorf.jp Tel : 03-5825-2361 Fax : 03-5825-2365

eppendorf is a registered trademark. All rights reserved, including graphics and images.

電気泳動用核酸検出試薬

ViewaBlue Stain KANTO
電気泳動後の核酸を簡単に染色！

本製品は臭化エチジウム（EtBr）の代わりに、核酸の電気泳動（アガロースもしくはポリアクリルアミド）後の核酸を検出するための試薬です。本製品は青色の色素が核酸と結合し、核酸を目視で検出することができます。

特 長

- 可視光下で検出可能
- 先染めと後染めが可能
- 紫外線照射による核酸のダメージがないため、ゲルの切り出しに最適
- EtBrよりも低い変異原性

使用方法

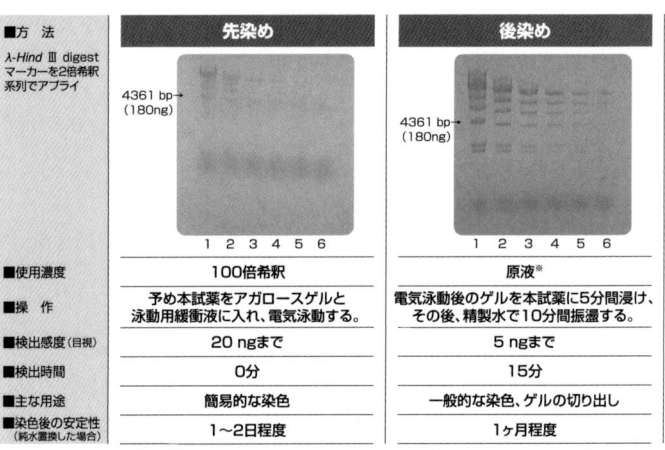

■方法 λ-HindⅢ digest マーカーを2倍希釈系列でアプライ	先染め	後染め
	4361 bp→(180ng) 1 2 3 4 5 6	4361 bp→(180ng) 1 2 3 4 5 6
■使用濃度	100倍希釈	原液※
■操作	予め本試薬をアガロースゲルと泳動用緩衝液に入れ、電気泳動する。	電気泳動後のゲルを本試薬に5分間浸け、その後、精製水で10分間振盪する。
■検出感度（目視）	20 ngまで	5 ngまで
■検出時間	0分	15分
■主な用途	簡易的な染色	一般的な染色、ゲルの切り出し
■染色後の安定性（純水置換した場合）	1～2日程度	1ヶ月程度

※本試薬50mlでミニゲルを繰返し染色した場合、約20枚まで使用できます。

◆アガロースゲルからのDNA回収例

本試薬もしくはEtBrで染色したプラスミドDNA（pUC18）をアガロースゲルから回収し電気泳動した結果。

レーン1：λ-HindⅢ digest マーカー
レーン2：回収前のプラスミド（40ng）
レーン3：EtBrで染色後、DNA回収した試料
レーン4：本試薬で染色後、DNA回収した試料

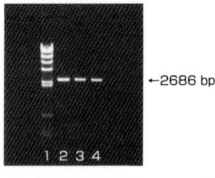

←2686 bp
1 2 3 4

製品情報

製品番号	製品名	規 格	容 量
44045-08	ViewaBlue Stain KANTO ビューアブルー ステインKANTO	電気泳動用	500mL

関東化学株式会社
試薬事業本部　試薬部

〒103-0023　東京都中央区日本橋本町3丁目11番5号　（03）3663-7631
〒541-0048　大阪市中央区瓦町2丁目5番1号　（06）6231-1672
〒812-0007　福岡市博多区東比恵2丁目22番3号　（092）414-9361
http://www.kanto.co.jp　e-mail: reag-info@gms.kanto.co.jp

PCRから電気泳動解析までをさらに効率化

様々な研究分野のPCRアプリケーションで
迅速に信頼できる結果を約束

QIAGEN PCR酵素の利点：

- 至適化実験なしに良好な増幅を実現
- 高いPCR特異性を導くユニークなPCRバッファーを採用
- 標準的なPCRからマルチプレックスPCRまでをカバーする専用キット

QIAxcel™ システムとは：

- ゲルカートリッジ利用のマルチキャピラリー電気泳動解析システム
- マニュアル操作なしに一度に最高96サンプルを約1時間で解析
- 最大3〜5 bpの高い分離能で正確な解析

製品に関する詳細は弊社ウェブサイト www.qiagen.co.jp をご覧ください。

Trademarks: QIAGEN®, QIAxcel™ (QIAGEN Group).
本文に記載の会社名および商品名は、各社の商標または登録商標です。QIAexcel_PCR1109XZJ ©2009 QIAGEN, all rights reserved.

QIAGEN®

Sample & Assay Technologies

DNA回収の新手法

作業効率大幅UP↑↑

多機能電気泳動装置
NA100

アカデミックプライス
¥273,000(税込)

[電気泳動装置]
[ゲル写真システム]
[UVトランスイルミネーター]
[暗室]、[DNA精製]が
All in One（オールインワン）

装置一式

暗室フード(フィルター付)…写真左上
UVシールド、電気泳動タンクカバー
…写真左手前
電気泳動装置本体…写真中央
アガロースゲルキャスター
(ローディング/コレクティング用コーム付)
…写真右中央〜上
・はさみ工具…写真右下

ゲル切出し作業不要

ゲル作成時にゲル回収用ウェルを作成することで作業効率が大幅アップします
ゲル切出しキットも不要です
※特許取得済み

DNAバンド移動をリアルタイム観察

UVトランスイルミネーターと、UVシールドを使用することで観察が可能

暗室機能

暗室フードを使用することでDNAバンドの写真撮影が可能です。

製品の詳細はWEBでご覧下さい

| 多機能電気泳動装置 | 検索 |

TEL：0564-54-1231　FAX：0564-54-3207
URL：www.shoshinem.com　E-Mail：info@shoshinem.com

ショーシンEM株式会社

TaKaRa

E. coli HST08 Premium Competent Cells

NEW スタンダード!

製品コード 9128　1 Set（100 μl×10）　￥21,000（税別）

幅広い用途に使用可能な大腸菌高効率コンピテントセル

- ルーチンクローニング
- メチル化DNAクローニング
- 長鎖DNAクローニング
- ライブラリー作製

HST08 Premiumは、クローニングに必要なほぼすべての要素を持つ新しい大腸菌株です。

外来のメチル化DNAを切断する遺伝子群 mrr-hsdRMS-mcrBC、mcrA を完全に欠失しており、さらに非常に高い形質転換能力を有しているため、メチル化されたDNAのクローニングから、cDNAライブラリーやゲノムDNAライブラリーの作製、サブクローニングまで幅広い用途にご利用いただけます。

形質転換効率の比較（ライゲーション反応液を用いた場合）

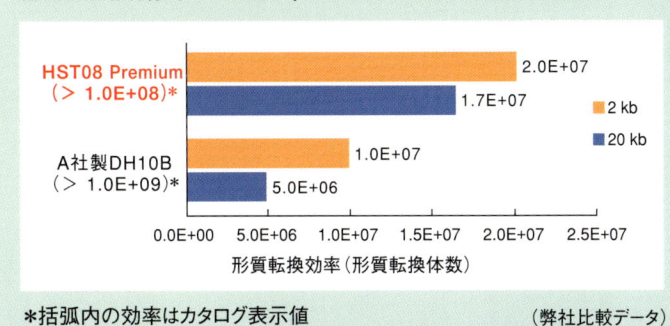

株	2 kb	20 kb
HST08 Premium （> 1.0E+08）*	2.0E+07	1.7E+07
A社製DH10B （> 1.0E+09）*	1.0E+07	5.0E+06

形質転換効率（形質転換体数）

＊括弧内の効率はカタログ表示値　　（弊社比較データ）

2 kb断片、20 kb断片のどちらのクローニングにおいても、E.coli HST08 Premium Competent Cell を用いた場合に、より高い形質転換効率が得られました。特に20 kb断片のクローニングでは顕著な差が見られました。

反応には、pUC118 Hind III/BAPおよび
- DNA Ligation Kit〈Mighty Mix〉
- TaKaRa DNA Ligation Kit LONG

を使用

エレクトロポレーション用の E. coli HST08 Premium Electro-Cells（製品コード 9028）もご利用ください。

タカラバイオ株式会社

東日本販売課　TEL 03-3271-8553　FAX 03-3271-7282
西日本販売課　TEL 077-543-7297　FAX 077-543-7293
Website　http://www.takara-bio.co.jp

TaKaRaテクニカルサポートライン
製品の技術的なご質問にお応えします。
TEL 077-543-6116　FAX 077-543-1977

F002C

BERTHOLD TECHNOLOGIES

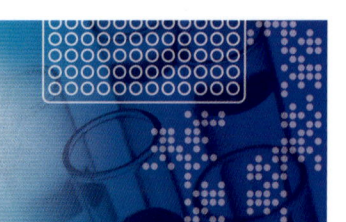

detect and identify

ケミルミ、蛍光、UV マルチイメージングシステム
MF-ChemiBIS

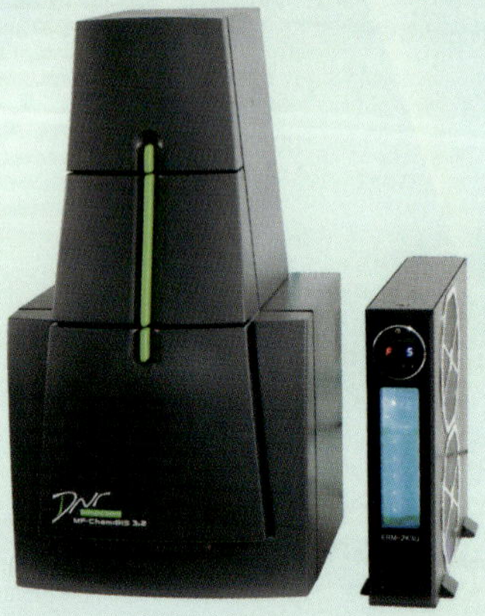

MF-ChemiBISはワンクリック操作でゲル画像の取り込みを可能にしたインテリジェントなゲルイメージングシステムです。10色以上の蛍光励起、UV、白色のエピおよびトランスイルミネーションも可能、あらゆるシーンで最高のパフォーマンスを発揮します。X線フィルムからデジタル画像へ転換をお考えの方、是非このMF-ChemiBISを体感して下さい。

- 世界最高冷却温度 -70℃冷却CCD搭載
- ズーム、フォーカス、IRIS等、全てフルリモート
- 高解像度 3.2メガピクセルCCDチップ採用
- ドロワー自動認識、自動メニュー表示
- 10色以上のエピイルミネーションが可能なHeptaLEDシステム
- 高輝度レンズ F/0.95採用
- SDS-PAGE分子量マーカーをPVDF膜画像に合成可能
- X線をしのぐ超高感度ケミルミ撮影が可能

HeptaLEDシステム

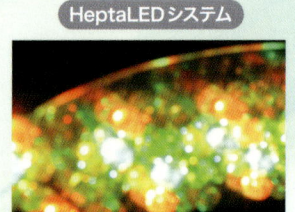

画像取り込みソフトウェア GelCapture
◀挿入したドロワーに関連するアプリケーションを表示。あとはクリックして画像を取り込むだけ！

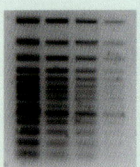

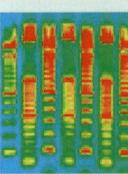

白黒反転画像作成　擬似カラー彩色　露出オーバー検出

▲様々な画像操作も行えます！

解析ソフトウェア GelQuant & TL-100
ワンクリックでバンド、レーンの検出が行われ、データの数値化、プロファイリングの作成まで全てが自動で行えます！

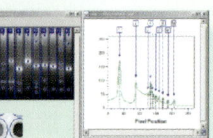

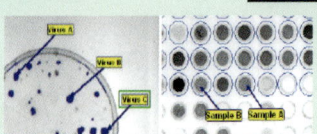

◀コロニーカウンティングやプレートも簡単解析！
（TL-100のみ可能）

DNR バイオイメージングシステム社 製品ラインナップ
全てのモデルに画像取り込みおよび解析ソフトウェアが標準付属しています。

MicroBIS	MiniBIS & MiniBIS Pro	LumiBIS	MiniLumi	MF-ChemiBIS
透過LED、透過WL	透過UV、透過WL	透過UV、WL 落射UV、WL LED蛍光	透過UV、WL 落射UV、WL LED蛍光	透過UV、WL 落射UV、WL LED蛍光 ケミルミ

ベルトールドジャパン株式会社
www.berthold-jp.com

東京本社　〒111-0052 東京都台東区柳橋1-9-1 柳橋ティーアイビル3F
　　　　　Tel.03-5825-3557 Fax.03-5825-3558
大阪営業所 〒532-0004 大阪府大阪市淀川区西宮原1-4-25 第2谷ビル4F
　　　　　Tel.06-6393-5551 Fax.06-6393-3331